U0262891

模块化多电平换流器原理及应用

李彬彬　徐梓高　徐殿国　著

科学出版社

北京

内 容 简 介

本书全面系统地阐述了模块化多电平换流器的原理及应用。全书共分 14 章,其中前 6 章详细介绍模块化多电平换流器的运行机理与常规控制方法,包括应用背景、拓扑原理与特点、调制与子模块均压、环流抑制、运行控制与启动充电控制;第 7、8 章给出故障状态下的运行控制方法;第 9、10 章围绕仿真技术与建模方法展开讨论;第 11~13 章针对模块化多电平换流器在柔性直流输电、高压变频器以及其他领域的应用进行详细介绍;第 14 章给出模块化多电平换流器实验样机的设计搭建过程,以进一步加深读者的理解。

本书可作为高等院校电气类专业学生的参考教材,亦可作为工程技术人员的自学参考用书。

图书在版编目(CIP)数据

模块化多电平换流器原理及应用 / 李彬彬,徐梓高,徐殿国著.—北京:科学出版社,2021.6

ISBN 978-7-03-067595-8

Ⅰ. ①模… Ⅱ. ①李… ②徐… ③徐… Ⅲ. ①模块化-多电平逆变器-研究 Ⅳ. ①TM464

中国版本图书馆CIP数据核字(2021)第001479号

责任编辑:范运年 王楠楠 / 责任校对:王萌萌
责任印制:师艳茹 / 封面设计:蓝正设计

科 学 出 版 社 出版
北京东黄城根北街 16 号
邮政编码:100717
http://www.sciencep.com
天津文林印务有限公司 印刷
科学出版社发行 各地新华书店经销
*
2021 年 6 月第 一 版 开本:720×1000 1/16
2021 年 6 月第一次印刷 印张:23
字数:461 000
定价:138.00 元
(如有印装质量问题,我社负责调换)

前　言

随着电力电子技术及相关产业的迅速发展，如今新一代电力电子装备正在以"高、精、智"为发展目标不断演进，其中"高"是指更高的电压等级和容量，"精"是指更精细、优质的电压电流波形，"智"是指更为智能、灵活的运行控制能力。模块化多电平换流器(modular multilevel converter，MMC)正是在这一趋势下应运而生的电力电子变换拓扑。与传统的多电平换流器拓扑相比较，MMC展现出诸多优异的性能，如其电压与功率等级可以达到±500kV/3000MW以上、转换效率高达99%、输出电压电流波形质量好甚至无须滤波器、模块化结构易扩展、安装维护简单以及可独立快速地控制有功和无功功率等。这些优点使MMC成为近年来国际电力电子领域最热点的研究课题之一，并呈现出非常广阔的应用前景，特别是在柔性直流输电领域获得大规模应用，突破了传统直流输电技术的诸多瓶颈，可向无源网络供电、不存在换相失败问题，使柔性直流输电技术在世界范围得到飞跃式发展，仅2016~2020年全球即有数十个柔性直流输电工程投入运行或正在规划建设，涵盖异步电网互联、孤岛供电、大规模海上风电接入等不同应用，工程的电压等级、换流容量不断提高。值得指出的是，我国在柔性直流输电方面的研究与工程探索已走在了国际前列，目前正在建设世界最高电压等级的乌东德电站送电广东广西特高压多端柔性直流示范工程(以下简称昆柳龙工程)，同时，世界上首个柔性直流电网——张北柔性直流电网试验示范工程投运，工程包含四座±500kV MMC换流站，换流容量总计9000MW，每年可输送清洁电量约225亿kW·h，减排二氧化碳达2000万t。与此同时，作为新兴的电力电子变换拓扑，MMC在中压直流配电系统、大容量变频器、统一潮流控制器、直流融冰等工程应用中也开始崭露头角，各个大学和研究机构纷纷在不同领域对其进行研究探索，以期使其获得更加广泛的应用。

面对MMC应用和发展的需求，本书从拓扑的本质机理出发，系统地介绍了MMC相关的工作原理、运行控制方法以及典型工业应用情况。第1章简要回顾MMC的发展历程，并通过对比传统多电平电力电子拓扑，指出MMC的优势与意义。第2章介绍MMC的工作原理与特点，主要包括基本工作原理、电路分析、主要元器件参数设计以及辅助电路。第3章研究MMC的调制与子模块电容电压平衡技术，并特别介绍最近电平调制与载波移相调制的设计方法。第4章揭示MMC环流的成因，并分别从有源与无源的角度提出环流抑制方法。第5章介绍MMC的运行控制目标以及对应的控制方案。第6章研究MMC的启动充电技术，包括外接启动电源充电方法、直流侧启动充电方法以及交流侧启动充电方法。第 7 章研究 MMC 的子模块冗余与故障容错技术，分别提出子模块冷备用模式、热备用模式以及热插拔模式下的控制方法。第 8 章针对交流侧不对称情况，讨论 MMC 的运行控制方法。第 9 章介绍 MMC 的几种电磁暂态模型，其中特别介绍了 MMC 桥臂平均模型的建立过程。第 10 章采用谐波线性化方法推导 MMC 的小信号线性模型，从而解释了 MMC 某些特征的本质原因。第 11 章针对 MMC 在柔性直流输电中的应用，简要讨论柔性直流输电最新研究进展及直流短路故障保护方面的关键技术。第 12 章针对 MMC 在高压变频器中的应用，指出 MMC 驱动电机低频运行时存在的电容电压波动问题，并在此基础上提出几种有效的解决方案。第 13 章则进一步分析 MMC 在高压大容量 DC/DC 变换器、直流潮流控制器、直流输电分接装置、直流融冰装置以及其他新兴领域中的应用前景。第 14 章以一台 600V/10kW 的小功率 MMC 实验样机为例，详细介绍其软硬件设计过程，期望能够有助于加深读者的理解。

　　本书相关研究工作先后得到了国家自然科学基金重点项目"基于电压源型换流器的风电场多端直流输电系统关键技术"（51237002）、面上项目"模块化多电平换流器电容电压波动抑制技术研究"（51477034）、重点国际(地区)合作研究项目"交直流混联系统建模与控制"（51720105008）、青年科学基金项目"基于能量存储原理的高压大容量直流-直流变换拓扑及其控制技术研究"（51807033）、台达电力电子科教发展计划项目以及中国科学技术协会青年人才托举工程项目的支持。正是在这些基础研究的过程中，作者和所指导的研究生通过系统地查阅有关文献资料、研制样机，发现了 MMC 的若干细节问题，进而取得了一些研究结果。本书正是在这些研究结果的基础上撰写而成的，因此对以上项目的资助表示特别感谢！

　　本书相关研究工作的开展，离不开作者所在研究团队中多位研究生的创新性工作的支持，其中博士研究生徐梓高在本书建模与仿真方面做出了非常重要的贡献。同时，对为本书做出贡献的研究生徐聃聃、张毅、石绍磊、周少泽、关明旭、张士光、丁健、韩林洁等同学表示衷心的感谢。本书撰写历时三年，在撰写过程中，研究生张书鑫、王景坤、胡俊林、毛舒凯、曲资饶、张玉洁、刘建莹、王志远、李圣元、邓晋永等同学协助完成了大量的材料整理与编辑工作，在这里对他们的辛苦付出致以感谢！

　　限于作者水平，不妥之处在所难免，诚挚地期待广大读者和学术同行予以批评指正。

李彬彬

2020 年 4 月于哈尔滨工业大学

目　录

第1章 绪 论

1.1 可再生能源的发展需求

能源短缺和环境污染一直是世界各国关注的焦点问题。近年来全球能源消费增长速度正在逐步提升[1]。2018 年世界一次能源消费增长 2.9%，几乎是过去十年平均增速(1.5%)的两倍，其中化石能源(包括石油、煤炭、天然气)仍是最主要的能源消耗。随着人类数百年来的过度开采与巨大消耗，化石能源正在不可逆转地走向枯竭，而与之相伴的环境问题也日益引起国际社会的极大忧虑。

空气污染是化石燃料焚烧带来的问题。据世界卫生组织(World Health Organization，WHO)估计，空气污染每年会造成大约 700 万人过早死亡，成为继高血压、饮食风险和吸烟之后的人类第四大健康威胁[2]。目前大气中几乎全部的硫氧化物、氮氧化物以及 85%的 $PM_{2.5}$($PM_{2.5}$ 又称为细颗粒物，指大气中直径小于或等于 2.5μm、大于 0.1μm 的颗粒物)都是人类对能源的生产消耗造成的。尤其在我国诸多高速发展的城市中，空气污染将会继续作为一种重大的公共健康危害，而且我国人口老龄化导致人体健康更易受到空气污染的影响。根据我国生态环境部 2019 年 5 月公布的《2018 年中国生态环境状况公报》，2018 年我国 338 个地级及以上城市中共有 217 个城市环境空气质量超标，超标比例高达 64.2%[3]。生产和利用能源的方式若不改变，空气污染给人类健康带来的危害则必将增加。

全球气候变暖是化石燃料焚烧带来的另一种环境问题。气候变暖导致地球温度上升，使全球降水重新分配、冰川和冻土消融、海平面上升，严重危害自然生态系统的平衡，威胁人类的生存环境。为了减缓全球变暖的趋势，2015 年 12 月在巴黎气候变化大会上，《联合国气候变化框架公约》195 个缔约方一致通过了《巴黎协定》，为 2020 年后应对全球气候变化做出安排，旨在将全球平均温度升幅与前工业化时期相比控制在 2℃以内[4]。

面对严峻的能源压力和环境压力，迫切需要加速开发利用更清洁、更环保、更经济的替代性能源。近年来，以水力发电、风力发电、光伏发电为代表的可再生能源发电获得了各国的重视，得到快速发展。其中 2018 年世界新增可再生能源装机容量为 182GW，再创历史新高，使世界累计可再生能源装机总量达到2378GW。尤其是风力发电与光伏发电的增幅最大，分别增长 51GW 和 100GW，合计占 2018 年新增可再生能源装机容量的 83%[5]。图 1.1 与图 1.2 分别为 2018 年世界主要国家风力发电和光伏发电的装机容量，其中我国在 2018 年分别新增风力发电 21.1GW、光伏发电 44.3GW，已成为全球这两项可再生能源利用规模最大的国家：风力发电累计装机容量 209.5GW、光伏发电累计装机容量 174GW。我国公布的《中国 2050 高比例可再生能源发展情景暨途径研究》调研报告中指出[6]，到 2050 年，为了再现碧水蓝天的美丽中国，除了实行有效的污染治理外，可再生能源应满足我国一次能源需求的 60% 及电力需求的 85% 以上。其中，风力发电、太阳能发电将成为实现高比例可再生能源情景的支柱性技术，届时风力发电装机容量预计要增长到 2400GW，太阳能发电装机容量要达到 2700GW。

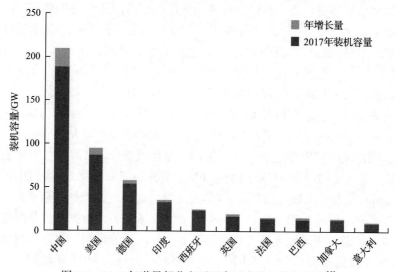

图 1.1　2018 年世界部分主要国家风力发电装机容量[5]

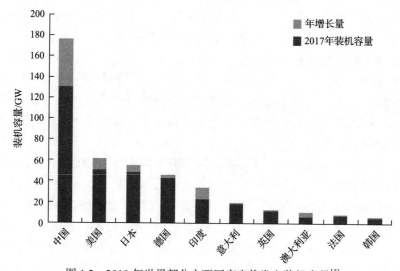

图 1.2　2018 年世界部分主要国家光伏发电装机容量[5]

1.2　柔性直流输电技术

在我国可再生能源发电工程大规模建设的同时，如何有效接纳这些可再生能源成为迫切需要解决的课题[7,8]。据国家能源局统计，2018 年全国"弃风"电量高达 277 亿 kW·h、平均弃风率为 7%[9]，全国"弃光"电量 54.9 亿 kW·h，平均弃光率为 3%，其中新疆弃光率为 16%、甘肃为 10%。可再生能源的消纳与送出是可再生能源发展的瓶颈之一。由于我国风光资源多地处偏远、远离用电负荷中心，为了将可再生能源发电送出，必须采取跨区域远距离电能输送方案[10]。在这种长距离输电的场合下，高压直流(high voltage direct current，HVDC)输电技术相比交流输电技术在成本和效率将更具优势[11-13]。

HVDC 输电技术的发展依赖于电力电子技术的进步，其发展过程可划分为三代技术。第一代是基于汞弧阀的 HVDC 输电技术，该技术自 1954 年起共建设了十余个直流输电工程。随着半控型电力电子器件的成功研制，自 1972 年起，基于晶闸管型电网换相换流器(line commutated converter，LCC)的第二代 HVDC 输电技术开始了大规模发展，迄今已建设上百个工程，并成为超大容量远距离电力输送的主要手段，其电压和电流等级已提升至 ±1100kV/5500A[14]。第三代 HVDC 输电技术则是基于绝缘栅双极型晶体管(insulated gate bipolar transistor，IGBT)全控型电力电子器件的电压源型换流器(voltage sourced converter，VSC)[15]。表 1.1 为 LCC-HVDC 与

表 1.1　LCC-HVDC 与 VSC-HVDC 的对比(数据截至 2018 年)

对比项目	LCC-HVDC	VSC-HVDC
拓扑结构	电流源型	电压源型
开关器件	晶闸管(仅开通可控)	IGBT(开通关断均可控)
首个工程应用	1954 年	1999 年
最大功率等级	12000MW	1250MW
最高电压等级	±1100kV	±420kV
交流电网要求	需要强电网(短路比>3)	可连接弱电网甚至是无源网络，具备黑启动能力
滤波器	大量滤波器以滤除低次谐波	少许滤波器以滤除高次谐波
占地面积	大(无法安装在海上平台)	小(可安装在海上平台)
无功功率	无功与有功的控制相互耦合，需要消耗大量的无功功率	无功和有功可分别独立控制，并能向电网提供无功功率支持
交流故障	引发换相失败	可穿越故障
直流故障	能够自清除故障	无法自清除故障
损耗	0.7%	1%～1.5%
潮流反转	困难，靠机械开关反转电压极性	容易，控制改变电流方向
多端运行	不适合	适合

VSC-HVDC 输电技术特点对比。虽然 LCC-HVDC 在容量和电压等级上占据绝对优势，但 VSC-HVDC 在可控性和灵活性上展现出一系列优点：交流侧可连接弱电网甚至无源网络、不存在换相失败问题、可独立快速地控制有功和无功功率、波形质量好、滤波器体积小、潮流反转容易等。基于这些灵活性特点，VSC-HVDC 输电系统在我国又称为柔性直流输电系统[16-18]。

柔性直流输电技术大力推动了海上风力发电的发展，这主要得益于其换流站体积小、重量轻、容易安装在海上平台上，能够向风电场提供交流电源和无功支撑，潮流反转容易，并能实现风电场的黑启动[19]。基于 VSC 的海上风电柔性直流输电系统结构如图 1.3 所示。截至 2018 年底，世界范围内已投运三十余条 VSC-HVDC 输电工程，在建的工程也多达十余条。同时，柔性直流输电技术正逐渐向着多端化与网络化方向发展[20-22]。通过将一系列直流输电线路互联，可实现广域内能源资源的优化配置，大范围平抑可再生能源发电的波动性与随机性，有效应对未来风能和太阳能等清洁能源的大规模接入[23]。世界各国已陆续推出直流电网的建设规划，包括欧洲的北海 Super Grid 计划，美国的 Gird 2030 计划以及我国的全球能源互联网计划等，均旨在以直流电网为骨干网架建立跨国、跨区域的电力传输网络[24-26]。我国在柔性直流电网方面的研究和工程探索已经走在国际前列，建设了世界上输送容量最大的张北柔性直流电网试验示范工程，包含四座 ±500kV VSC 换流站，换流容量总计 9000MW，工程动态投资 126.4 亿元，在全世界范围内首次实现风力发电经直流电网向特大城市供电[27]。

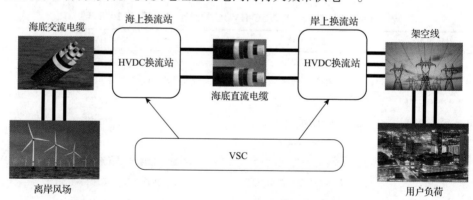

图 1.3　基于 VSC 的海上风电柔性直流输电系统示意图

1.3　高压大容量 VSC

VSC 是指直流侧呈现电压源特性而交流侧电压可通过脉宽调制(pulse width modulation，PWM)快速调节的一类电力电子拓扑结构[28]。目前工业中得到广泛应用的 VSC 拓扑主要包括两电平换流器、三电平换流器、级联 H 桥型换流器及 MMC。

1.3.1 两电平换流器

两电平换流器拓扑结构如图 1.4 所示，包含三相六个开关，是最基础的 VSC 结构，其工作原理简单，在低压领域中获得了普遍使用。但两电平换流器在 VSC-HVDC 等高压大容量应用中，为了承受数百千伏的电压，必须采用功率器件串联技术，往往需要数百个 IGBT 进行串联，而且必须使用压接式 IGBT 封装，并采用复杂快速(纳秒级)的门极驱动均压技术。为保证输出电压波形质量，两电平换流器的开关频率较高(1~2kHz)、损耗大(1.5%)；输出的两电平电压波形造成电压变化率(du/dt)和电流变化率(di/dt)高、IGBT 开关应力大；电磁噪声强烈；输出电压谐波含量高，需要安装笨重的滤波器；直流母线侧需安装昂贵的高压电容器组，当直流侧发生短路故障时电容放电还将加剧短路电流[29]。这些问题都限制了两电平换流器在高压大容量场合下的应用。

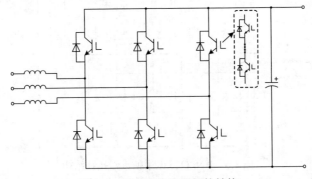

图 1.4 两电平换流器拓扑结构

1.3.2 三电平换流器

三电平换流器是指输出相电压中包含三个电平的电路拓扑[30,31]，其中应用最为广泛的主要是中点钳位型(neutral-point-clamped，NPC)三电平换流器，如图 1.5 所示。相比两电平换流器，三电平换流器输出相电压波形由两电平增加为三电平，电平幅值由原来的整个直流电压降低为直流电压的一半，降低了输出电压谐波，du/dt 因此减半，并可减小换流器损耗[32]。然而，中点钳位型三电平换流器在 VSC-HVDC 等高压应用中仍需要采用 IGBT 串联。虽然其串联器件的数目相比两电平有所减少，但要额外增加一系列的串联二极管作为钳位元件。该拓扑的另一个缺陷是桥臂内各功率器件的损耗分布不平均，导致器件结温不一致，限制了换流器的功率容量。针对这一问题，可将钳位二极管替换为 IGBT，构成有源 NPC(active NPC，ANPC)[33]，如图 1.6 所示。通过控制该钳位开关改变输出零电平状态下的电流路径，能够有效平衡各功率器件的损耗。但增加钳位开关后，拓扑的控制逻辑更加复杂。

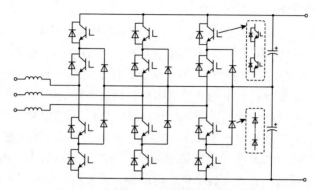

图 1.5　中点钳位型三电平换流器拓扑结构

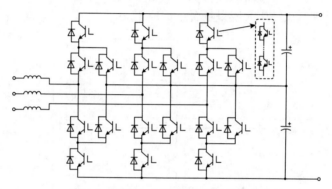

图 1.6　ANPC 三电平换流器拓扑结构

另一种经典的三电平换流器为飞跨电容型(flying capacitor，FC)三电平换流器，如图 1.7 所示，利用飞跨电容作为电压钳位元件[34]。飞跨电容型三电平换流器开关状态的自由度更高，但需要采用较高的开关频率来保持飞跨电容器的充放电平衡，并且存在启动充电问题，限制了其在大容量场合中的应用。

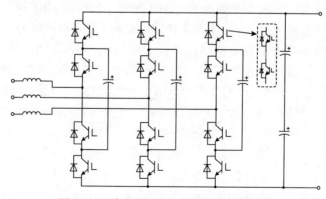

图 1.7　飞跨电容型三电平换流器拓扑结构

基于以上中点钳位、ANPC 及飞跨电容的思想，理论上可以通过增加钳位元件产生更多的输出电平。但随着电平数的增加，钳位元件的数目将呈平方关系增长，其电路结构与开关控制也将变得极为复杂，因此以上各类型三电平换流器实际很难拓展到更高的电平数。

1.3.3　级联 H 桥型换流器

级联 H 桥型(cascaded H-bridge，CHB)换流器如图 1.8 所示。它采用全桥子模块级联的方式提高输出电压等级，通过增加子模块(sub-module，SM)数目(N)可以容易地达到多电平、低谐波的要求，$\mathrm{d}u/\mathrm{d}t$ 很小，并可选用低压功率器件，具有低开关频率、简单可靠的冗余机制及安装维护方便等诸多优点。但级联 H 桥型换流器不具备公共直流母线，也无法吞吐有功功率，仅适合在静止同步补偿器(static synchronous compensator，STATCOM)应用中，向电网提供无功功率支撑[35]。

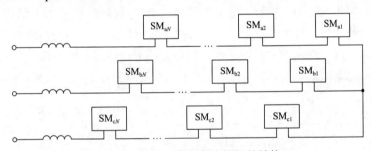

图 1.8　级联 H 桥型换流器拓扑结构

通过引入多绕组移相变压器及二极管整流桥为每个子模块提供独立的直流电源，如图 1.9 所示，可使级联 H 桥型换流器具备提供有功功率的能力，同时借助多绕组变压器的移相作用可以保证网侧的功率因数，降低电流谐波。20 世纪 90 年代，美国 Robicon 公司(现已被 Siemens 公司收购)基于该拓扑推出了名为完美无谐波

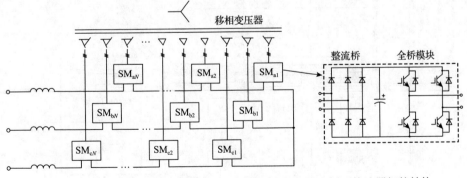

图 1.9　引入多绕组移相变压器及二极管整流桥的级联 H 桥型换流器拓扑结构

(perfect harmony)的高压大功率 VSC[36]，逐渐成为当今高压电机驱动领域中的主流拓扑结构之一[37]。然而多绕组移相变压器的使用也带来了诸多问题：变压器内部环流大、发热高、效率低、噪声大、体积大、运输困难、成本高昂、制作工艺复杂。此外，由于不存在直流母线，且二极管整流桥导致功率仅能单向流动、不易实现四象限运行，级联 H 桥型换流器在 HVDC 等更高电压/功率等级中的应用受到了限制。

1.4　模块化多电平换流器

2001 年，德国慕尼黑联邦国防军大学 Marquardt 教授提出了一种新型电压源型换流器拓扑，名为模块化多电平换流器(modular multilevel converter，MMC)[38,39]，其电路结构如图 1.10 所示，U_{dc} 为直流电压。MMC 在结构上等同于两个级联 H 桥型换流器在交流侧面对面连接，从而构建出直流端口。MMC 有三相六个桥臂，其中每相含有上、下两个桥臂，每个桥臂由一个电感器(L)和若干个结构相同的半桥子模块堆叠而成。每个半桥子模块包括两个 IGBT(S_1、S_2)与一组电容器 C_{SM}。通过适当控制桥臂中投入和旁路的子模块数目，即可在输出电压中获得多电平波形。

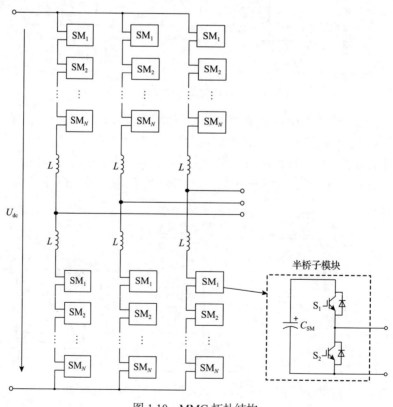

图 1.10　MMC 拓扑结构

相比传统的两电平、三电平换流器,MMC 采用子模块级联的方式取代了 IGBT 器件的直接串联,不存在 IGBT 的动态均压问题;采用子模块中的低压电容器替代了直流母线上的高压电容组;每个子模块能工作在低开关频率,具备很高的转换效率(损耗可低于 1%);具有非常小的电压电流尖峰;输出电压波形近似于正弦,谐波含量非常低,甚至不需要安装滤波器;模块化结构,安装维护容易,易于增容扩展。而相比级联 H 桥型换流器,MMC 省去了多绕组移相变压器,使子模块数目与承载功率不再受限制,通过增加子模块数目可灵活地扩展其电压和功率等级[40-43]。基于以上特点,MMC 十分适用于高压大功率的电能变换场合,并极大地推动了 VSC-HVDC 输电技术的发展[44-47]。自 2010 年德国 Siemens 公司建成首个 MMC VSC-HVDC 输电工程 Trans Bay Cable 以来,至今已有四十余个在建或计划建设的 VSC-HVDC 输电工程采用了 MMC 结构,如表 1.2 所示。其中包括我国 2011 年 7 月首个正式投入运行的 ±30kV/18MW 上海南汇风电场柔性直流输电示范工程、2015 年建成的 ±320kV/1000MW 厦门 ±320kV 柔性直流输电科技示范工程、2016 年建成的 ±350kV/1000MW 鲁西背靠背直流工程,以及正在规划建设的世界最高电压等级的昆柳龙工程、已投运的世界上首个直流电网 ±500kV/9000MW 张北柔性直流电网试验示范工程等。

表 1.2 基于 MMC 拓扑的 VSC-HVDC 输电工程(不完全统计)

工程及国家	投运年份	直流电压/kV	交流电压/kV	额定功率/MW	线路长度/km	制造商
Trans Bay Cable,美国	2010	±200	230/138	400	85	Siemens
Caprivi Link,纳米比亚-赞比亚	2010	±350	400/330	300	950	ABB
Valhall offshore,挪威	2011	±150	300/11	78	292	ABB
上海南汇风电场柔性直流输电示范工程,中国	2011	±30	35/35	18	8.4	国家电网
BorWin1,德国	2012	±150	170/380	400	200	ABB
南澳 ±160kV 多端柔性直流输电示范工程,中国	2013	±160	110	200, 100, 50	136	南方电网
East West Interconnector,爱尔兰-英国	2013	±200	400	500	261	ABB
Mackinac HVDC Flow-Control Project,美国	2014	±71	138	200	背靠背	ABB
浙江舟山 ±200kV 五端柔性直流科技示范工程,中国	2014	±200	110/220	400, 300, 3 × 100	129	国家电网
Skagerrak4,挪威-德国	2014	±500	400	700	244	ABB
BorWin2,德国	2015	±300	155/400	800	200	Siemens
HelWin1,德国	2015	±250	155/400	576	130.5	Siemens
DolWin1,德国	2015	±320	380/155	800	165	ABB

工程及国家	投运年份	直流电压/kV	交流电压/kV	额定功率/MW	线路长度/km	制造商
SylWin1，德国	2015	±320	380/155	864	204.5	Siemens
HelWin2，德国	2015	±320	155/380	690	130.5	Siemens
INELFE，法国-西班牙	2015	±320	400	2×1000	65	Siemens
厦门±320kV柔性直流输电科技示范工程，中国	2015	±320	220	1000	11	国家电网
NordBalt，瑞典-立陶宛	2015	±300	330/400	700	450	ABB
Troll A 3&4，挪威	2015	±60	66/132	2×50	70	ABB
Dolwin2，德国	2016	±320	155/380	900	135	ABB
South-West Link，瑞典	2016	±300	410	2×600	252	Alstom
NordBalt，瑞典-立陶宛	2016	±300	400/330	700	450	ABB
ElecLink，英国-法国	2016	±320	400	1000	69	Siemens
鲁西背靠背直流工程，中国	2016	±350	500	1000	背靠背	南方电网
Dolwin3，德国	2017	±320	155/400	900	161	Alstom
Maritime Link，加拿大-美国	2018	±200	230/345	500	357	ABB
Tres-Amiga's，美国	2017	300	345	3×750	背靠背	Alstom
South-West Link，瑞典	2017	±300	400	2×720	260	Alstom
Caithness Moray，苏格兰	2018	±320	275/400	1200	160	ABB
渝鄂柔性直流背靠背联网工程，中国	2018	±420	500	2×1250	背靠背	国家电网
France-Italy Link，法国-意大利	2019	±320	400/380	2×600	190	Alstom
BorWin3，德国	2019	±320	155	900	160	Siemens
Nemo Link，比利时-英国	2019	±400	400	1000	140	Siemens
Kriegers Flak（KF CGS），德国-丹麦	2019	±140	400/150	410	背靠背	ABB
Cobra Cable，荷兰-丹麦	2019	±320	400	700	325	Siemens
Ultranet，德国	2019	±380	380	2000	340	Siemens
张北柔性直流电网试验示范工程，中国	2020	±500	500	9000	666	国家电网
IFA-2，法国-英国	2020	±320	400	1000	204	ABB
PK2000，印度	2020	±320	400	2×1000	153.5	Siemens
ALEGrO，比利时-德国	2020	±320	380	1000	100	Siemens
Nordlink，德国-挪威	2020	±525	400/380	1400	570	ABB
NSN，挪威-英国	2021	±525	420/400	1400	730	ABB
Ultranet，德国	2021	±380	380	2000	340	Siemens
Jeju 3，韩国	2021	±150	154	200	100	ABB

续表

工程及国家	投运年份	直流电压/kV	交流电压/kV	额定功率/MW	线路长度/km	制造商
昆柳龙工程，中国	2021	±800	500	8000	1489	南方电网
白鹤滩-江苏±800kV特高压直流输电工程，中国	2022	±800	500	8000	2172	国家电网
DolWin6，德国	2023	±320	155	900	90	Siemens
DolWin5，德国	2024	±320	66/380	900	135	ABB
Higashi-Shimizu，日本	2029	±72	275	2×300	背靠背	ABB

除在柔性直流输电中得到大规模应用之外，MMC 近年来在高压电机驱动[48]、统一潮流控制器[49]、静止无功补偿器[50]、电池储能[51]、光伏发电[52]、风力发电[53]、固态电力电子变压器[54]、DC/DC 变换器[55]、直流输电分接装置[56]、直流潮流控制器[57]、直流融冰装置[58]等其他工业应用中也获得了广泛关注，成为国际电力电子领域的热点研究课题[59-61]。但 MMC 的工作机理与传统 VSC 有很大不同，其内部通常包含成千上万个元器件，在拓扑的运行、控制、保护等方面均存在很多独特问题。而且，MMC 是一个多变量、非线性的时变系统，往往要实现对有功/无功功率、输入输出电压电流、子模块电容电压、环流等多个目标的同时控制，相关的建模、控制、仿真方法较为复杂，面临诸多的技术挑战。在后续章节中，本书将从电力电子变换器的角度出发，重点针对 MMC 的基本原理、调制与子模块电容电压平衡、运行控制、环流抑制、启动充电、子模块冗余与故障容错、不对称运行、建模与仿真等方面进行系统的分析研究，并介绍相应的解决方法，此外，针对 MMC 在柔性直流输电应用、高压变频应用、其他若干新兴领域的应用以及实验样机设计等方面加以详细介绍。相关理论与方法均得到详细的仿真与实验验证，旨在为 MMC 的工程应用提供些许技术参考。

参 考 文 献

[1] BP. BP 世界能源统计年鉴[R/OL]. 68 版. (2019-07-30)[2019-12-27]. https://www.bp.com/content/dam/bp/country-sites/zh_cn/china/home/reports/statistical-review-of-world-energy/2019/2019srbook.pdf.

[2] IEA. Energy and Air Pollution[R/OL]. (2016-06)[2019-12-27]. https://www.iea.org/reports/energy-and-air-pollution.

[3] 中华人民共和国生态环境部. 2018 年中国生态环境状况公报[R/OL]. (2019-05-22)[2019-12-27]. http://www.mee.gov.cn/home/jrtt_1/201905/W020190529619750576186.pdf.

[4] 新华社.《巴黎协定》在联合国总部开放签署[R/OL]. (2016-04-23)[2019-12-27]. http://www.xinhuanet.com/world/2016-04/23/c_1118712541.htm.

[5] Renewable energy policy network for the 21st century. Renewables 2019 global status report[R/OL]. (2019-06-18)[2019-12-27]. http://www.ren21.net/gsr-2019.

[6] 国家发展和改革委员会能源研究所. 中国 2050 高比例可再生能源发展情景暨路径研究[R]. 北京: 国家发展和改革委员会能源研究所与能源基金会, 2015.

[7] 时璟丽. 科学规划促进可再生能源电力并网和消纳[J]. 电器工业, 2015 (6): 56-58.

[8] 朱凌志, 陈宁, 韩华玲. 风电消纳关键问题及应对措施分析[J]. 电力系统自动化, 2011, 35 (22): 29-34.

[9] 国家能源局. 2018 年风电并网运行情况[EB/OL]. (2019-01-28) [2019-12-27]. http://www.nea.gov.cn/2019-01/28/c_137780779.htm.

[10] 周孝信, 鲁宗相, 刘应梅, 等. 中国未来电网的发展模式和关键技术[J]. 中国电机工程学报, 2014, 34 (29): 4999-5008.

[11] 赵婉君. 高压直流输电工程技术[M]. 北京: 中国电力出版社, 2011.

[12] Kim C K. HVDC Transmission Power Conversion Applications in Power Systems[M]. New Jersey: Wiley-IEEE Press, 2009.

[13] Bahrman M P, Johnson B K. The ABCs of HVDC transmission technologies[J]. IEEE Power Energy Magazine, 2007, 5 (2): 32-44.

[14] 汤广福, 庞辉, 贺之渊. 先进交直流输电技术在中国的发展与应用[J]. 中国电机工程学报, 2016, 36 (7): 1760-1771.

[15] Flourentzou N, Agelidis V G, Demetriades G D. VSC-based HVDC power transmission systems: An overview[J]. IEEE Transactions on Power Electronics, 2009, 24 (3): 592-602.

[16] 徐政. 柔性直流输电系统[M]. 北京: 机械工业出版社, 2012.

[17] 汤广福. 基于电压源换流器的高压直流输电技术[M]. 北京: 中国电力出版社, 2010.

[18] 管敏渊. 基于模块化多电平换流器的直流输电系统控制策略研究[D]. 杭州: 浙江大学, 2013.

[19] Barnes M, Hertem D V, Teeuwsen S P, et al. HVDC systems in smart grids[J]. Proceedings of IEEE, 2017, 105 (11): 2082-2098.

[20] 汤广福, 罗湘, 魏晓光. 多端直流输电与直流电网技术[J]. 中国电机工程学报, 2013, 33 (10): 8-17.

[21] Rao H. Architecture of Nan'ao multi-terminal VSC-HVDC system and its multi-functional control[J]. CSEE Journal of Power and Energy Systems, 2015, 1 (1): 9-18.

[22] Tang G F, He Z Y, Pang H, et al. Basic topology and key devices of the five-terminal DC grid[J]. CSEE Journal of Power and Energy Systems, 2015, 1 (2): 22-35.

[23] 安婷, Andersen B, Macleod N, 等. 中欧高压直流电网技术论坛综述[J]. 电网技术, 2017, 41 (8): 2407-2416.

[24] 汤广福, 贺之渊, 庞辉. 柔性直流输电技术在全球能源互联网中的应用探讨[J]. 智能电网, 2016, 4 (2): 116-123.

[25] 姚良忠, 吴婧, 王志冰, 等. 未来高压直流电网发展形态分析[J]. 中国电机工程学报, 2014, 34 (34): 6007-6020.

[26] 姚美齐, 李乃湖. 欧洲超级电网的发展及其解决方案[J]. 电网技术, 2014, 38 (3): 549-555.

[27] 国家发展和改革委员会. 关于张北柔性直流电网试验示范工程核准的批复[R]. 北京: 国家发展和改革委员会, 2017.

[28] Peng F Z. Z-source inverter[J]. IEEE Transactions on Industry Applications, 2003, 39 (2): 504-510.

[29] Zhang Y, Adam G P, Lim T C, et al. Voltage source converter in high voltage applications: Multilevel versus two-level converters[C]// 9th IET International Conference on AC and DC Power Transmission, London, 2010: 1-5.

[30] Wu B. High Power Converters and AC Drives[M]. New Jersey: Wiley-IEEE Press, 2006.

[31] Kouro S, Malinowski M, Gopakumar K, et al. Recent advances and industrial applications of multilevel converters[J]. IEEE Transactions on Industrial Electronics, 2010, 57 (8): 2553-2580.

[32] Rodriguez J, Bernet S, Steimer P K, et al. A survey on neutral-point-clamped inverters[J]. IEEE Transactions on Industrial Electronics, 2010, 57(7): 2219-2230.

[33] Bruckner T, Bernet S, Guldner H. The active NPC converter and its loss-balancing control[J]. IEEE Transactions on Industrial Electronics, 2005, 52(3): 855-868.

[34] Meynard T A, Foch H. Multi-level conversion: High voltage choppers and voltage-source inverters[C]//23rd Annual IEEE Power Electronics Specialists Conference, Toledo, 1992: 397-403.

[35] Peng F Z, Lai J S, Mckeever J W, et al. A multilevel voltage-source inverter with separate DC sources for static var generation[J]. IEEE Transactions on Industry Applications, 1996, 32(5): 1130-1138.

[36] Hammond P W. A new approach to enhance power quality for medium voltage AC drives[J]. IEEE Transactions on Industry Applications, 1997, 33(1): 202-208.

[37] Meynard T A, Foch H, Thomas P, et al. Multicell converters: Basic concepts and industry applications[J]. IEEE Transactions on Industrial Electronics, 2002, 49(5): 955-964.

[38] Marquardt R. Stromrichterschaltungen mit verteilten energie speichern: DE10103031A1[P]. 2001-01-24.

[39] Lesnicar A, Marquardt R. An innovative modular multilevel converter topology suitable for a wide power range[C]// 2003 IEEE Bologna Power Tech Conference, Bologna, 2003: 1-5.

[40] Akagi H. Classification, terminology, and application of the modular multilevel cascade converter (MMCC)[J]. IEEE Transactions on Power Electronics, 2011, 26(11): 3119-3130.

[41] 杨晓峰, 林智钦, 郑琼林, 等. 模块组合多电平变换器的研究综述[J]. 中国电机工程学报, 2013, 33(6): 1-14.

[42] Debnath S, Qin J C, Bahrani B, et al. Operation, control, and applications of the modular multilevel converter: A review[J]. IEEE Transactions on Power Electronics, 2015, 30(1): 37-53.

[43] Glasdam J, Hjerrild J, Kocewiak L H, et al. Review on multi-level voltage source converter based HVDC technologies for grid connection of large offshore wind farms[C]// 2012 IEEE International Conference on Power System Technology, Auckland, 2012: 1-6.

[44] 周月宾. 模块化多电平换流器型直流输电系统的稳态运行解析和控制技术研究[D]. 杭州: 浙江大学, 2014.

[45] Oates C. Modular multilevel converter design for VSC HVDC applications[J]. IEEE Journal of Emerging and Selected Topics in Power Electronics, 2015, 3(2): 505-515.

[46] 郭捷. 模块化多电平换流器在 HVDC 应用的若干关键问题研究[D]. 杭州: 浙江大学, 2013.

[47] 孔明. 模块化多电平 VSC-HVDC 换流器的优化控制研究[D]. 北京: 中国电力科学研究院, 2014.

[48] Hagiwara M, Nishimura K, Akagi H. A medium-voltage motor drive with a modular multilevel PWM inverter[J]. IEEE Transactions on Power Electronics, 2010, 25(7): 1786-1799.

[49] 国网江苏省电力公司. 统一潮流控制器工程实践——南京西环网统一潮流控制器示范工程[M]. 北京: 中国电力出版社, 2015.

[50] Xiao X, Lu J, Yuan C, et al. A 10kV 4MVA unified power quality conditioner based on modular multilevel inverter[C]// 2013 IEEE International Electrical Machines & Drives Conference, Chicago, 2013: 1352-1357.

[51] Vasiladiotis M, Rufer A. Analysis and control of modular multilevel converters with integrated battery energy storage[J]. IEEE Transactions on Power Electronics, 2015, 30(1): 163-175.

[52] Rivera S, Wu B, Lizana R, et al. Modular multilevel converter for large-scale multistring photovoltaic energy conversion system[C]// 2013 IEEE Energy Conversion Congress and Exposition, Denver, 2013: 1941-1946.

[53] Debnath S, Saeedifard M. A new hybrid modular multilevel converter for grid connection of large wind turbines[J]. IEEE Transactions on Sustainable Energy, 2013, 4(4): 1051-1064.

[54] Glinka M, Marquardt R. A new AC/AC multilevel converter family[J]. IEEE Transactions on Industrial Electronics, 2005, 52 (3) : 662-669.

[55] Adam G P, Gowaid I A, Finney S J, et al. Review of DC-DC converters for multi-terminal HVDC transmission networks[J]. IET Power Electronics, 2016, 9 (2) : 281-296.

[56] Luth T, Merlin M, Green T C. Modular multilevel DC/DC converter architectures for HVDC taps[C]// 2014 16th European Conference on Power Electronics and Applications, Lappeenranta, 2014: 1-10.

[57] Ranjram M, Lehn P W. A multiport power flow controller for DC transmission grids[J]. IEEE Transactions on Power Delivery, 2016, 31 (1) : 389-396.

[58] 敬华兵. 兼具多功能的直流融冰技术及应用研究[D]. 长沙: 中南大学, 2013.

[59] Perez M A, Bernet S, Rodriguez J, et al. Circuit topologies, modeling, control schemes, and applications of modular multilevel converters[J]. IEEE Transactions on Power Electronics, 2015, 30 (1): 4-17.

[60] 范声芳. 模块化多电平变换器 MMC 若干关键技术研究[D]. 武汉: 华中科技大学, 2014.

[61] 李彬彬. 模块化多电平换流器及其控制技术研究[D]. 哈尔滨: 哈尔滨工业大学, 2017.

第 2 章　MMC 的原理与特点

2.1　MMC 的基本工作原理

2.1.1　电路结构分析

图 2.1 给出了 MMC 其中一相的电路图，电路分为上下两个桥臂，每个桥臂含有 N 个子模块(SM)，图中 U_{dc} 为直流电压，u_u 与 u_l 分别为上、下桥臂电压，i_u 与 i_l 分别为上、下桥臂电流，u_o 与 i_o 分别为交流侧输出电压、电流，R_{Load} 和 L_{Load} 分别为交流侧所接负载的等效电阻和等效电感。

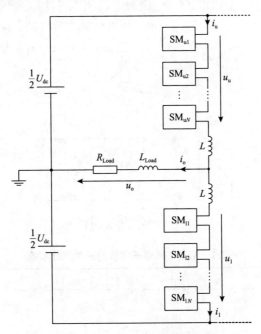

图 2.1　MMC 单相电路图

MMC 的工作原理非常简单，即令两个桥臂共同支撑直流电压，并同时输出互补的交流电压。通常情况下 MMC 各桥臂中子模块数目较多，输出电压波形较为平滑，因此本章暂且忽略其谐波分量(详细的谐波分析将在第 3 章中给出)，将桥臂电压波形近似为理想波形。MMC 上下桥臂电压可分别表示为

$$\begin{cases} u_{\mathrm{u}} = \dfrac{1}{2}U_{\mathrm{dc}} - u_{\mathrm{o}} \\ u_{\mathrm{l}} = \dfrac{1}{2}U_{\mathrm{dc}} + u_{\mathrm{o}} \end{cases} \tag{2.1}$$

其中，两桥臂电压的直流分量均为 U_{dc} 的一半，交流分量大小相等、符号相反。

此外，MMC 在每个桥臂中加入一个电感 L，作为桥臂子模块与直流母线之间的缓冲，防止子模块投切带来的电压跃变造成过高的尖峰电流。

2.1.2　子模块工作原理

MMC 的子模块通常采用半桥电路，如图 2.2 所示，包含两个 IGBT（S_1 与 S_2）与一组电容器 C_{SM}。正常运行时 S_1 与 S_2 互补工作：当 S_1 开通、S_2 关断时，C_{SM} 投入 MMC 桥臂中，并将在桥臂电流 $i_{\mathrm{u,l}}$ 的作用下进行充电或放电；而当 S_1 关断、S_2 开通时，C_{SM} 被旁路，电容电压保持不变。此外，当 S_1 与 S_2 均关断时，子模块处于闭锁状态，C_{SM} 在桥臂电流为正时进行充电、桥臂电流为负时被旁路。子模块具体的开关工作状态如表 2.1 所示，其中 U_C 表示子模块电容电压，u_{SM} 为子模块输出电压。

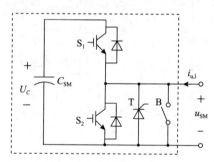

图 2.2　半桥子模块电路图

表 2.1　MMC 半桥子模块的开关工作状态

S_1	S_2	u_{SM}	$i_{\mathrm{u,l}}$ 方向	子模块电容状态
1	0	U_C	+	充电
0	1	0	+	旁路
0	0	U_C	+	充电
1	0	U_C	−	放电
0	1	0	−	旁路
0	0	0	−	旁路

通常每个子模块会配备一个快速旁路开关 B，若某个子模块发生故障，可通过闭合该开关将故障子模块旁路，从而不必中断 MMC 的运行[1]。此外，在直流输电应用中，一般情况下还会在每个子模块输出端并联安装一个晶闸管 T，该晶

闸管仅在 MMC 发生直流短路故障时触发开通。由于晶闸管的导通压降低于 IGBT 内部集成的反并联二极管的导通压降，故障电流将主要从晶闸管流过，从而避免 S_2 反并联二极管因承担过高的故障电流而损坏。

　　除半桥子模块之外，MMC 还可以采用其他子模块形式，如全桥子模块（图 2.3）、多电平子模块，甚至是多种不同电路结构混合而成的子模块[2]。但半桥子模块的结构最为简洁、元器件数量最少、效率最高，因此应用最为广泛。然而全桥子模块存在输出电压极性为负的开关状态，使 MMC 具备直流短路故障电流阻断的能力，在架空线柔性直流输电应用中得到了较多关注[3]。

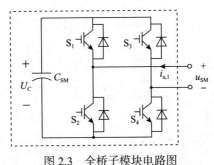

图 2.3　全桥子模块电路图

2.1.3　MMC 电压增益分析

　　分别定义 MMC 上下桥臂中子模块标幺化参考信号为 u_{u_ref} 与 u_{l_ref}，如图 2.4 所示，其中 D 表示直流偏置，$M\cos(\omega t)/2$ 表示交流分量，M 为调制比，ω 为输出交流电压的角频率。该标幺化参考信号代表了子模块电容器投入桥臂中的时间比例，从而式 (2.1) 所示的桥臂电压可表示为标幺化参考信号与 N 个子模块电容电压的乘积：

$$\begin{cases} u_u = u_{u\_ref} N U_C = \left[D - \dfrac{M}{2}\cos(\omega t) \right] N U_C \\[2mm] u_1 = u_{l\_ref} N U_C = \left[D + \dfrac{M}{2}\cos(\omega t) \right] N U_C \end{cases} \tag{2.2}$$

为了防止子模块发生过调制，M 的取值需要满足 $M \leqslant \min(2D, 2-2D)$。

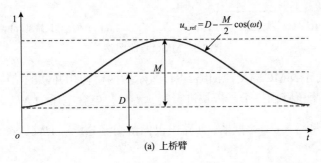

(a) 上桥臂

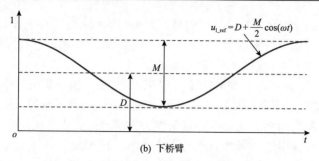

(b) 下桥臂

图 2.4　MMC 桥臂子模块标幺化参考信号

在图 2.1 的基础上，可提取出 MMC 的直流回路等效电路，如图 2.5(a) 所示。回路中包含 $2N$ 个子模块，其中 i_c 为直流回路电流。由于回路中上下桥臂的交流电压分量彼此抵消，电路中仅存直流分量，其电压关系为

$$U_{dc} = 2DNU_C \tag{2.3}$$

并且可以将 $2N$ 个子模块进行集总，得到如图 2.5(b) 所示的等效电路。可见该等效电路为 Boost 变换器，集总电容的电压为 $2NU_C$，从而 Boost 变换器的等效占空比为 D。

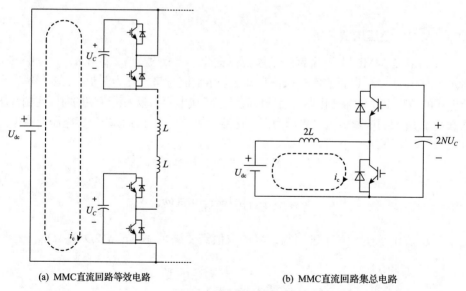

(a) MMC直流回路等效电路　　　　　　(b) MMC直流回路集总电路

图 2.5　MMC 直流回路

类似地，对于 MMC 的交流回路，可以表示为两桥臂相并联的结构，如图 2.6(a) 所示，其中每个桥臂由一个子模块进行集总等效，电容电压为 NU_C。由于桥臂电压中的直流分量与 $\frac{1}{2}U_{dc}$ 相抵消，回路中仅保留交流分量 $\frac{1}{2}MNU_C\cos(\omega t)$，因此可

进一步简化为图 2.6(b)。可见两个并联桥臂的交流电压相同，且桥臂电感皆为 L，交流电流 i_o 将在上下桥臂中均分。MMC 输出交流相电压的幅值可表示为

$$\hat{U}_o = \frac{M}{2}NU_C \tag{2.4}$$

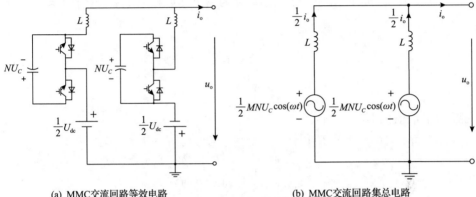

    (a) MMC交流回路等效电路　　　　　　　　　(b) MMC交流回路集总电路

图 2.6　MMC 交流回路

根据式 (2.3)、式 (2.4) 所示的 MMC 直流、交流回路电压关系式，可推导出输出交流相电压幅值与直流电压之间的增益关系：

$$G = \frac{\hat{U}_o}{U_{dc}} = \frac{M}{4D} \tag{2.5}$$

鉴于 $M \leqslant \min(2D, 2-2D)$，可以得到 MMC 最大电压增益 G 与直流偏置 D 之间的关系曲线，如图 2.7 所示。可见在任何情况下，MMC 的最大输出电压都无法超过直流电压的一半，为了充分提高装置的电压利用率，D 应设计在 [0, 0.5] 区间内。此外，由式 (2.3) 可推出子模块电容电压 $U_C = U_{dc}/(2DN)$，这意味着 D 越大时，U_C 越小，子模块中元器件的耐压等级也越低。因此综合考虑，MMC 直流偏置 D 的最优取值应为 0.5，对应的子模块电容电压为 $U_C = U_{dc}/N$。

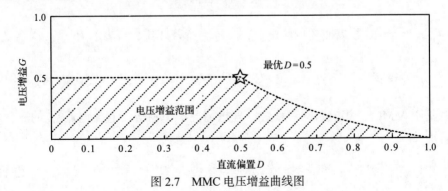

图 2.7　MMC 电压增益曲线图

2.2　MMC 电路分析

2.2.1　基本电压电流关系分析

为分析方便，定义 MMC 的调制比 M 为输出交流相电压幅值与直流电压一半的比值：

$$M = \frac{\hat{U}_o}{\frac{1}{2}U_{dc}} = \frac{2\hat{U}_o}{U_{dc}} \tag{2.6}$$

从而 M 的取值范围为[0, 1]。

当 $D=0.5$ 时，上下桥臂中子模块的参考信号可进一步表示为

$$\begin{cases} u_{u\_ref} = \frac{1}{2}[1 - M\cos(\omega t)] \\ u_{l\_ref} = \frac{1}{2}[1 + M\cos(\omega t)] \end{cases} \tag{2.7}$$

MMC 的桥臂电压为

$$\begin{cases} u_u = \frac{1}{2}[1 - M\cos(\omega t)]U_{dc} \\ u_l = \frac{1}{2}[1 + M\cos(\omega t)]U_{dc} \end{cases} \tag{2.8}$$

由于交流电流在上下桥臂中均分，MMC 的桥臂电流表示如下：

$$\begin{cases} i_u = i_c + \frac{1}{2}i_o \\ i_l = i_c - \frac{1}{2}i_o \end{cases} \tag{2.9}$$

其中，i_c 为 MMC 桥臂直流回路电流，又称为桥臂环流，可表示为

$$i_c = \frac{1}{2}(i_u + i_l) \tag{2.10}$$

基于 MMC 三相电路的对称性，理想情况下 i_c 将等于直流电流 I_{dc} 的三分之一，即

$$i_c = \frac{1}{3}I_{dc} \tag{2.11}$$

交流电流可表示为

$$i_o = \hat{I}_o \cos(\omega t - \varphi) \tag{2.12}$$

其中，φ 为相位滞后角；$\hat{I}_o$ 为输出电流幅值。

将式(2.11)、式(2.12)代入式(2.9)可得桥臂电流的数学表达式：

$$\begin{cases} i_u = \dfrac{1}{3}I_{dc} + \dfrac{1}{2}\hat{I}_o \cos(\omega t - \varphi) \\[2mm] i_l = \dfrac{1}{3}I_{dc} - \dfrac{1}{2}\hat{I}_o \cos(\omega t - \varphi) \end{cases} \tag{2.13}$$

忽略换流器损耗，根据 MMC 交直流端口间的功率平衡，有

$$P_{dc} = U_{dc}I_{dc} = P_{ac} = \frac{3}{2}\hat{U}_o \hat{I}_o \cos\varphi \tag{2.14}$$

其中，P_{dc} 和 P_{ac} 分别为直、交流侧功率。

继而可推导出 MMC 交、直流侧的电流关系：

$$I_{dc} = \frac{3M\cos\varphi}{4}\hat{I}_o \tag{2.15}$$

2.2.2　电容电压分析

传统的两电平、三电平换流器的电容器位于直流母线，三相之间的功率脉动可以相互抵消，电容电压波动较小。MMC 电容器分散在各子模块中，独自承担所在桥臂的功率脉动，因此电容电压的波动会显著增加。

子模块电容器的工作过程如图 2.8 所示，当 S_1 开通时，桥臂电流将从电容器 C_{SM} 流过，根据式(2.7)与式(2.13)，流过子模块电容器的平均电流可表示为

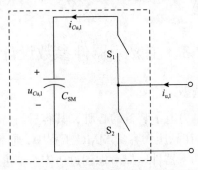

图 2.8　MMC 子模块电容器工作过程

$$\begin{cases} i_{Cu} = u_{u\_ref}i_u = \dfrac{1}{2}[1 - M\cos(\omega t)]\left[\dfrac{1}{3}I_{dc} + \dfrac{1}{2}\hat{I}_o\cos(\omega t - \varphi)\right] \\[3mm] i_{Cl} = u_{l\_ref}i_l = \dfrac{1}{2}[1 + M\cos(\omega t)]\left[\dfrac{1}{3}I_{dc} - \dfrac{1}{2}\hat{I}_o\cos(\omega t - \varphi)\right] \end{cases} \quad (2.16)$$

对式(2.16)进行积分，可得到电容电压的波动成分为

$$\begin{cases} \Delta u_{Cu} = \dfrac{1}{C_{SM}}\displaystyle\int_0^t i_{Cu}\mathrm{d}t = -\Delta U_{C,1}\cos(\omega t + \delta) - \Delta U_{C,2}\sin(2\omega t - \varphi) \\[3mm] \Delta u_{Cl} = \dfrac{1}{C_{SM}}\displaystyle\int_0^t i_{Cl}\mathrm{d}t = \Delta U_{C,1}\cos(\omega t + \delta) - \Delta U_{C,2}\sin(2\omega t - \varphi) \end{cases} \quad (2.17)$$

其中，$\Delta U_{C,1}$ 与 $\Delta U_{C,2}$ 分别为基频与二倍频的电容电压波动幅值：

$$\Delta U_{C,1} = \frac{\hat{I}_o\sqrt{4 + (M^4 - 4M^2)\cos^2\varphi}}{8\omega C_{SM}} \quad (2.18)$$

$$\Delta U_{C,2} = \frac{M\hat{I}_o}{16\omega C_{SM}} \quad (2.19)$$

$$\delta = \arctan\frac{2 - M^2}{2\tan\varphi} \quad (2.20)$$

由式(2.17)可见，上下桥臂中子模块电容电压的基频波动大小相等、符号相反，二倍频波动则相同。结合子模块电容电压的直流分量，MMC 完整的子模块电容电压表达式如下：

$$\begin{cases} u_{Cu} = \dfrac{U_{dc}}{N} - \Delta U_{C,1}\cos(\omega t + \delta) - \Delta U_{C,2}\sin(2\omega t - \varphi) \\[3mm] u_{Cl} = \dfrac{U_{dc}}{N} + \Delta U_{C,1}\cos(\omega t + \delta) - \Delta U_{C,2}\sin(2\omega t - \varphi) \end{cases} \quad (2.21)$$

2.3　主要元器件参数设计

2.3.1　子模块功率器件选型

功率半导体器件是电力电子装备的心脏，其容量与特性往往决定了拓扑的实际运行性能和设计原则。在高压大容量 MMC 工程中，通常选用额定电压为 3.3kV 或 4.5kV 的 IGBT 作为功率器件。但考虑到过压安全裕度、元件老化等因素对可靠性的影响，实际应用中会留取较大的工作电压裕量，目前对应的子模块电容电

压额定值一般设计为 1.6kV、2.4kV。

MMC 子模块 IGBT 承载的电流为桥臂电流，根据式 (2.13) 与式 (2.15)，可得到桥臂电流的稳态峰值为

$$I_{\text{peak}} = \frac{M\cos\varphi + 2}{4}\hat{I}_{\text{o}} \tag{2.22}$$

当 $M=1$，$\cos\varphi=1$ 时，I_{peak} 达到最大值：

$$I_{\text{peak}} = \frac{3\hat{I}_{\text{o}}}{4} \tag{2.23}$$

IGBT 电流容量的选取根本上取决于其热应力，考虑到 MMC 各子模块之间的损耗差异、散热环境温度的不稳定、短时过流等因素，IGBT 的工作结温一般设计为 85~100℃。需要指出，桥臂电流中由于直流分量的存在，子模块 (图 2.2) 中 S_1 与 S_2 的损耗与发热分布严重不均，当 MMC 逆变运行时 S_2 内部的 IGBT 芯片发热较为显著；而当 MMC 整流运行时，S_2 的反并联二极管发热较明显[4]。因此在设计 MMC 冷却系统时应着重考虑 S_2 的热应力。

大功率 IGBT 的封装方式主要有两类，分别为焊接型与压接型。焊接型 IGBT 通过引线和焊接的方式将 IGBT 芯片与电极相连，其绝缘、安装及散热设计较为简单，技术成熟，产品型号类别丰富，在工业中应用非常广泛。但焊接型 IGBT 在大电流情况下容易造成引线脱落或烧断，致使器件开路。对于 MMC 等采用大量器件或模块进行串联的拓扑，任一子模块的 IGBT 开路故障都将导致整个桥臂发生断路，迫使系统停运，其可靠性在实际工程中是不可接受的。目前直流输电应用中的解决办法是在子模块端口处并联压接型晶闸管 T，当发生开路故障后该晶闸管可被开路电压瞬间击穿并保持短路，保证了 MMC 桥臂电流的流通。相比之下，压接型 IGBT 采用机械压力结构实现芯片与端盖之间的电气连接，在过流情况下将进入安全的"失效短路"模式[5]，可靠性显著提高，易于串联。此外，压接型 IGBT 反并联二极管耐受过流的能力更强，通过适当地加大二极管芯片面积，可省去子模块中额外并联的晶闸管 T。而且压接型 IGBT 基板中不含绝缘层，热阻显著降低，电流容量更大，但不足之处是成本较高，安装及散热系统的设计较复杂，可选择的产品类型较少。

相比于 IGBT，集成门极换流晶闸管 (integrated gate commutated thyristor, IGCT) 在 MMC 中也有一定的应用前景，其在导通压降、电流容量、导通损耗、可靠性等方面具有一定的优势[6]。不过 IGCT 的驱动电路更为复杂，并且需要串联微亨级电感来抑制开通时的 $\mathrm{d}i/\mathrm{d}t$，而且需要加入 RCD 缓冲单元来抑制串联电感在 IGCT 关断时产生的过电压。

2.3.2　子模块电容器设计

子模块电容器的容量主要是保证电容电压波动保持在合理的范围内，可通过以下方法进行设计。将式(2.15)代入式(2.16)，消去 $\hat{I}_o$，流经子模块电容器的平均电流表达式变为

$$\begin{cases} i_{Cu} = u_{u\_ref}i_u = \dfrac{I_{dc}}{6}[1 - M\cos(\omega t)]\left[1 + \dfrac{2}{M\cos\varphi}\cos(\omega t - \varphi)\right] \\ i_{Cl} = u_{l\_ref}i_l = \dfrac{I_{dc}}{6}[1 + M\cos(\omega t)]\left[1 - \dfrac{2}{M\cos\varphi}\cos(\omega t - \varphi)\right] \end{cases} \tag{2.24}$$

子模块电容电压为电容平均电流的积分，以上桥臂为例，有 $u_{Cu}=\int i_{Cu}dt/C_{SM}$。因此 u_{Cu} 的最大波动峰峰值可由其最大值与最小值之差求得。$C_{SM} du_{Cu}(t)/dt = i_{Cu}=0$，即式(2.24)中 $u_{u\_ref}i_u=0$ 时刻将对应 u_{Cu} 的极值。图 2.9(a) 为 u_{u_ref} 与 i_u 的波形，由于 M 的取值范围为[0, 1]，显然 u_{u_ref} 不存在过零点，因此 i_{Cu} 的过零点由 i_u 的两个过零点 z_1 和 z_2 决定：

$$\begin{cases} z_1 = \varphi + \arccos\left(-\dfrac{M\cos\varphi}{2}\right) \\ z_2 = 2\pi + \varphi - \arccos\left(-\dfrac{M\cos\varphi}{2}\right) \end{cases} \tag{2.25}$$

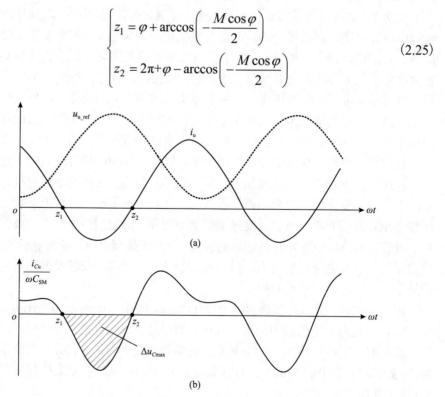

图 2.9　MMC 子模块电容电压波动峰峰值分析

如图 2.9(b)所示，z_1 和 z_2 处将分别对应 u_{Cu} 的最大值 u_{Cmax} 与最小值 u_{Cmin}，在 z_1 和 z_2 两时刻之间对 i_{Cu} 积分，可得到电容电压的最大波动峰峰值：

$$\Delta u_{C\max} = u_{C\max} - u_{C\min} = \frac{1}{C_{SM}}\left|\int_{z_1}^{z_2} i_{Cu}(\omega t)dt\right| = \frac{1}{\omega C_{SM}}\left|\int_{z_1}^{z_2} i_{Cu}(\omega t)d(\omega t)\right| \quad (2.26)$$

将式(2.24)代入式(2.26)后化简得到

$$\Delta u_{C\max} = \frac{2I_{dc}}{3\omega M C_{SM}\cos\varphi}\left(1 - \frac{M^2\cos^2\varphi}{4}\right)^{\frac{3}{2}} \quad (2.27)$$

以电容电压直流分量 $U_C = U_{dc}/N$ 为基准，定义电容电压波动率 ε 为最大波动幅值与 U_C 之比，则有

$$\begin{cases} u_{C\max} = (1+\varepsilon)U_C \\ u_{C\min} = (1-\varepsilon)U_C \end{cases} \quad (2.28)$$

$$\Delta u_{C\max} = u_{C\max} - u_{C\min} = 2\varepsilon U_C \quad (2.29)$$

联立式(2.27)与式(2.29)，解得子模块电容容量 C_{SM} 为

$$C_{SM} = \frac{I_{dc}}{3\varepsilon\omega M U_C\cos\varphi}\left(1 - \frac{M^2\cos^2\varphi}{4}\right)^{\frac{3}{2}} \quad (2.30)$$

对于电容器的材质类型选择，金属化薄膜电容在高压大功率下展现出较好的耐高压、耐高纹波电流能力；基于无油干式工艺，具备较高的防火能力；采用无感卷绕，具有低等效串联电感(equivalent series inductance，ESL)和低等效串联电阻(equivalent series resistance，ESR)的特点[7]。特别是金属化薄膜电容器具有自愈能力：当施加的电压过高时，薄膜弱点被击穿，流过的电流密度急剧增大使金属化镀层产生高热，击穿点周围的金属导体迅速蒸发逸散形成金属镀层空白区，从而使得电容器自动恢复绝缘[8]。基于以上优点，MMC 子模块电容器多选用金属化薄膜电容器。

2.3.3　桥臂电感设计

桥臂电感作为子模块与交直流侧之间的缓冲环节，是 MMC 中不可或缺的元件，由图 2.5 与图 2.6 可知，桥臂电感在各相直、交流侧等效电路中的等效电感值分别为 $2L$ 与 $0.5L$。桥臂电感主要有以下几点功能。

(1)抑制 MMC 直流侧与交流侧电压、电流波形中的开关纹波，起到滤波的作用。但需指出，交流侧 0.5L 等效电感在实际运行中会造成一定的无功消耗，需要 MMC 输出更高电压来补偿该电感上产生的压降，在一定程度上缩减了 MMC 的有效交流输出电压范围。因此在交流侧连接电机等感性负载的情况下，为了避免 0.5L 等效交流电感的存在，桥臂电感可采用耦合电感，提高 MMC 交流电压的利用率。同时耦合电感相比两个分立电感在体积重量上也会减小、成本降低。

(2)抑制各相之间的环流。在 MMC 运行时，由于三相桥臂电压不对称，三相之间会形成环流，增大功率器件损耗和电流应力。直流回路中的 2L 电感能够自然地起到限制 MMC 环流的作用(环流的成因与其抑制方法详见第 4 章)。但需要指出，环流抑制亦可采用有源控制的方案，此时桥臂电感的主要作用则是抑制环流中的高频开关纹波。

(3)抑制直流侧短路故障电流的上升率。特别对于柔性直流输电应用，当 MMC 直流侧发生短路故障时，桥臂电感将承担起故障电压，进而抑制内部电容器放电电流与交流电网故障馈入电流的上升率，为故障保护装置的动作争取更多时间(直流短路故障过程与保护方法详见第 11 章)。

此外，在直流输电等高压应用中，MMC 开关过程的 du/dt 会通过电感的寄生电容产生脉冲电流，危害功率器件的可靠运行，因此桥臂电感的杂散寄生电容应当越小越好。相比油浸式铁心电感，干式空心电感的杂散寄生电容显著降低，绝缘设计简单[9]。而且空心电感不存在磁路饱和问题，在大电流情况下依然能够保证固定的电感值，特别在 MMC 直流侧短路状况下，桥臂电感始终能够保持对故障电流的抑制作用，因此在柔性直流输电中桥臂电感优先选用干式空心结构。

2.4　MMC 辅助电路介绍

除上述主电路元件之外，MMC 还需要一些辅助电路来保证换流器的有效运行，包括启动充电电路、子模块辅助供电电源、功率泄放电路、控制与保护系统等。

2.4.1　启动充电电路

MMC 在启动运行前必须保证各子模块电容电压已充至额定电压。否则，启动瞬间将在 MMC 中产生严重的浪涌电流，很容易损坏 IGBT、电容器等元件，甚至会造成整个换流器停机。一种最直接的启动充电方法是在 MMC 的直流母线上外接一个辅助充电电源，并逐个接入各子模块使其电容器充电[10]。但对于含有大量子模块的高压大容量 MMC，为简化充电过程、缩短充电时间，实际工程中往往通过外加启动电阻与旁路开关，并结合适当的控制方法，直接从 MMC 的直流侧或交流侧进行启动。具体的启动充电方法将在第 6 章中详细介绍。

2.4.2　子模块辅助供电电源

　　为了保障子模块的稳定工作，MMC 各子模块必须配备独立的辅助电源为控制、检测及 IGBT 驱动电路供电。在高压应用中，为简化绝缘与隔离设计，子模块供电电源通常从自身的电容器上取电。如图 2.10 所示，该供电电源要满足以下几点特殊要求。

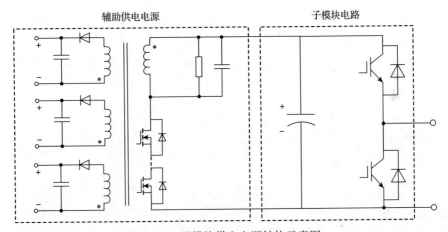

图 2.10　子模块供电电源结构示意图

　　(1)高电压变比：MMC 子模块电容额定电压一般为数千伏，而控制、驱动电路的供电电压通常在十几伏以内，因此该辅助供电电源要实现高变比的 DC/DC 变换。由于辅助供电所需的功率很小，功率开关通常选用分立型功率器件，且一般需要对功率器件进行串联来承担子模块的额定电压[11]。

　　(2)多路隔离输出：子模块中至少需要两路隔离的 IGBT 驱动电源，再加上控制电路、检测电路的隔离供电要求，辅助供电电源需要多路隔离输出，或采用多级变换结构。

　　(3)宽输入电压范围：电容取电型供电电源的缺点是要求电容上必须有足够高的电压。而在 MMC 启动时，各子模块电容电压过低(甚至为零)，供电电源无法工作，子模块 IGBT 均处于不可控的阻断状态。因此供电电源应能够适应较宽的输入电压范围，从而在启动过程与异常工况中令 MMC 尽可能地处于可控状态。

2.4.3　功率泄放电路

当子模块因故障旁路或者停机后，其电容器将处于悬浮状态。由于电容器的自放电速率很慢，电容器中的能量无法得到快速释放，MMC 各子模块将长时间带电，无法进行检修维护。因此实际工程中通常外加功率泄放电路来加速子模块电容器的放电速度，如图 2.11 所示，在子模块电容器两端并联了功率泄放电阻，

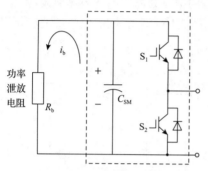

该电阻在换流器停运后自动对子模块电容器放电(i_b 为放电电流)。同时该电阻在换流器启动及不控状态下还能够起到对子模块静态均压的作用，确保不同子模块的电容电压不至于出现过大偏差[12]。需要注意，功率泄放电阻的阻值选择要适当，取值不能过小，以免产生过高的功率损耗而影响 MMC 的整体效率。

图 2.11　MMC 子模块功率泄放电路示意图

2.4.4　控制与保护系统

MMC 子模块数目众多，在直流输电应用中，每个桥臂中的子模块个数通常为数百个，即整个换流站可包含上千个子模块。为了有效、可靠地协调各子模块按预定指令进行动作，设计控制与保护系统时需要采用分层结构的思想，通常分为以下四层[13]：系统级控制器→换流站级控制器→阀级控制器→子模块控制器。其中控制层级越低，控制周期越短，如系统级控制器的控制周期一般为百毫秒至秒级，而对于子模块控制器，其控制周期仅为数十纳秒至微秒级。此外，为了保证MMC 运行的安全性和可靠性，控制保护指令流(控制参考、脉冲开关信号等)由高控制层传向低控制层，而运行信息流(子模块状态、电压电流监测信号等)则由低控制层传向高控制层。而且为了提高故障保护的动作速度、防止故障的扩大，保护功能应尽可能分布在较低的控制层级[9]。

2.4.5　MMC 样机示例

为了能够更为直观地认识 MMC，本节以一台实际的中压 MMC 样机进行举例说明[14]，其整体结构如图 2.12 与图 2.13 所示。实验样机的直流侧额定电压为±3kV，交流侧额定线电压为 3kV，功率等级为 1MW。实验样机共包含五个柜体，分别为控制柜、进线柜及三个功率柜。其中控制柜中安装了控制与保护电路、PLC、数据显示屏、继电器等逻辑控制元件。进线柜中包含系统的交流接线端、直流接

线端及桥臂电感、启动电阻、电压电流传感器、接触器等元件。每个功率柜对应 MMC 的一相电路，具体由 12 个结构相同的子模块构成，即每个桥臂的子模块数目 $N=6$，每个子模块的额定电压为 1kV。

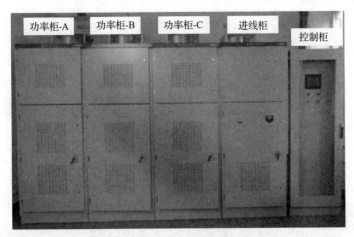

图 2.12　中压 MMC 实验样机外观图

图 2.13　中压 MMC 实验样机内部结构图

　　相比于直流输电等高压应用，本实验样机的子模块数目非常少，因此控制系统采用系统级控制器与子模块控制器两级结构即可，其整体结构如图 2.14 所示。其中系统级控制器采用 DSP 进行控制算法与参考指令的计算，同时采用 FPGA 实现脉冲调制并将生成的开关信号通过光纤传输到每个子模块中，控制相应的 IGBT 完成开通或关断。此外系统级控制器采用 PLC 实现样机中各继电器、接触器的动作控制，采用触摸屏显示系统的工作状态并将其作为人机交互的接口。最终设计制作的系统级控制器电路实物图如图 2.15 所示。

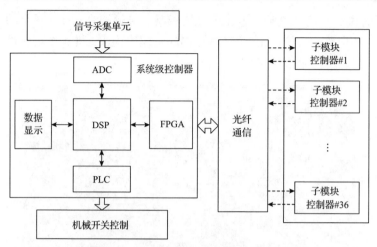

图 2.14 中压 MMC 实验样机控制系统结构图

图 2.15 MMC 实验样机系统级控制器电路实物图

实验样机中子模块的电路结构如图 2.16 所示。每个子模块由两个半桥 IGBT 模块与一组电容器构成，从而子模块可灵活配置成半桥或全桥结构。每个子模块均由一个 CPLD 进行管理，该 CPLD 通过光纤通信接收系统级控制器发来的动作指令，驱动 IGBT 开通或关断，同时检测子模块的运行状态(如子模块电容电压、IGBT 温度等)，并将该状态由光纤通信发送给系统级控制器，保证各子模块均能够可靠运行。

每个子模块的内部结构如图 2.17 所示，主要元件包括电容器组、直流母排、IGBT 模块、辅助供电电源、控制单元板、散热器、功率泄放电阻等。最终制作完成的 MMC 实验样机子模块实物图如图 2.18 所示。基于该子模块设计，本 MMC 实验样机中采用了 36 个完全相同的子模块。

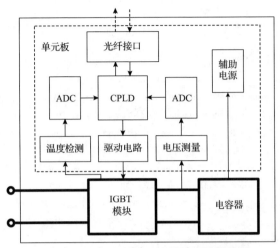

图 2.16　MMC 实验样机子模块电路结构图

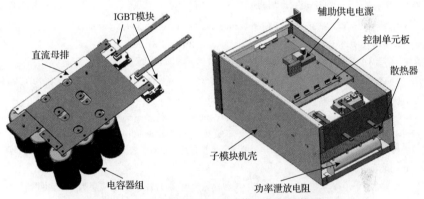

图 2.17　MMC 实验样机子模块内部结构图

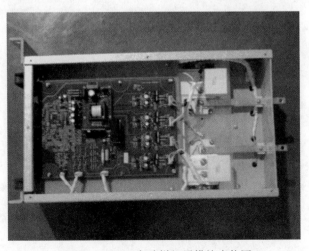

图 2.18　MMC 实验样机子模块实物图

参 考 文 献

[1] Friedrich K. Modern HVDC PLUS application of VSC in modular multilevel converter topology[C]// 2010 IEEE International Symposium on Industrial Electronics, Bari, 2010: 3807-3810.

[2] Nami A, Liang J Q, Dijkhuizen F, et al. Modular multilevel converters for HVDC applications: Review on converter cells and functionalities[J]. IEEE Transactions on Power Electronics, 2015, 30(1): 18-36.

[3] Adam G P, Davidson I E. Robust and generic control of full-bridge modular multilevel converter high-voltage DC transmission systems[J]. IEEE Transactions on Power Delivery, 2015, 30(6): 2468-2476.

[4] Rohner S, Bernet S, Hiller M, et al. Modulation, losses, and semiconductor requirements of modular multilevel converters[J]. IEEE Transactions on Industrial Electronics, 2010, 57(8): 2633-2642.

[5] 赵东元, 刘江. 压接式 IGBT 在电力系统应用特性分析[J]. 电力电子技术, 2015, 49(12): 46-48.

[6] Ladoux P, Serbia N, Carroll E I. On the potential of IGCTs in HVDC[J]. IEEE Journal of Emerging and Selected Topics in Power Electronics, 2015, 3(3): 780-793.

[7] 余小木, 卢世明, 梁颖, 等. 柔性直流输电用大容量 DC-link 电容器关键技术问题探讨[C]// 陕西省电网节能与电能质量学术交流会, 苏州, 2015: 135-137.

[8] Chen Y H, Li H, Lin F C, et al. Study on self-healing and lifetime characteristics of metallized-film capacitor under high electric field[J]. IEEE Transactions on Plasma Science, 2012, 40(8): 2014-2019.

[9] 苟锐锋. 柔性直流输电及其试验测试技术[M]. 北京: 科学出版社, 2017.

[10] Li K, Zhao C. New technologies of modular multilevel converter for VSC-HVDC application[C]// 2010 Asia-Pacific Power and Energy Engineering Conference, Chengdu, 2010: 1-4.

[11] Modeer T, Norrga S, Nee H P. High-voltage tapped-inductor buck converter utilizing an autonomous high-side switch[J]. IEEE Transactions on Industrial Electronics, 2015, 62(5): 2868-2878.

[12] 李超, 唐志军, 林国栋, 等. 模块化多电平换流器子模块均压电阻参数优化策略[J]. 电力自动化设备, 2017, 37(10): 146-152.

[13] 贺之渊, 赵岩, 汤广福. ±320kV/1000MW 柔性直流输电核心技术研发及应用[J]. 智能电网, 2016, 4(2): 124-132.

[14] Li B B, Xu D D, Xu D G, et al. Prototype design and experimental verification of modular multilevel converter based back-to-back system[C]// 2014 IEEE 23rd International Symposium on Industrial Electronics, Istanbul, 2014: 626-630.

第 3 章　MMC 调制与子模块电容电压平衡技术

3.1　MMC 调制技术概述

MMC 的调制技术，决定了其输出电压谐波特性的优劣及损耗的大小，是换流器高效稳定运行的关键。事实上，任何多电平调制技术均可应用在 MMC 当中，如图 3.1 所示。这些调制技术按其开关频率的高低主要可分为低开关频率调制策略、混合开关频率调制策略及高开关频率调制策略。

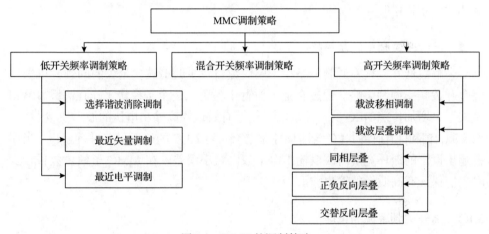

图 3.1　MMC 的调制策略

3.1.1　低开关频率调制策略

MMC 的低开关频率调制策略主要包括选择谐波消除(selective harmonics elimination，SHE)调制[1,2]、最近矢量调制(nearest vector control，NVC)[3,4]与最近电平调制(nearest level control，NLC)[5-7]。这其中，SHE 调制理论上具有最佳的谐波特性，尤其对低次谐波有极好的控制能力。但 SHE 调制需要求解大量方程组来获取最优的开关相位，如图 3.2(a)所示，当 MMC 子模块数目较多时运算量将十分庞大，无法在线求解。NVC 则是传统矢量调制在多电平情况下的简化，不必再考虑所有可能的开关状态，而是仅从邻近的几个矢量中做出选择，相比 SHE 调制在 MMC 应用的计算复杂度有所降低[8]。

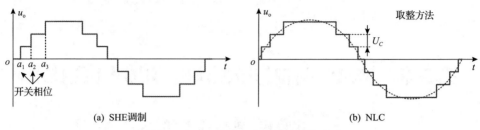

图 3.2　MMC 低开关频率调制策略

相比之下，NLC 最为直接方便，其原理是用一个简单的取整函数计算出最接近参考信号的电平数来进行波形逼近，如图 3.2(b)所示。这种调制方法尤其适合于直流输电这种含有数百个子模块的情况。然而随着子模块数目的降低，NLC 输出电压的谐波含量和畸变率将会变大，这限制了 NLC 在含子模块数目较少的MMC 中的应用[9]。

3.1.2　混合开关频率调制策略

为解决低开关频率调制策略在子模块数目较少时谐波含量大的问题，可采用混合开关频率调制策略。通过在上下桥臂中各引入一个子模块工作在高频 PWM模式下，增加传统 NLC 的开关次数，能够有效地提高输出电压的波形质量[10,11]。而文献[12]和[13]则将 NLC 与滞环控制结合，对 NLC 的逼近误差进行累积，当误差超出设定的滞环宽度时改变输出电平数以减小误差，在 MMC 子模块数目较少时仍能保证有高质量的输出波形。

3.1.3　高开关频率调制策略

高开关频率调制主要是基于多载波调制的方式，每个子模块对应一个载波，适用于子模块数目较少的情况。根据多个载波信号之间排布方式的不同，高开关频率调制可分为载波层叠调制(phase-disposition level shifted PWM，PD-PWM)与载波移相调制(phase-shifted carriers PWM，PSC-PWM)两种。

载波层叠调制是令 MMC 的每个子模块分别对应一个三角载波，并将这些载波信号进行层叠排布[14]。按载波间的相位关系，PD-PWM 又可分为同相层叠、正负反向层叠(phase opposition disposition，POD)及交替反向层叠(alternate phase opposition disposition，APOD)三种，如图 3.3 所示。这几种调制方法均可应用在MMC 中，并能取得理想的谐波抑制效果[15,16]。但 PD-PWM 应用在 MMC 中存在的问题是各子模块间的开关频率不一致，造成个别子模块开关频率过高，发热严重，不利于散热设计。此外，当调制比较低时，PD-PWM 中调制波仅能与少量的三角载波发生交叠，产生非常少的开关动作，导致输出电压波形等效开

关频率降低、波形质量变差，因此 PD-PWM 并不适用于要求宽输出电压范围的
MMC 应用。

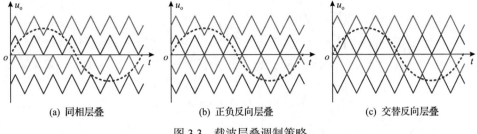

(a) 同相层叠　　　　　　　(b) 正负反向层叠　　　　　　(c) 交替反向层叠

图 3.3　载波层叠调制策略

载波移相调制策略如图 3.4 所示，将各子模块的三角载波按一定的相位间隔
进行排布[17]。载波移相调制应用于 MMC 有以下优点：子模块的开关频率与功率
损耗分布基本均衡，子模块间的电容电压不平衡很小；输出电压波形具有很低的
谐波畸变率和很高的等效开关频率，且其等效开关频率不受调制比的影响[18,19]。
基于以上优点，载波移相调制特别适合用在中压 MMC 中。

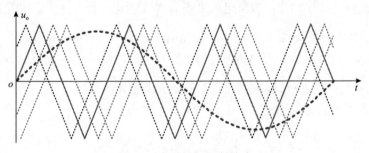

图 3.4　载波移相调制策略

3.1.4　子模块电容电压平衡

模块化结构一方面使 MMC 具备了一系列卓越的技术特点，但另一方面也带
来了各子模块电容电压之间的不平衡问题。由于 MMC 中各子模块电容器是独立
悬浮的，实际应用中各子模块开关时刻的差别、通信延迟的不同、元器件参数的
差异等均会造成电容的充放电不一致。若不加以控制，将会造成子模块电容电压
发散，导致子模块过压/欠压故障、输出电压电流畸变，甚至会危害设备的安全与
使用寿命。因此，电容电压平衡控制是 MMC 稳定运行的基础，且其具体实现过
程与所采用的 PWM 策略紧密关联：根据当前子模块电容电压的高低并结合相应
的 PWM 策略来改变子模块的投入/切除状态，从而调整其充放电功率，保证电容
电压的稳定平衡。

3.2　最近电平调制技术

3.2.1　最近电平调制的基本原理

MMC 最近电平调制（NLC）的实现过程非常简单，通过对上桥臂电压信号与子模块电容电压的比值进行取整运算，得到任意时刻上桥臂需要投入的子模块个数为

$$n_\mathrm{u} = \mathrm{round}\left(\frac{u_\mathrm{u}}{U_C}\right) = \mathrm{round}\left(\frac{N u_\mathrm{u}}{U_\mathrm{dc}}\right) \tag{3.1}$$

其中，$\mathrm{round}(x)$ 为取整函数，表示获得与变量 x 最为接近的整数。

由于 MMC 的上下桥臂工作波形互补，每相始终有 N 个子模块处于投入状态，因此下桥臂实时需要投入的子模块个数为

$$n_\mathrm{l} = N - n_\mathrm{u} \tag{3.2}$$

NLC 得到的效果是用台阶为 U_C 的阶梯波来逼近期望生成的正弦波形，如图 3.2（b）所示。显然，NLC 输出电压最多有 $N+1$ 个电平数，且跟踪误差在 $\pm\frac{1}{2}U_C$ 以内。当 MMC 子模块数目足够多、输出电压足够大时，电压的精度可以达到非常高。例如，对于直流输电 MMC，每个桥臂子模块数目 $N=400$，且输出交流电压幅值为 $\frac{1}{2}U_\mathrm{dc}$，则 NLC 输出电压的稳态最大误差比例仅为

$$e_\mathrm{max} = \frac{\frac{1}{2}U_C}{\frac{1}{2}U_\mathrm{dc}} = \frac{\frac{1}{2}U_\mathrm{dc}\Big/N}{\frac{1}{2}U_\mathrm{dc}} = 0.25\% \tag{3.3}$$

另外，由于采用阶梯波来逼近正弦波形，还要考虑 NLC 的动态效果。MMC 每间隔一个控制周期 T_ctrl 更新一次 NLC 的输出电平数，当正弦波波形变化较快时（如波形过零点附近），一个控制周期后正弦信号的变化量将会对应多个 NLC 电平数的跳变，导致实际 NLC 输出电平数减少。因此，NLC 动态过程的电平数与 MMC 的控制周期 T_ctrl 有关，为保证输出足够的电平数，避免输出电压波形质量受到影响，MMC 的控制频率 $f_\mathrm{ctrl}=1/T_\mathrm{ctrl}$ 应满足[20]：

$$\pi f \sqrt{2NM} \leqslant f_\mathrm{ctrl} \leqslant \pi f NM \tag{3.4}$$

其中，f 为交流输出频率；M 为调制比。

实际工程中考虑控制运算、数据采集及通信的时间要求，MMC 控制周期 T_ctrl 通常在 100μs 左右，对应的控制频率为 $f_\mathrm{ctrl}=10\mathrm{kHz}$，能够满足式（3.4）的要求。

3.2.2　基于排序的子模块电容电压平衡方法

目前应用最为广泛的子模块电容电压平衡方法为基于排序的方法[21-25]，即通过将桥臂中所有子模块电容电压进行比较排序后，根据当前时刻 NLC 得到桥臂需要投入的子模块数目及桥臂电流方向，选择其中需要投入的子模块。其目的是当桥臂电流为负时，令电容电压偏高的子模块投入更长时间，使电容得到放电；反之电容电压偏低的子模块会在桥臂电流为正时投入更长的时间，使电容得到充电。

下面举例说明基于排序的子模块电容电压平衡方法的具体实现过程，如图 3.5 所示，图中桥臂仅含 4 个子模块，当前时刻 NLC 需要投入 n_i=2 个子模块，且桥臂电流 $i_{arm}>0$，在一个控制周期 T_{ctrl} 内，包含下列几个步骤。

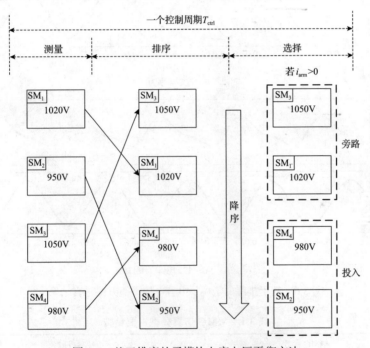

图 3.5　基于排序的子模块电容电压平衡方法

步骤 1：对全部子模块电容电压进行检测。

步骤 2：通过冒泡法比较各子模块电容电压大小，并进行降序排列。

步骤 3：根据 NLC 需要投入的子模块数目（n_i=2）及桥臂电流方向（$i_{arm}>0$），选择电容电压最低的两个子模块投入，从而电容将在桥臂电流的作用下充电，电容电压升高。

可见，基于排序的子模块电容电压平衡方法直观、简单、易于实现。然而其性能主要与控制周期 T_{ctrl} 有关。T_{ctrl} 设计得越小，对控制器的通信与计算处理能力要求越高，需要在有限时间内完成全部子模块电容电压的检测与排序计算。此外，

T_{ctrl} 越小，子模块投入/切除的动作次数越多，电容电压平衡的效果将越好，但代价是子模块的开关频率会变高，这将带来严重的开关损耗。图 3.6(a) 是控制频率为 5kHz 的仿真结果，子模块中 IGBT 的平均开关频率为 1094Hz；图 3.6(b) 是控制频率为 10kHz 的仿真结果，子模块中 IGBT 的平均开关频率为 2157Hz。仿真模型主要参数如表 3.1 所示。

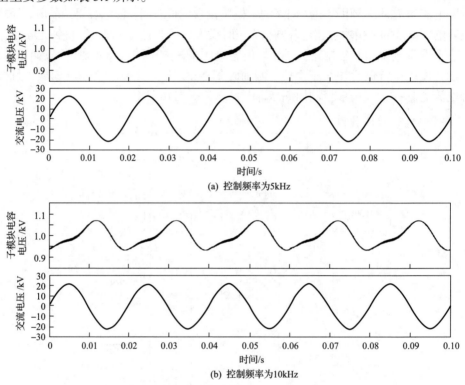

(a) 控制频率为5kHz

(b) 控制频率为10kHz

图 3.6　基于排序的子模块电容电压平衡方法仿真结果

表 3.1　MMC 仿真模型主要参数

MMC 参数	参数取值
子模块电容容量	$C_{\text{SM}}=15\text{mF}$
子模块电容电压额定值	$U_{C(\text{rated})}=1000\text{V}$
桥臂子模块个数	$N=50$
桥臂电感值	$L=20\text{mH}$
调制比	0.85

从图 3.6 的结果可知，当控制频率较高时，子模块电容电压偏差较小，平衡的效果更好，但子模块 IGBT 开关频率也大幅增加。可见，尽管基于排序的子模块电容电压平衡方法简单有效，但它在电容电压平衡效果与子模块开关频率之间

却存在矛盾。为了减小电容电压之间的偏差，不得不以增加排序次数、加快开关频率为代价。然而需要指出，完全消除各子模块之间电容电压的偏差是没有意义的，工程中只需将偏差限定在一定范围内即可。因此，实际应用中有必要在电容电压平衡效果与开关频率之间做出适当的折中。

3.2.3　降低开关次数的子模块电容电压平衡方法

为了尽可能降低开关频率，并同时保证电容电压不产生过大的偏差，可对电容电压平衡方法进行改进。首先，如图 3.7 所示，在每个控制周期 T_{ctrl} 内，对处于投入状态与旁路状态的子模块分别独立进行排序，同时根据 NLC 获得所需投入的子模块数目 n_i，与上一控制周期内投入的子模块数目 n_{i_pre} 作差，得到此时需要新增投入的子模块数目 Δn_i。根据 Δn_i 的取值有以下三种情况。

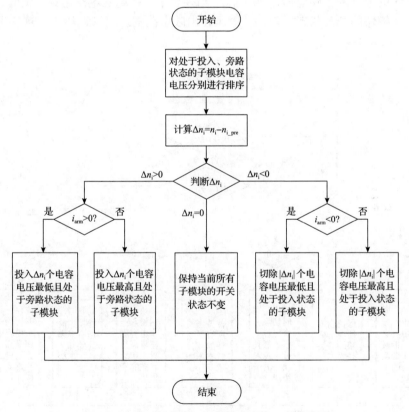

图 3.7　降低开关次数的子模块电容电压平衡方法

（1）若 $\Delta n_i > 0$，根据桥臂电流方向：当 $i_{\mathrm{arm}} > 0$ 时，在处于旁路状态的子模块中选择 Δn_i 个电容电压最低的子模块投入；反之，当 $i_{\mathrm{arm}} < 0$ 时，在处于旁路状态的子模块中选择 Δn_i 个电容电压最高的子模块投入。

（2）若 $\Delta n_i<0$，同样根据桥臂电流方向：当 $i_{arm}>0$ 时，在处于投入状态的子模块中切除 $|\Delta n_i|$ 个电容电压最高的子模块；反之，当 $i_{arm}<0$ 时，在处于投入状态的子模块中切除 $|\Delta n_i|$ 个电容电压最低的子模块。

（3）若 $\Delta n_i=0$，则意味着 NLC 输出电压中没有电平的变换，此时所有子模块都保持当前的开关状态不变。

通过这种方法，一个工频周期内桥臂累计子模块的开关动作次数将与 NLC 波形中的电平数完全相等，MMC 开关次数达到最少。但这意味着子模块长时间没有开关动作，很容易在桥臂电流的作用下充/放电过度，在各子模块之间产生极大的电容电压偏差，甚至可能造成子模块的过压损坏。

为确保各子模块电容电压偏差不超出一定范围，可对电容电压的最大与最小值进行约束，再执行降低开关次数的子模块电容电压平衡方法。该方法分别设置电容电压的上下两个阈值 U_{lim+} 与 U_{lim-}，当某个子模块电容电压达到阈值时，立刻改变该子模块的开关状态，防止其电压超出限定范围。图 3.8 给出了这一平衡方

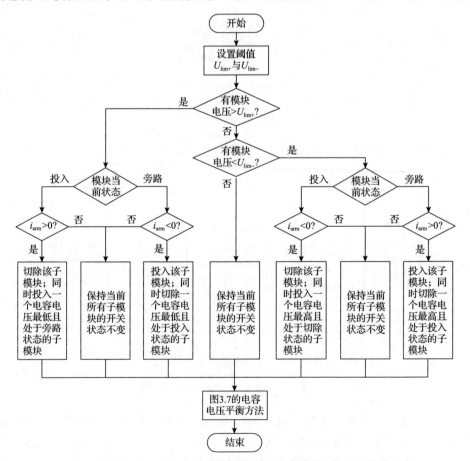

图 3.8　带有电容电压约束的降低开关次数的子模块电容电压平衡方法

法的具体实现过程。同样在每个控制周期 T_{ctrl} 内，若判断出某个子模块电容电压高于上限阈值 U_{lim+}，且该子模块处于投入状态并且桥臂电流 $i_{arm}>0$，则将该子模块切除，避免其电容器继续充电，同时在处于旁路状态的子模块中投入一个电容电压最低的子模块，以保证桥臂 NLC 输出的电平数不受影响。反之，若越限子模块处于旁路状态且桥臂电流 $i_{arm}<0$，则将该子模块投入，使其电容器放电，同时在处于投入状态的子模块中切除一个电容电压最低的子模块。类似地，如果出现某个子模块电容电压低于下限阈值 U_{lim-}，也会触发相应的开关动作来避免子模块电容电压进一步降低。此外，若没有子模块电容电压超出阈值，则所有子模块保持当前的开关状态不变。

　　上述平衡方法的本质是充分利用 MMC 硬件设计时所允许的最大电容电压偏差（即阈值），仅在子模块越过阈值时触发额外的开关动作，从而在保证电容电压平衡效果的同时尽可能地降低子模块的开关次数，限制开关损耗。

　　对于阈值 U_{lim+} 与 U_{lim-} 的取值，最直接的设计方法如下：

$$\begin{cases} U_{lim+} = U_{C(rated)} + \Delta U \\ U_{lim-} = U_{C(rated)} - \Delta U \end{cases} \tag{3.5}$$

　　即在子模块电容电压额定值 $U_{C(rated)}$ 的基础上，限制各子模块的电容电压在 $\pm\Delta U$ 的范围内变化，如图 3.9(a) 所示，图中 u_{C_avg} 代表桥臂中 N 个子模块电容电压的实时平均值。但需要指出，这种阈值选取将导致各子模块电容电压波形在整个 $2\Delta U$ 内自由分散分布，例如，在图 3.9(a) 的 t_1 时刻，即使平均值 u_{C_avg} 处于较高值，此时仍可能有若干子模块的电容电压较低（在 U_{lim-} 附近），这意味着某些子模块的电容电压将普遍偏高，这些子模块在桥臂电流的充电作用下将很容易触发上限阈值 U_{lim+}，引发一系列开关动作。甚至由于电容电压达到 U_{lim+} 的子模块个数已经超出可替换的子模块数目，没有子模块可换，子模块的电容电压将超出阈值。

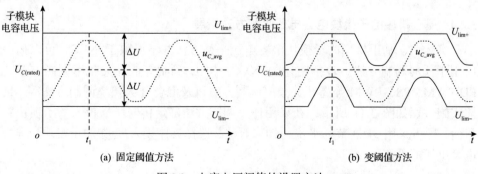

(a) 固定阈值方法　　　　　　　　　　　(b) 变阈值方法

图 3.9　电容电压阈值的设置方法

为解决这一问题，可对阈值进行改进，其中 $U_{\text{lim}+}$ 与 $U_{\text{lim}-}$ 的取值设计为

$$\begin{cases} U_{\text{lim}+} = \min[U_C + \Delta U, u_{C\_avg} + \Delta U] \\ U_{\text{lim}-} = \max[U_C - \Delta U, u_{C\_avg} - \Delta U] \end{cases} \tag{3.6}$$

其中，阈值是随着 u_{C_avg} 实时变化的，如图 3.9(b) 所示，其目标仍是限制子模块电容电压不超出 $U_C \pm \Delta U$，但同时约束了各子模块电容电压的差异，防止其分布过于分散。例如，在时刻 t_1 处，$U_{\text{lim}-}$ 将升高，避免出现电容电压过低的子模块，亦即电容电压过高的子模块也变少，不易出现触发阈值的情况。另外，式(3.6)的阈值设计会灵活地根据 MMC 负载情况自动适应，当负载较轻时，u_{C_avg} 本身的波动较小，子模块不容易出现越限的情况，式(3.6)基本退化到式(3.5)，最大限度地降低开关次数；而当负载较重时，u_{C_avg} 的波动很大已经比较接近阈值，此时式(3.6)将自动加强对电容电压之间偏差的约束，防止出现子模块电压严重超出阈值的现象。

图 3.10 是所提出的变电容电压阈值的子模块平衡方法仿真结果，其中 IGBT 平均开关频率仅为 92Hz，与传统基于排序的子模块电容电压平衡方法相比，开关频率得到了大幅降低，并且各个子模块的电容电压均限定在阈值内。

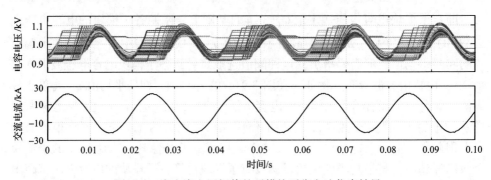

图 3.10　变电容电压阈值的子模块平衡方法仿真结果

3.2.4　基于排序的子模块电容电压平衡方法拓展

实际上，基于排序的子模块电容电压平衡方法并不局限于 NLC，可以拓展应用于任何调制方法，包括前述的 NVC、SHE 调制等低开关频率调制方法，PD-PWM、PSC-PWM 等高开关频率调制方法以及混合开关频率调制方法等。具体实施过程如图 3.11 所示，在采用任一调制方法确定桥臂所需投入的子模块数目后，即可采用 3.2.3 节的平衡与约束算法，选择具体投入/切除的子模块，维持电容电压的平衡。

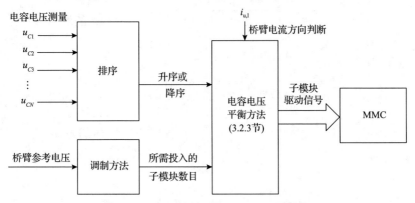

图 3.11　基于排序的子模块电容电压平衡方法拓展

3.3　载波移相调制技术

PSC-PWM 是在 CHB 拓扑中获得广泛应用的调制技术，各子模块三角载波互相错开一个相同的角度，以得到最优的输出电压波形质量。然而 MMC 的输出电压和桥臂环流是由其上下桥臂输出电压共同决定的。因此在采用 PSC-PWM 时，还要考虑上下桥臂间载波的移相角。这个移相角将影响上下桥臂间的相互作用，进一步决定了 MMC 的谐波特性。因此，本节主要研究 PSC-PWM 中移相角对 MMC 交流侧和直流侧谐波特性的影响规律，并分别给出半桥 MMC 与全桥 MMC 载波移相角的选取规则。最后，介绍并对比两种基于 PSC-PWM 的电容电压平衡方法。

3.3.1　MMC 中 PSC-PWM 的谐波特性分析

根据第 2 章中的分析，可得到 MMC 中 j 相 $(j \in \{a, b, c\})$ 的等效电路图，如图 3.12 所示，分别得到其交流与直流回路的电路方程：

$$u_{oj} = \frac{1}{2}(u_{lj} - u_{uj}) - \frac{1}{2}L\frac{\mathrm{d}i_{oj}}{\mathrm{d}t} \tag{3.7}$$

$$u_{Lj} = U_{\mathrm{dc}} - u_{uj} - u_{lj} = 2L\frac{\mathrm{d}i_{cj}}{\mathrm{d}t} \tag{3.8}$$

其中，MMC 交流回路中有 $\frac{1}{2}L$ 的等效电感，而 $\frac{1}{2}(u_{lj} - u_{uj})$ 为 MMC 实际内部产生的交流电压；u_{Lj} 为作用到两个桥臂电感上的电压，进而激发出环流 i_{cj}。

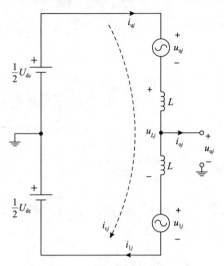

图 3.12　MMC 中 j 相等效电路图

　　为了便于观测调制获得的真实 MMC 内部输出电压波形并简化分析，上下桥臂电感采用耦合电感的形式，从而消除了交流等效电感，且设电感的自感为 L、耦合系数为 1，于是有

$$u_{oj} = \frac{1}{2}(u_{1j} - u_{uj}) \tag{3.9}$$

$$u_{Lj} = U_{dc} - u_{uj} - u_{1j} = 4L\frac{di_{cj}}{dt} \tag{3.10}$$

　　图 3.13 所示为 PSC-PWM 在 MMC 中应用的示意图。其中，MMC 桥臂的 N 个子模块各自分别对应一个三角载波信号(角频率为 ω_c)，且 N 个三角载波分别依次相移 $2\pi/N$ 以获得最佳的谐波消除特性。定义上下桥臂间的载波移相角为 θ，依据对称性，θ 的可选范围为

$$0 \leqslant \theta \leqslant \frac{\pi}{N} \tag{3.11}$$

　　将式(2.7)中 MMC 子模块调制信号拓展为三相形式，则 j 相上下桥臂子模块的参考信号可分别表示为

$$u_{uj\_ref} = \frac{1}{2}[1 + M\cos(\omega t + \delta_j + \pi)] \tag{3.12}$$

$$u_{1j\_ref} = \frac{1}{2}[1 + M\cos(\omega t + \delta_j)] \tag{3.13}$$

其中，M 为调制比($0 \leqslant M \leqslant 1$)；$\delta_j$ 为初始相角。

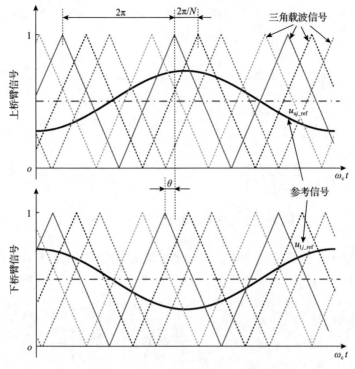

图 3.13　MMC 的 PSC-PWM 示意图

本节分析中所关注的是调制引发的开关频率相关谐波规律，暂且忽略电容电压与桥臂电流中的低次谐波，因此每个子模块电容电压为 $U_C = U_{dc}/N$。根据式(3.12)，可得到上桥臂中第 i 个子模块输出电压 $u_{uj}(i)$ 的傅里叶表达式：

$$u_{uj}(i) = \frac{U_{dc}}{2N} - \frac{MU_{dc}}{2N}\cos(\omega t + \delta_j) + \sum_{m=1}^{\infty}\sum_{n=-\infty}^{\infty}\frac{2U_{dc}}{m\pi N}\sin\frac{(m+n)\pi}{2}$$
$$\times J_n\left(\frac{Mm\pi}{2}\right)\cos\left\{m\left[\omega_c t + \theta + (i-1)\frac{2\pi}{N}\right] + n(\omega t + \delta_j + \pi)\right\} \quad (3.14)$$

其中，$i=1, 2, \cdots, N$；m 为载波频率倍数($m=1, \cdots, \infty$)；n 为参考信号频率倍数($n=-\infty, \cdots, -1, 0, 1, \cdots, \infty$)；$J_n(x)$ 为以 x 为变量的 n 阶贝塞尔函数。

类似地，依据式(3.13)，可得到下桥臂中第 i 个子模块输出电压 $u_{lj}(i)$ 的傅里叶表达形式为

$$u_{lj}(i) = \frac{U_{dc}}{2N} + \frac{MU_{dc}}{2N}\cos(\omega t + \delta_j) + \sum_{m=1}^{\infty}\sum_{n=-\infty}^{\infty}\frac{2U_{dc}}{m\pi N}\sin\frac{(m+n)\pi}{2}$$
$$\times J_n\left(\frac{Mm\pi}{2}\right)\cos\left\{m\left[\omega_c t + (i-1)\frac{2\pi}{N}\right] + n(\omega t + \delta_j)\right\} \quad (3.15)$$

将桥臂内 N 个子模块的输出电压求和，分别得到 MMC 上下桥臂的输出电压为

$$u_{uj} = \sum_{i=1}^{N} u_{uj}(i) = \frac{U_{dc}}{2} - \frac{MU_{dc}}{2}\cos(\omega t + \delta_j) + \sum_{m=1}^{\infty}\sum_{n=-\infty}^{\infty}\frac{2U_{dc}}{m\pi N}\sin\frac{(Nm+n)\pi}{2}$$
$$\times J_n\left(\frac{MNm\pi}{2}\right)\cos\left[Nm(\omega_c t + \theta) + n(\omega t + \delta_j + \pi)\right] \tag{3.16}$$

$$u_{lj} = \sum_{i=1}^{N} u_{lj}(i) = \frac{U_{dc}}{2} + \frac{MU_{dc}}{2}\cos(\omega t + \delta_j) + \sum_{m=1}^{\infty}\sum_{n=-\infty}^{\infty}\frac{2U_{dc}}{m\pi N}\sin\frac{(Nm+n)\pi}{2}$$
$$\times J_n\left(\frac{MNm\pi}{2}\right)\cos\left[Nm\omega_c t + n(\omega t + \delta_j)\right] \tag{3.17}$$

可见，MMC 桥臂电压中除了 N 的整数倍次载波频率谐波及其边带谐波，其余谐波均得以消除。将式(3.16)与式(3.17)代入式(3.9)、式(3.10)中，分别得到输出相电压与电感两端电压为

$$u_{oj} = \frac{1}{2}MU_{dc}\cos(\omega t + \delta_j) + \sum_{m=1}^{\infty}\sum_{n=-\infty}^{\infty}\frac{2U_{dc}}{m\pi N}J_n\left(\frac{MNm\pi}{2}\right)\sin\frac{(Nm+n)\pi}{2}$$
$$\times \sin\left[Nm\omega_c t + n(\omega t + \delta_j) + \frac{Nm\theta + n\pi}{2}\right]\sin\frac{Nm\theta + n\pi}{2} \tag{3.18}$$

$$u_{Lj} = -\sum_{m=1}^{\infty}\sum_{n=-\infty}^{\infty}\frac{4U_{dc}}{m\pi N}J_n\left(\frac{MNm\pi}{2}\right)\sin\frac{(Nm+n)\pi}{2}$$
$$\times \cos\left[Nm\omega_c t + n(\omega t + \delta_j) + \frac{Nm\theta + n\pi}{2}\right]\cos\frac{Nm\theta + n\pi}{2} \tag{3.19}$$

进一步，根据式(3.10)，通过积分可推导出桥臂环流 i_{cj} 的表达式为

$$i_{cj} = \frac{I_{dc}}{3} - \sum_{m=1}^{\infty}\sum_{n=-\infty}^{\infty}\frac{U_{dc}J_n\left(\dfrac{MNm\pi}{2}\right)}{m\pi NL(Nm\omega_c + n\omega)}\sin\frac{(Nm+n)\pi}{2}$$
$$\times \sin\left[Nm\omega_c t + n(\omega t + \delta_j) + \frac{Nm\theta + n\pi}{2}\right]\cos\frac{Nm\theta + n\pi}{2} \tag{3.20}$$

如果 $Nm+n$ 为偶数，则式(3.18)与式(3.20)中的 $\sin\dfrac{(Nm+n)\pi}{2}$ 项将等于 0，这意味着 Nm 次载波谐波组中只含 $2n+1-Nm$ 次边带谐波。因此，通过将 n 改写成 $2n+1-Nm$，式(3.18)与式(3.20)可化简为

$$u_{oj} = \frac{1}{2} M U_{dc} \cos(\omega t + \delta_j) + \sum_{m=1}^{\infty} \sum_{n=-\infty}^{\infty} \frac{(-1)^n 2 U_{dc}}{m\pi N} J_{2n+1-Nm}\left(\frac{MNm\pi}{2}\right)$$
$$\times \cos(Nm\omega_c t + Q)\cos\frac{Nm(\theta-\pi)}{2} \tag{3.21}$$

$$i_{cj} = \frac{I_{dc}}{3} - \sum_{m=1}^{\infty} \sum_{n=-\infty}^{\infty} \frac{(-1)^n U_{dc} J_{2n+1-Nm}\left(\frac{MNm\pi}{2}\right)}{m\pi NL[Nm\omega_c + (2n+1-Nm)\omega]}$$
$$\times \cos(Nm\omega_c t + Q)\sin\frac{Nm(\theta-\pi)}{2} \tag{3.22}$$

其中

$$Q = (2n+1-Nm)(\omega t + \delta_j) + \frac{Nm(\theta-\pi)}{2} \tag{3.23}$$

可见，在 PSC-PWM 作用下，输出相电压 u_{oj} 和环流 i_{cj} 均存在一系列 N 倍开关频率的整数倍谐波组，且最低次谐波组频率为 Nf_c。

为了分析载波移相角 θ 对 MMC 谐波特性的影响，将相电压 u_{oj} 和环流 i_{cj} 中第 Nm 次谐波组的各次谐波幅值分别定义为 $\hat{V}_{mn}$ 和 $\hat{I}_{mn}$，则有

$$\hat{V}_{mn} = K_{mn} \times \left| \cos\frac{Nm(\theta-\pi)}{2} \right| \tag{3.24}$$

$$\hat{I}_{mn} = H_{mn} \times \left| \sin\frac{Nm(\theta-\pi)}{2} \right| \tag{3.25}$$

其中

$$K_{mn} = \frac{2U_{dc}}{m\pi N} \left| J_{2n+1-Nm}\left(\frac{MNm\pi}{2}\right) \right| \tag{3.26}$$

$$H_{mn} = \frac{K_{mn}}{2L[Nm\omega_c + (2n+1-Nm)\omega]} \tag{3.27}$$

图 3.14 和图 3.15 所示分别为输出相电压和环流的第 Nm 次谐波组的各次谐波幅值与载波移相角 θ 间的函数关系。这里仅绘制前六个谐波组的谐波情况（即 $m \leqslant 6$）。可见，对于某个特定的谐波组，相电压的谐波幅值与环流的谐波幅值关于载波移相角 θ 呈相反的变化规律。这意味着获得最低含量的电压谐波时其环流将具有最高的谐波含量，反之亦然。

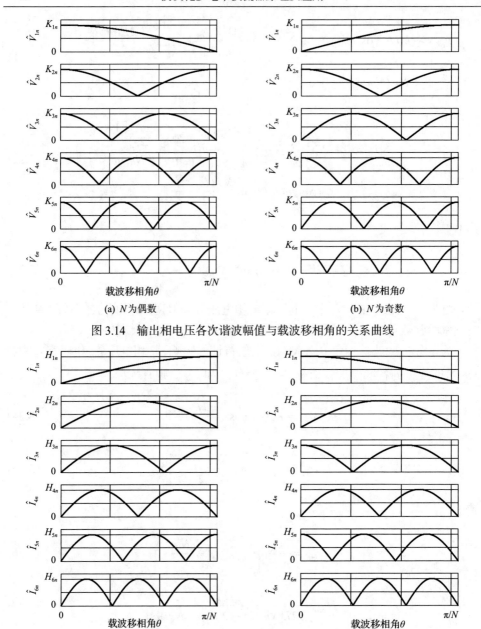

图 3.14 输出相电压各次谐波幅值与载波移相角的关系曲线

图 3.15 环流中各次谐波幅值与载波移相角的关系曲线

基于以上分析，这里进一步研究 MMC 输出线电压与直流侧电流的谐波特性。对于三相对称的 MMC 系统，j 相（$j \in \{a, b, c\}$）的参考信号可依据式 (3.12) 和式 (3.13) 获得，其中各相的相角分别为

$$\delta_a = 0, \quad \delta_b = -\frac{2\pi}{3}, \quad \delta_c = +\frac{2\pi}{3} \tag{3.28}$$

由式 (3.21)，可得到 MMC 的输出线电压为

$$u_{ab} = u_{oa} - u_{ob} = \frac{\sqrt{3}}{2} M U_{dc} \cos\left(\omega t + \frac{\pi}{6}\right) + \sum_{m=1}^{\infty} \sum_{n=-\infty}^{\infty} \frac{(-1)^n 4 U_{dc}}{m\pi N} J_{2n+1-Nm}\left(\frac{MNm\pi}{2}\right)$$

$$\times \sin(Nm\omega_c t + Q'') \cos\frac{Nm(\theta - \pi)}{2} \sin\frac{(2n+1-Nm)\pi}{3} \tag{3.29}$$

其中

$$Q'' = (2n+1-Nm)\omega t + \frac{3Nm\theta - Nm\pi}{6} + \frac{(2n+1)\pi}{3} \tag{3.30}$$

此时，u_{ab} 中所有的三倍次的边带谐波（即 $2n+1-Nm = 0, 3, 6, 9, \cdots$）均被消除，这是因为式 (3.29) 中的 $\sin\dfrac{(2n+1-Nm)\pi}{3}$ 项为 0。由式 (3.24)，线电压中第 Nm 次谐波组的谐波幅值可表示为

$$\hat{V}_{ll\_mn} = \begin{cases} \sqrt{3} K_{mn} \left| \cos\dfrac{Nm(\theta - \pi)}{2} \right|, & 2n+1-Nm \neq 0, 3, 6, \cdots \\ 0, & \text{其他} \end{cases} \tag{3.31}$$

类似地，依据式 (3.22)，将三相环流求和可计算总的 MMC 直流侧电流为

$$i_{dc} = \sum_{j=a,b,c} i_{cj}$$

$$= I_{dc} - \sum_{m=1}^{\infty} \sum_{n=-\infty}^{\infty} \frac{(-1)^n U_{dc} J_{2n+1-Nm}\left(\dfrac{MNm\pi}{2}\right)}{[Nm\omega_c + (2n+1-Nm)\omega]} \sin\frac{Nm(\theta - \pi)}{2}$$

$$\times \frac{\cos(Nm\omega_c t + Q)}{m\pi NL} \left[2\cos\frac{(2n+1-Nm)2\pi}{3} + 1 \right] \tag{3.32}$$

与线电压的谐波特性相反，直流侧电流 i_{dc} 中仅含有三倍次的谐波。由式 (3.25)，直流侧电流第 Nm 次谐波组的谐波幅值可表示为

$$\hat{I}_{dc\_mn} = \begin{cases} 3 H_{mn} \left| \sin\dfrac{Nm(\theta - \pi)}{2} \right|, & 2n+1-Nm = 0, 3, 6, \cdots \\ 0, & \text{其他} \end{cases} \tag{3.33}$$

需要指出，式 (3.31) 与式 (3.33) 仍为载波移相角 θ 的函数，说明 MMC 线电压和直流侧电流的谐波特性同样受到 θ 的影响，因此，设计合理的 θ 值对 PSC-PWM

的性能至关重要。

3.3.2 MMC 输出电压谐波最小化的载波移相角设计

对于电力电子变换器,输出电压含有更高的等效开关频率和更低的谐波含量,即意味着所需滤波元件的体积更小、成本更低。因此,依据式(3.24)和图 3.14,MMC 最低的输出电压谐波含量可通过如下方式选取载波移相角获得

$$\theta = \begin{cases} 0, & N\text{为奇数} \\ \dfrac{\pi}{N}, & N\text{为偶数} \end{cases} \tag{3.34}$$

此时,输出相电压[式(3.21)]可简化为

$$u_{oj} = \frac{1}{2}MU_{dc}\cos(\omega t + \delta_j) + \sum_{m=1}^{\infty}\sum_{n=-\infty}^{\infty}\frac{(-1)^{Nm+n}U_{dc}}{m\pi N}J_{2n+1-2Nm}(MNm\pi)\cos(2Nm\omega_c t + Q')$$

$$\tag{3.35}$$

其中

$$Q' = (2n+1-2Nm)(\omega t + \delta_j) \tag{3.36}$$

显然,此时在输出相电压的谐波中,奇数倍谐波组的各次谐波幅值均为 0,最低次谐波组的频率上升到 $2Nf_c$。这样交流侧所需滤波器的截止频率可以提高一倍,使得滤波器体积大幅降低。换言之,在相同等效开关频率的条件下,各子模块的开关频率可以降低 50%,这将显著降低 MMC 的开关损耗。

至于此时的环流,所有偶数倍谐波组的谐波幅值均为 0,然而奇数倍谐波组的各次谐波幅值却达到其最大值:

$$\hat{I}_{mn} = H_{mn}, \qquad m = 1,3,5,\cdots \tag{3.37}$$

注意,环流中的谐波不仅会降低 MMC 的效率,而且会在一定程度上增大功率元件的电流应力。此外,MMC 的直流侧也会呈现出三倍次谐波。

3.3.3 MMC 环流谐波消除的载波移相角设计

对于桥臂电感较小的 MMC 或特别关注 MMC 直流电流波形质量的应用场景,环流中的谐波则成为主要问题,应使其尽量小以降低 MMC 的损耗和电流应力。依据式(3.25)和图 3.15,按如下方式选取载波移相角时,MMC 环流的各次谐波组将完全得到消除:

$$\theta = \begin{cases} \dfrac{\pi}{N}, & N\text{为奇数} \\ 0, & N\text{为偶数} \end{cases} \tag{3.38}$$

如此可以得到一个平滑的环流波形，不包含任何因调制而引入的高频谐波，MMC 的直流侧电流也平滑连续，无须外加滤波环节。

然而，在此 θ 下，输出相电压的各次谐波将达到其最大值：

$$\hat{V}_{mn} = K_{mn} \tag{3.39}$$

综上，PSC-PWM 下输出电压谐波与环流谐波是相互矛盾的，要根据输出电压谐波最小化或环流谐波消除的具体应用需求来选择载波移相角。

为验证上述的数学推导及提出的载波移相角选取方法，本节对半桥 MMC 进行实验验证，其中每个桥臂包含 $N=3$ 个子模块，三角载波频率 f_c=1kHz，实验具体参数见表 3.2。

表 3.2　载波移相调制实验参数表

实验参数	数值
桥臂子模块个数	$N=3$
直流电压	U_{dc}=300V
额定运行频率	f_{rated}=50Hz
子模块电容电压额定值	$U_{C(rated)}$=100V
子模块电容容量	C_{SM}=1867μF
桥臂电感	L=0.8mH
三角载波频率	f_c=1kHz
调制比	0.87

图 3.16 显示测量的相电压幅值和环流谐波幅值与载波移相角的关系曲线。通过与图 3.14(b)、图 3.15(b) 相比较，可知实验所得曲线规律与理论分析吻合。

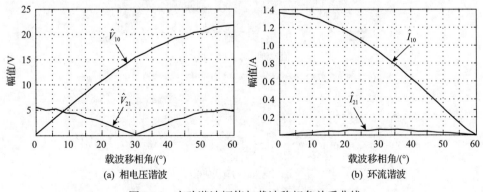

(a) 相电压谐波　　　　　　　　(b) 环流谐波

图 3.16　实验谐波幅值与载波移相角关系曲线

　　图 3.17 与图 3.18 所示为采用环流谐波消除的 PSC-PWM 的实验结果,其中载波移相角由式(3.38)计算得到,$\theta=60°$。在图 3.17 中,环流 i_{ca} 与直流侧电流 i_{dc} 均为纯净平滑的波形,不含高频开关谐波(注: i_{ca} 中存在一定的二倍频环流成分,该低频成分与调制无关,将在第 4 章中讨论),这也可以由图 3.18(b)和图 3.18(d)快速傅里叶变换(fast Fourier transform,FFT)分析结果中极低的谐波含量来证明。由相电压 u_{oa} 和线电压 u_{ab} 波形可观察到,相电压中包含 4 个电平数而线电压中包含 7 个电平数,两者的谐波频谱如图 3.18(a)和图 3.18(c)所示,均包含一系列 3kHz 的整数倍谐波组,且 u_{ab} 因为三次谐波的相互抵消作用而谐波含量略低。MMC 输出电压的等效开关频率约为 3kHz,从而输出电流 i_{oa} 的波形呈现出明显的纹波。此外,尽管图 3.17(c)中各子模块电容电压波形有大约 5%的波动,但输出电压 FFT 分析结果仍与理论相符,证明了近似忽略电容电压低频波动是合理的。

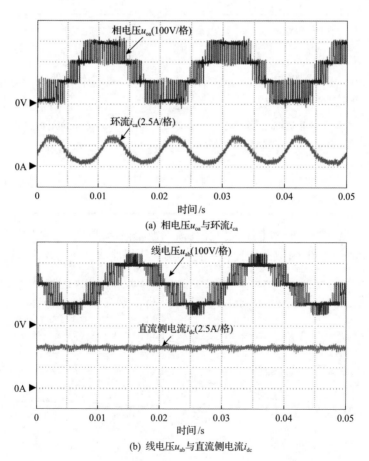

(a) 相电压u_{oa}与环流i_{ca}

(b) 线电压u_{ab}与直流侧电流i_{dc}

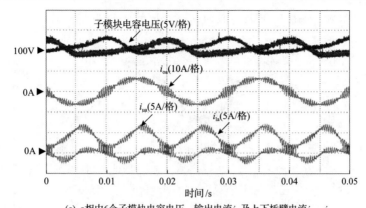

(c) a相中6个子模块电容电压、输出电流i_{oa}及上下桥臂电流i_{ua}、i_{la}

图 3.17　采用环流谐波消除的 PSC-PWM 的半桥 MMC 实验波形

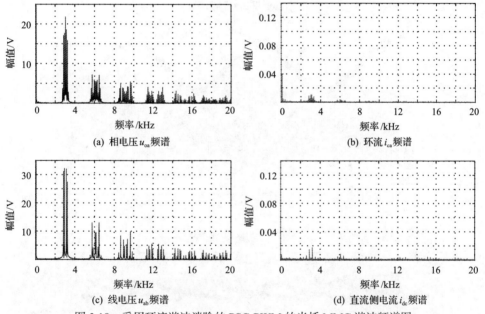

(a) 相电压u_{oa}频谱

(b) 环流i_{ca}频谱

(c) 线电压u_{ab}频谱

(d) 直流侧电流i_{dc}频谱

图 3.18　采用环流谐波消除的 PSC-PWM 的半桥 MMC 谐波频谱图

　　图 3.19 与图 3.20 所示为采用输出电压谐波最小化的 PSC-PWM 的实验结果，其中载波移相角由式 (3.34) 计算得到，$\theta=0°$。与图 3.17 相比，可见其相电压 u_{oa} 的电平数增加到 7 个，而线电压 u_{ab} 的电平数则增加到 13 个，说明电压的总谐波失真 (total harmonic distortion，THD) 得到了显著降低。这可通过图 3.20(a) 与图 3.20(c) 所示的谐波频谱来证明，即谐波中的奇数倍谐波组 (即 3kHz，9kHz，15kHz，……) 的各谐波均被消除掉，此时的输出电压等效开关频率提高到 6kHz，输出电流 i_{oa} 的纹波与图 3.17(c) 相比大幅降低，更接近正弦波形。另外，在环流 i_{ca} 与直流侧电流 i_{dc} 中可观察到显著的谐波成分，且谐波主要分布在 3kHz 附近。

因为 i_{dc} 中仅包含三倍次的谐波，其所含谐波成分比 i_{ca} 要少一些。

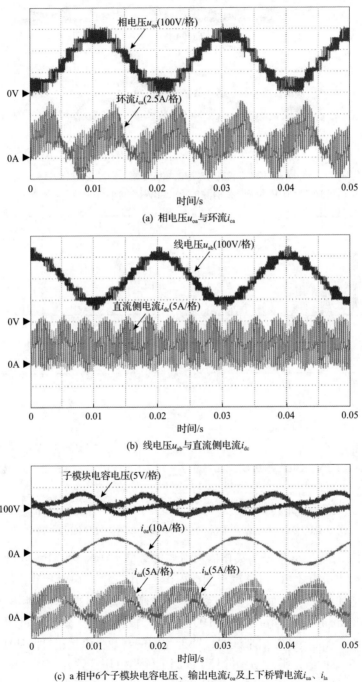

(a) 相电压 u_{oa} 与环流 i_{ca}

(b) 线电压 u_{ab} 与直流侧电流 i_{dc}

(c) a 相中6个子模块电容电压、输出电流 i_{oa} 及上下桥臂电流 i_{ua}、i_{la}

图 3.19 采用输出电压谐波最小化的 PSC-PWM 的半桥 MMC 实验波形

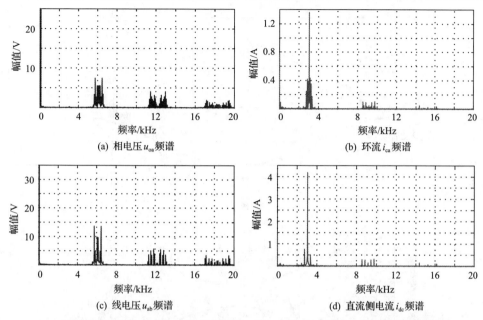

(a) 相电压 u_{oa} 频谱

(b) 环流 i_{ca} 频谱

(c) 线电压 u_{ab} 频谱

(d) 直流侧电流 i_{dc} 频谱

图 3.20　采用输出电压谐波最小化的 PSC-PWM 的半桥 MMC 谐波频谱图

综合以上实验结果，可见 MMC 输出电压谐波与环流谐波两者在性能上相互制约，不可兼得，当注重 MMC 交流侧波形质量时应采用输出电压谐波最小化的载波移相方案，当注重直流侧波形时应采用环流谐波消除的载波移相方案。

3.3.4　全桥子模块 MMC 的 PSC-PWM

MMC 另一种常用的子模块结构为全桥子模块。尽管相比半桥子模块需要更多的 IGBT 数量，但全桥子模块 MMC 能够通过封锁 IGBT 来扼制直流侧的短路故障电流，同时具备更宽的交流电压调节范围。基于以上半桥子模块 PSC-PWM 的分析结果，全桥子模块 MMC 的 PSC-PWM 方案如图 3.21 所示，该图与图 3.13 相似，但有两点不同之处。

首先，图 3.21 中同一桥臂的三角载波依次移相 π/N，从而其载波移相角 θ 的范围变为

$$0 \leqslant \theta \leqslant \frac{\pi}{2N} \tag{3.40}$$

其次，图 3.21 中每个桥臂含有两个参考信号，其中一个参考信号对应全桥子模块的左半部分两个 IGBT，另一个对应右半部分两个 IGBT。对于上桥臂，这两个参考信号表达式为

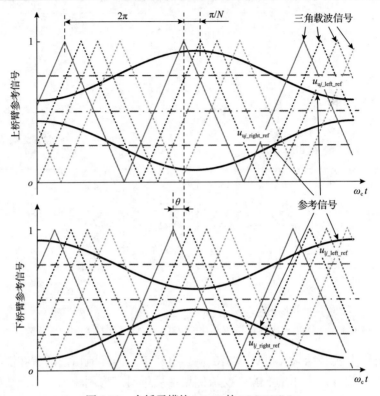

图 3.21　全桥子模块 MMC 的 PSC-PWM

$$\begin{cases} u_{uj\_left\_ref} &= \dfrac{3}{4} + \dfrac{M}{4}\cos(\omega t + \delta_j + \pi) \\[2mm] u_{uj\_right\_ref} &= \dfrac{1}{4} + \dfrac{M}{4}\cos(\omega t + \delta_j) \end{cases} \tag{3.41}$$

类似地，对于下桥臂，有

$$\begin{cases} u_{lj\_left\_ref} &= \dfrac{3}{4} + \dfrac{M}{4}\cos(\omega t + \delta_j) \\[2mm] u_{lj\_right\_ref} &= \dfrac{1}{4} + \dfrac{M}{4}\cos(\omega t + \delta_j + \pi) \end{cases} \tag{3.42}$$

参考 FFT 分析过程，经推导后可得到全桥子模块 MMC 的相电压与环流表达式分别为

$$\begin{aligned} u_{oj} = \frac{1}{2} M U_{dc} \cos(\omega t + \delta_j) + \sum_{m=1}^{\infty} \sum_{n=-\infty}^{\infty} \frac{(-1)^n U_{dc}}{m\pi N} J_{2n+1-m}\left(\frac{MNm\pi}{2}\right) \\ \times \cos(2Nm\omega_c t + Q''')\cos\left[Nm\left(\theta - \frac{\pi}{2}\right)\right] \end{aligned} \tag{3.43}$$

$$i_{cj} = \frac{I_{dc}}{3} - \sum_{m=1}^{\infty} \sum_{n=-\infty}^{\infty} \frac{(-1)^n U_{dc} J_{2n+1-Nm}\left(\dfrac{MNm\pi}{2}\right)}{2m\pi NL[2Nm\omega_c + (2n+1-Nm)\omega]} \tag{3.44}$$

$$\times \sin(2Nm\omega_c t + Q''') \sin\left[Nm\left(\theta - \frac{\pi}{2}\right)\right]$$

其中

$$Q''' = (2n+1-Nm)(\omega t + \delta_j) + Nm\left(\theta - \frac{\pi}{2}\right) \tag{3.45}$$

　　将式 (3.43)、式 (3.44) 与式 (3.21)、式 (3.22) 进行比较，可见，全桥子模块 MMC 输出电压与环流的谐波频率均升高一倍，这意味着全桥子模块 MMC 在相同开关频率下输出电压的谐波含量更低，所需滤波器体积可以更小。

　　与式 (3.34) 的推导过程类似，全桥子模块 MMC 的输出电压谐波最小化 PSC-PWM 对应的载波移相角为

$$\theta = \begin{cases} 0, & N\text{为奇数} \\ \dfrac{\pi}{2N}, & N\text{为偶数} \end{cases} \tag{3.46}$$

此时，输出电压中的最低次谐波组频率可提升至 $4Nf_c$。

全桥子模块 MMC 环流谐波消除 PSC-PWM 对应的载波移相角为

$$\theta = \begin{cases} \dfrac{\pi}{2N}, & N\text{为奇数} \\ 0, & N\text{为偶数} \end{cases} \tag{3.47}$$

　　为验证全桥子模块 MMC 的载波移相方案，下面进行实验研究，其电路参数和工作条件与表 3.1 完全一致，唯一的区别是将原来的半桥子模块更换为全桥子模块。图 3.22 与图 3.23 所示为全桥子模块 MMC 环流谐波消除的 PSC-PWM 实验结果，环流与直流电流中基本不含高频开关谐波，输出相电压与线电压的最低次谐波组频率为 6kHz 左右。图 3.24 与图 3.25 所示为全桥子模块 MMC 输出电压谐波最小化的 PSC-PWM 的实验结果，环流与直流电流中呈现出明显的高频开关谐波，主要谐波频率为 6kHz，输出相电压与线电压的最低次谐波组频率提升至 12kHz 左右。其中两组实验对应的载波移相角由式 (3.46) 与式 (3.47) 计算得到，分别为 $\theta=0°$ 与 $\theta=30°$，实验结果符合理论预期，证明了载波移相角设计的正确性。

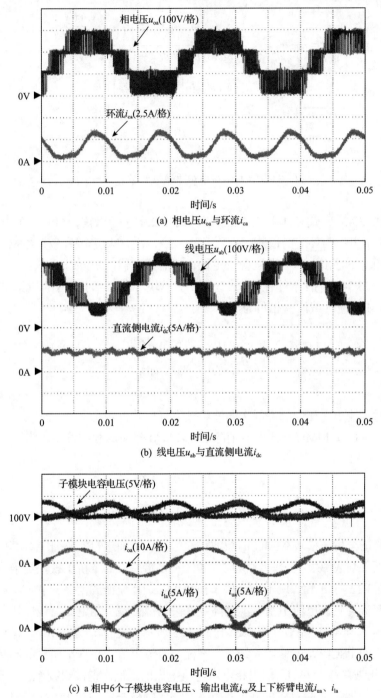

(a) 相电压u_{oa}与环流i_{ca}

(b) 线电压u_{ab}与直流侧电流i_{dc}

(c) a相中6个子模块电容电压、输出电流i_{oa}及上下桥臂电流i_{ua}、i_{la}

图 3.22　采用环流谐波消除的 PSC-PWM 的全桥子模块 MMC 实验波形

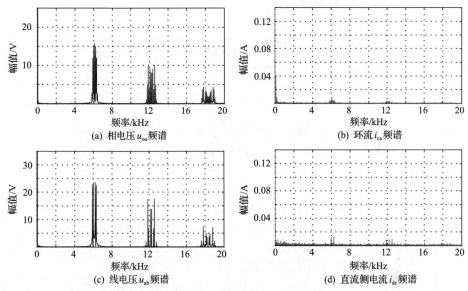

(a) 相电压 u_{oa} 频谱

(b) 环流 i_{ca} 频谱

(c) 线电压 u_{ab} 频谱

(d) 直流侧电流 i_{dc} 频谱

图 3.23　采用环流谐波消除的 PSC-PWM 的全桥子模块 MMC 谐波频谱图

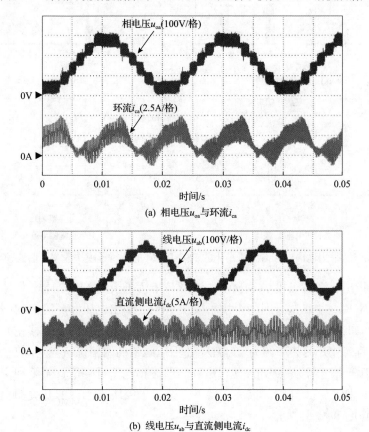

(a) 相电压 u_{oa} 与环流 i_{ca}

(b) 线电压 u_{ab} 与直流侧电流 i_{dc}

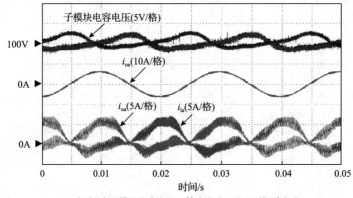

(c) a相中6个子模块电容电压、输出电流i_{oa}及上下桥臂电流i_{ua}、i_{la}

图 3.24 采用输出电压谐波最小化的 PSC-PWM 的全桥子模块 MMC 实验波形

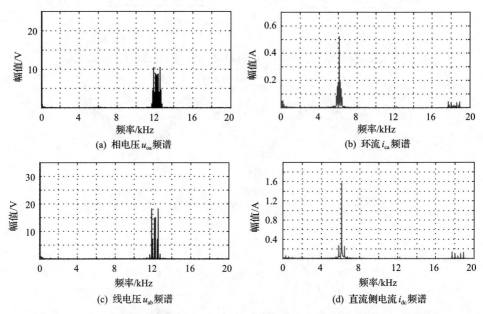

图 3.25 采用输出电压谐波最小化的 PSC-PWM 的全桥子模块 MMC 谐波频谱图

  特别指出，全桥子模块 MMC 的波形与半桥子模块 MMC 十分相像，但波形看起来更密集一些。这是因为全桥子模块 MMC 输出电压和环流中的谐波频率得以加倍(例如，从图 3.25 中可见，在输出电压谐波最小化的载波移相方案下，相电压 u_{oa} 的等效开关频率约为 12kHz，是图 3.20 的两倍)。这意味着全桥子模块 MMC 相比半桥子模块 MMC 具有更好的谐波特性，可降低直流侧和交流侧滤波器的体积。换言之，在相同谐波特性下，全桥子模块 MMC 的开关频率相比半桥子模块 MMC 可减小一半。

3.3.5　基于 PSC-PWM 的子模块电容电压平衡方法

当采用 PSC-PWM 时，由于各子模块分别对应一个载波进行 PWM，因此可独立地对每个子模块的开关时刻进行调节，调整其充/放电时间，从而实现子模块之间电容电压的平衡。具体调节方法如图 3.26 所示，以上桥臂子模块为例，在每个子模块参考信号中引入一个电压调节量 $\Delta u_{uj\_ref}(i)$，该调节量对子模块吸收功率的影响为

$$\Delta p_{uj}(i) = \Delta u_{uj\_ref}(i)i_{uj} \tag{3.48}$$

其中，$\Delta p_{uj}(i)$ 为上桥臂中第 i 个子模块的功率调整量。

对每个子模块电容电压构建独立的控制环路，以上桥臂中子模块为例，其控制框图如图 3.27 所示。每个控制环以该桥臂的平均电容电压 u_{C_avg} 为给定值，并以各自电容电压为反馈，经比例调节器作用后乘以该相桥臂电流的方向（其中定义桥臂电流向下为正方向），最终得到各个子模块的调节量 $\Delta u_{uj\_ref}(i)$，并送到 PSC-PWM 中生成相应的 PWM 信号。例如，当子模块电容电压偏低时，在该调节量的作用下，将在桥臂电流方向为正时增大参考信号 $u_{uj\_ref}(i)$，调制后得到的 PWM 脉冲将使子模块电容器多投入一段时间进行充电，反之当桥臂电流方向为负时降低参考信号，使电容器少投入一段时间从而减少其放电。最终的作用效果将保证电容电压稳定在 u_{C_avg} 左右。

这种电容电压平衡方法的优势在于，所有子模块的开关频率始终保持固定，均在每个载波周期内开关一次，因此子模块的损耗与热应力能够自动均匀地分布。另外，除调节参考信号之外，平衡作用亦可通过调节各子模块的三角载波幅值来实现，效果是相同的，但在数字处理器中实现会相对复杂一些。

特别需要注意的是，这种电容电压平衡方法也存在一定的缺点，即其对参考信号的调节改变了子模块开关动作时刻，会影响 PSC-PWM 的输出电压谐波特性。具体而言，由于载波移相的作用，同一桥臂中各模块在一个开关周期内交错动作，当子模块开关频率较高（千赫兹），各子模块在开关动作时桥臂电流基本不变，各子模块充放电较为一致，仅需要微小的控制调整即可保持电容电压平衡。然而，当子模块开关频率较低（百赫兹），各子模块开关动作时对应的桥臂电流值将有较大差异，子模块充放电严重不一致。为了维持电容电压的平衡，在图 3.27 的作用下将产生幅度较大的 $\Delta u_{uj\_ref}(i)$，进而严重改变了 PSC-PWM 理想参考信号与三角载波的交点位置，使得子模块的 PWM 脉冲波形发生变化，造成 3.3.2 节与 3.3.3 节中的输出电压谐波最小化、环流谐波消除载波移相方案不再适用。以表 3.3 所示参数为例，图 3.28 是采用电压谐波最小化的

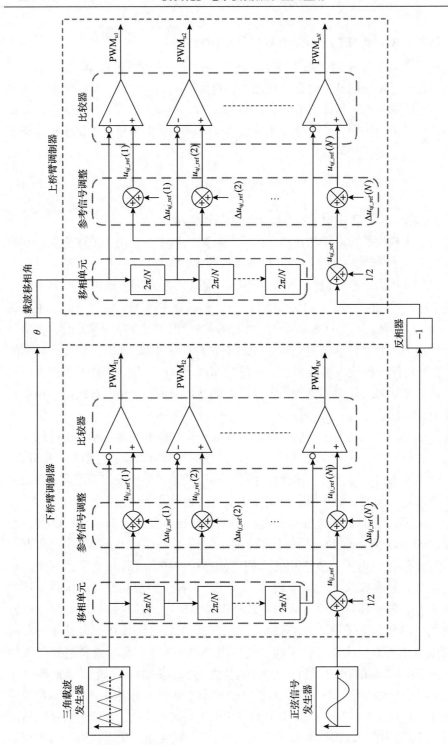

图 3.26 基于 PSC-PWM 的子模块电容电压平衡方法

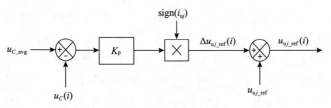

图 3.27　单个子模块电容电压平衡控制框图

表 3.3　MMC 仿真模型主要参数

MMC 参数	参数取值
子模块电容容量	$C_{SM}=4.5\text{mF}$
子模块电容电压额定值	$U_{C(\text{rated})}=1000\text{V}$
桥臂子模块个数	$N=10$
桥臂电感值	$L=4\text{mH}$
三角载波频率	$f_c=500\text{Hz}$
调制比	0.8

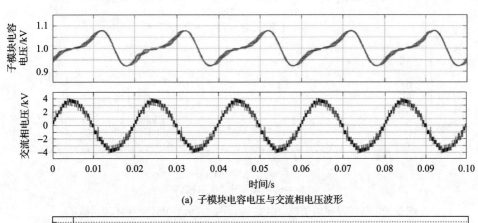

(a) 子模块电容电压与交流相电压波形

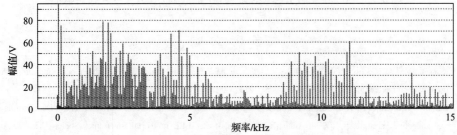

(b) MMC 输出交流相电压频谱

图 3.28　基于子模块独立电容电压平衡控制的采用电压谐波最小化的 PSC-PWM 仿真结果

PSC-PWM 时，加上子模块电容电压平衡方法后的仿真结果。从时域波形上来看，交流相电压中出现了较多毛刺。从 FFT 分析的结果来看，相电压频谱中出现了大量非理想的低频谐波，这是因为电容电压平衡将影响 PWM 的动作时刻，改变了输出电压的谐波特性。因此，当子模块开关频率较低时，建议采用 3.2.4 节中基于排序的子模块电容电压平衡方法，基于 PSC-PWM 得到当前时刻投入的子模块数目后，再通过排序平衡选择具体投入/切除的子模块。仿真结果如图 3.29 所示，可以保证输出电压谐波特性不受电容电压平衡的影响，相电压的波形变得干净，且等效开关频率保证在 $2Nf_c$=10kHz。

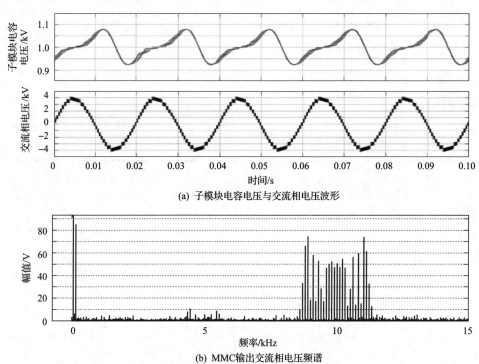

(a) 子模块电容电压与交流相电压波形

(b) MMC输出交流相电压频谱

图 3.29　基于排序的子模块电容电压平衡方法的 PSC-PWM 仿真结果

参 考 文 献

[1] Konstantinou G, Ciobotaru M, Agelidis V. Selective harmonic elimination pulse-width modulation of modular multilevel converters[J]. IET Power Electronics, 2013, 6(1): 96-107.

[2] Baroni B R, Mendes M A S, Cortizo P C, et al. Application of modular multilevel converter for HVDC transmission with selective harmonics[C]// 39th Annual Conference of the IEEE Industrial Electronics Society, Vienna, 2013: 6195-6200.

[3] Deng Y, Wang Y, Teo K H, et al. A simplified space vector modulation scheme for multilevel converters[J]. IEEE Transactions on Power Electronics, 2016, 31(3): 1873-1886.

[4] Dekka A, Wu B, Zargari N R, et al. A space-vector PWM-based voltage-balancing approach with reduced current sensors for modular multilevel converter[J]. IEEE Transactions on Industrial Electronics, 2016, 63(5): 2734-2745.

[5] Hu P F, Jiang D Z. A level-increased nearest level modulation method for modular multilevel converters[J]. IEEE Transactions on Power Electronics, 2015, 30(4): 1836-1842.

[6] Meshram P M, Borghate V B. A simplified nearest level control (NLC) voltage balancing method for modular multilevel converter (MMC)[J]. IEEE Transactions on Power Electronics, 2015, 30(1): 450-462.

[7] Ilves K, Antonopoulos A, Norrga S, et al. A new modulation method for the modular multilevel converter allowing fundamental switching frequency[J]. IEEE Transactions on Power Electronics, 2012, 27(8): 3482-3494.

[8] Moranchel M, Sanz I, Bueno E J, et al. Comparative of modulation techniques for modular multilevel converter[C]// 41st Annual Conference of the IEEE Industrial Electronics Society, Yokohama, 2015: 3875-3880.

[9] Tu Q R, Xu Z. Impact of sampling frequency on harmonic distortion for modular multilevel converter[J]. IEEE Transactions on Power Delivery, 2011, 26(1): 298-306.

[10] Rohner S, Bernet S, Hiller M, et al. Modulation, losses, and semiconductor requirements of modular multilevel converters[J]. IEEE Transactions on Industrial Electronics, 2010, 57(8): 2633-2742.

[11] Li Z X, Wang P, Zhu H B, et al. An improved pulse width modulation method for chopper-cell-based modular multilevel converters[J]. IEEE Transactions on Power Electronics, 2012, 27(8): 3472-3481.

[12] Hassanpoor A, Ängquist L, Norrga S, et al. Tolerance band modulation methods for modular multilevel converters[J]. IEEE Transactions on Power Electronics, 2015, 30(1): 311-326.

[13] Hassanpoor A, Nami A, Norrga S. Tolerance band adaptation method for dynamic operation of grid-connected modular multilevel converters[J]. IEEE Transactions on Power Electronics, 2016, 31(12): 8172-8181.

[14] Mei J, Shen K, Xiao B L, et al. A new selective loop bias mapping phase disposition PWM with dynamic voltage balance capability for modular multilevel converter[J]. IEEE Transactions on Industrial Electronics, 2014, 61(2): 798-807.

[15] Darus R, Pou J, Konstantinou G, et al. A modified voltage balancing algorithm for the modular multilevel converter: Evaluation for staircase and phase disposition PWM[J]. IEEE Transactions on Power Electronics, 2015, 30(8): 4119-4127.

[16] Hassanpoor A, Norrga S, Nee H P, et al. Evaluation of different carrier-based PWM methods for modular multilevel converters for HVDC application[C]// IEEE 38th Annual Conference of Industrial Electronics Society, Montreal, 2012: 388-393.

[17] Ilves K, Harnefors L, Norrga S, et al. Analysis and operation of modular multilevel converters with phase-shifted carrier PWM[J]. IEEE Transactions on Power Electronics, 2015, 30(1): 268-283.

[18] Hagiwara M, Akagi H. Control and experiment of pulsewidth-modulated modular multilevel converters[J]. IEEE Transactions on Power Electronics, 2010, 24(7): 502-507.

[19] Du S X, Liu J J, Lin J L. Leg-balancing control of the DC-link voltage for modular multilevel converters[J]. Journal of Power Electronics, 2015, 12(5): 268-283.

[20] Tu Q R, Xu Z. Impact of sampling frequency on harmonic distortion for modular multilevel converter[J]. IEEE Transactions on Power Delivery, 2011, 26(1): 298-306.

[21] Lesnicar A, Marquardt R. An innovative modular multilevel converter topology suitable for a wide power range[C]// IEEE Power Technology Conference, Bologna, 2003(3): 23-26.

[22] Adam G P, Anaya-Lara O, Burt G M, et al. Modular multilevel inverter: Pulse width modulation and capacitor balancing technique[J]. IET Power Electronics, 2010, 3(5): 702-715.

[23] Wang K, Li Y D, Zheng Z D, et al. Voltage balancing and fluctuation-suppression method of floating capacitors in a new modular multilevel converter[J]. IEEE Transactions on Industrial Electronics, 2013, 60 (5) : 1943-1954.

[24] Saeedifard M, Iravani R. Dynamic performance of a modular multilevel back-to-back HVDC system[J]. IEEE Transactions on Power Delivery, 2010, 25 (4) : 2903-2912.

[25] Rohner S, Bernet S, Hiller M, et al. Modelling, simulation and analysis of a modular multilevel converter for medium voltage applications[C]// IEEE International Conference on Industrial Technology, Vina del Mar, 2010: 775-782.

第4章 MMC环流抑制技术

4.1 环流现象与成因

环流(circulating current)是 MMC 特有的现象。在传统的两电平换流器中，如图 1.4 所示，每相上下两个开关器件始终互补工作，交替承担交流电流，且一般在实际应用中会设置一段死区，防止两开关器件直通造成直流电源的短路。MMC的工作原理则有所不同，任意时刻上下两个桥臂中均存在电流通路，因此会从直流回路引入电流，该电流称为环流，如图 4.1 所示。该电流中除式(2.11)的直流成分之外，还包含一系列偶次谐波成分。

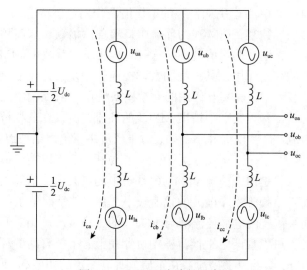

图 4.1 MMC 环流路径示意图

环流谐波产生的本质归结于子模块电容电压的波动。第 2 章中 MMC 桥臂电压公式[式(2.8)]是在忽略电容电压波动的前提下得到的，因而上下桥臂电压之和恒等于直流电压 U_{dc}，环流中仅存在直流成分。但当考虑电容电压的波动时，实际 MMC 的桥臂电压应表示为

$$\begin{cases} u_{u} = \dfrac{N}{2}[1 - M\cos(\omega t)]u_{Cu} \\ u_{l} = \dfrac{N}{2}[1 + M\cos(\omega t)]u_{Cl} \end{cases} \tag{4.1}$$

其中，u_{Cu} 与 u_{Cl} 由式 (2.21) 获得，上下桥臂电压求和后可整理得到

$$u_{\mathrm{u}}+u_{\mathrm{l}} = NU_C - \underbrace{N\Delta U_{C,2}\sin(2\omega t-\varphi)+\frac{MN}{2}\Delta U_{C,1}\cos(2\omega t+\delta)}_{\text{二倍频谐波}}+\frac{MN}{2}\Delta U_{C,1}\cos\delta$$

$$(4.2)$$

可见，上下桥臂电压之和中出现了二倍频谐波成分，该谐波成分作用在桥臂电感上，有

$$2L\frac{\mathrm{d}i_{\mathrm{c}}}{\mathrm{d}t} = -N\Delta U_{C,2}\sin(2\omega t-\varphi)+\frac{MN}{2}\Delta U_{C,1}\cos(2\omega t+\delta) \qquad (4.3)$$

对式 (4.3) 进行积分，可发现环流中也将出现二倍频谐波成分。

进一步地，MMC 上下桥臂电流中将包含该二倍频电流谐波，并在式 (2.16) 的作用下流经子模块电容器，在电容电压上产生三倍频的波动。反过来该三倍频电容电压波动通过式 (4.1) 产生四倍频的电压谐波作用在桥臂电感上，激发出四倍频的环流成分。如此往复，MMC 的环流中将出现六倍频、八倍频等一系列偶次谐波，且频率越高，谐波的幅值越小。这一过程实质上反映了 MMC 中存在多个频率电压与电流的交互作用，其详细的数学描述较为复杂，本节仅给出示意性解释。展现 MMC 多频率成分交互作用的数学模型将在第 10 章中给出。

值得注意的是，若干文献中指出 MMC 的环流谐波仅在三相桥臂之间流动，并不影响直流电流。这一说法并不确切，对于环流中三倍次谐波成分(六倍频、十二倍频、十八倍频等)，三相环流大小相等、相位相同，将以零序成分体共同出现在直流电流当中。只是通常情况下 MMC 环流中的谐波由二倍频负序和四倍频正序成分主导，而六倍频等零序谐波的幅值较小，在一些情况下予以忽略。

图 4.2 对比了传统两电平换流器与 MMC 的工作波形。当对开关脉冲波形进行平均化处理后，可发现两电平换流器中也存在上、下桥臂间的环流，且为二倍频成分。因此 MMC 与两电平换流器在本质上具有一定的相似性，但区别是 MMC 环流中还包含了四倍频等其他频率的谐波。

环流中的谐波成分将使桥臂电流波形发生畸变，且桥臂电流流经子模块时功率器件将承受较大的电流应力，增加了子模块中功率器件的电流应力引发额外的损耗。因此，环流谐波对于 MMC 而言通常是缺点，需要采取一定的措施加以抑制，从而减小损耗以及功率器件的应力。对于抑制环流的方法，可以分为有源抑制与无源抑制两类，如图 4.3 所示，其中有源抑制方法针对环流构建了闭环控制器，通过调节桥臂电压来抑制环流谐波，无源抑制方法则是依赖硬件电路，如桥臂电感或滤波器对环流加以抑制。

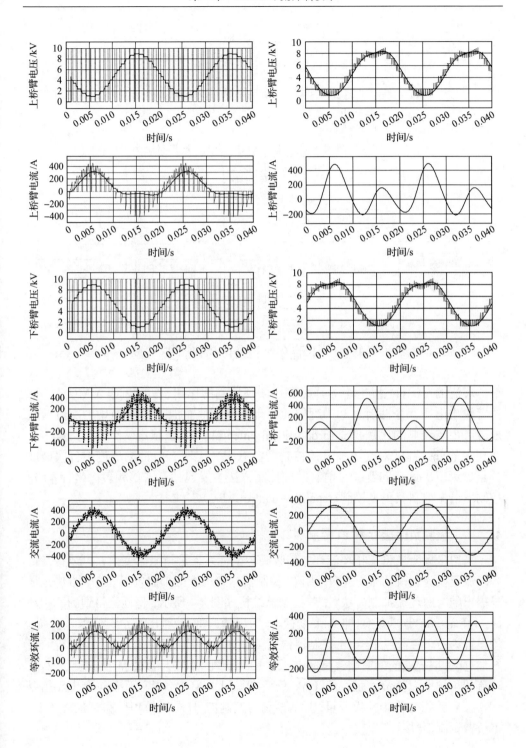

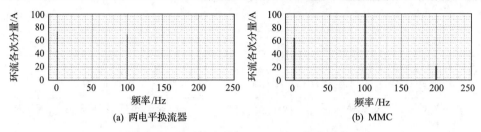

图 4.2　两电平换流器与 MMC 的工作波形对比

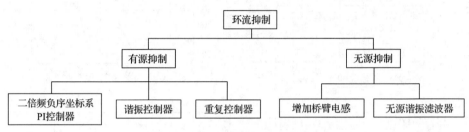

图 4.3　环流抑制的方法分类

4.2　环流的有源抑制方法

　　环流的有源抑制方法，本质是利用闭环控制的作用，实时调节 MMC 上、下桥臂输出电压，令两者之和为理想的直流电压，继而消除式(4.2)中的交流谐波成分。由于经典的比例积分(proportional integral，PI)控制器仅能够对直流信号实现无静差跟踪，对交流信号的控制增益有限，无法有效抑制环流中各次谐波分量。为解决这一问题，目前有效的控制方法主要包括：二倍频负序坐标系 PI 控制、谐振控制及重复控制(repetitive control，RC)三种。

4.2.1　二倍频负序坐标系 PI 控制器

　　采用坐标变换将三相环流在二倍频旋转坐标系下进行坐标变换，可以将二倍频环流变换为直流信号，进而采用 PI 控制器达到良好的抑制效果。这一方法是最早提出的有源环流抑制方法[1]，其控制器结构如图 4.4 所示，将检测得到的三相环流 i_{cj} 经 abc/dq 坐标变换(即 Park 变换)作为反馈，将 dq 轴电流给定信号 i_{c2d}^*、i_{c2q}^* 均设置为 0，两者误差经 PI 控制器作用，并对 dq 轴电流的交叉耦合项进行前馈补偿(交叉耦合项的前馈增益是 $4\omega L$，这是由于图 4.1 中环流回路中电感为 $2L$ 且环流的角频率为 2ω)，最终经 Park 反变换得到 MMC 各相的环流抑制电压指令 $u_{c\_ref\_j}$。将该指令作为共模分量，加入原参考调制信号[式(2.7)]中，得到最终的上、下桥臂调制信号：

$$\begin{cases} u_{\mathrm{u\_ref\_final}} = \dfrac{1}{2}[1 - M\cos(\omega t)] + u_{\mathrm{c\_ref}\_j} \\[2mm] u_{\mathrm{l\_ref\_final}} = \dfrac{1}{2}[1 + M\cos(\omega t)] + u_{\mathrm{c\_ref}\_j} \end{cases} \tag{4.4}$$

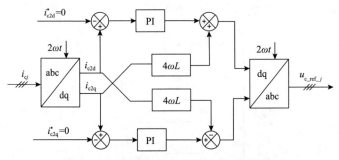

图 4.4　二倍频负序坐标系 PI 控制器框图

　　然而这种方法的不足之处是仅对二倍频谐波有效，无法抑制环流中四倍频、六倍频等其他次谐波。当 MMC 出现三相电压、电流不平衡或三相电路不对称时，二倍频环流中将出现正序成分，还需要额外增加二倍频正序旋转坐标系下的 PI 控制器并进行正负序分离，实现过程较为复杂。此外，对于单相 MMC 应用，该方法必须对二倍频环流构建虚拟的 q 轴信号才能够进行坐标变换。

4.2.2　谐振控制器

　　谐振控制器属于二阶广义积分器，能够在选定频率处实现无穷大的增益，因而可以选择性地针对某一频率谐波进行控制[2]。谐振控制器的传递函数如下：

$$G_{\mathrm{R}}(s) = \frac{K_{\mathrm{r}}s}{s^2 + \omega_{\mathrm{r}}^2} \tag{4.5}$$

其中，K_{r} 为谐振增益；ω_{r} 为选定的谐振角频率。当被控信号角频率等于 ω_{r} 时，传递函数的幅值将无穷大，实现对该角频率信号的无静差控制。

　　然而谐振控制器仅在谐振角频率 ω_{r} 附近狭窄的频段内具有较高的增益，为了提高其抗频率扰动性能，实际应用中多采用准谐振（quasi-resonant）控制器，其传递函数为

$$G_{\mathrm{QR}}(s) = \frac{2K_{\mathrm{r}}\omega_{\mathrm{c}}s}{s^2 + 2\omega_{\mathrm{c}}s + \omega_{\mathrm{r}}^2} \tag{4.6}$$

其中，ω_{c} 为带宽，从而在 $[\omega_{\mathrm{r}}-\omega_{\mathrm{c}},\ \omega_{\mathrm{r}}+\omega_{\mathrm{c}}]$ 范围内，谐振控制器均能保持较高的增益，降低了谐振控制器对参数与频率的敏感性。

　　因此，针对环流中的各次谐波，分别在对应偶次谐波频率处引入谐振控制器，如图 4.5 所示，$\mathrm{Res}(2\omega)$ 为针对二倍频设计的谐振控制器，$\mathrm{Res}(4\omega)$ 为针对四倍频设计的谐振控制器，以此类推，$i_{\mathrm{c}j}^{*}$ 为环流给定值，可实现良好的环流抑制效果[3]。由于谐振控制器是在静止坐标系下设计的，即便 MMC 出现三相电压、电流不平衡或三相电路不对称仍然能够实现有效的控制。

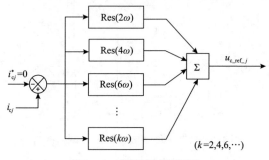

图 4.5　谐振控制器框图

　　但这种环流抑制方法的不足之处是需要设置一系列的谐振控制器参数，调试复杂。因此，实际应用中通常仅针对环流中最主要的二倍频与四倍频谐波进行设计[4]，同时加入 PI 控制器实现对环流中直流成分的无静差跟踪，最终得到环流的比例积分谐振（proportional integral resonant，PIR）控制器，即

$$G_{\mathrm{PIR}}(s) = K_{\mathrm{p}} + \frac{K_{\mathrm{i}}}{s} + \frac{2K_{\mathrm{r}2}\omega_{\mathrm{c}}s}{s^2 + 2\omega_{\mathrm{c}}s + (2\omega)^2} + \frac{2K_{\mathrm{r}4}\omega_{\mathrm{c}}s}{s^2 + 2\omega_{\mathrm{c}}s + (4\omega)^2} \tag{4.7}$$

其中，K_{p} 与 K_{i} 分别为比例、积分系数；$K_{\mathrm{r}2}$ 与 $K_{\mathrm{r}4}$ 分别为二倍频、四倍频谐振控制器增益。

4.2.3　重复控制器

　　重复控制是基于内模原理的一种控制方法[5]，即在控制系统内嵌入外部输入信号动态模型来构成高精度的反馈控制结构，使系统能够无静差地跟随输入信号。重复控制最显著的优点是能够在周期性的谐波频率处产生无穷大的增益，不仅能够无静差地跟踪周期性输入信号，而且可以抑制周期性干扰。重复控制器构建系统外部信号模型的过程非常巧妙，如图 4.6 所示，充分利用外部信号的周期性，在控制器内将外部信号延迟一个周期 T 即等同于获得了其模型，其中 e^{-sT} 为周期时间延迟环节。从而重复控制的闭环传递函数为

$$G_{\mathrm{RC}}(s) = \frac{\mathrm{e}^{-sT}}{1 - \mathrm{e}^{-sT}} \tag{4.8}$$

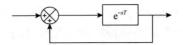

图 4.6　重复控制的传递函数框图

根据指数函数的性质[6]，式 (4.8) 可以展开为

$$G_{\text{RC}}(s) = -\frac{1}{2} + \frac{1}{2}\left(\frac{1+\text{e}^{-sT}}{1-\text{e}^{-sT}}\right) = -\frac{1}{2} + \frac{1}{T}\left(\frac{1}{s} + \sum_{k=1}^{\infty}\frac{2s}{s^2 + (k\omega)^2}\right) \tag{4.9}$$

其中，$\omega=2\pi/T$；k 为整数。可见，重复控制器本质上是由积分调节器和一系列谐振控制器组成的。将式 (4.9) 中 T 设置为二倍频周期，重复控制器即可跟踪环流中的直流成分并抑制其一系列偶次谐波[7,8]。实际基于重复控制的环流抑制方法如图 4.7 所示，其中 $Q(s)$ 为保证控制稳定性而引入的低通滤波器，而 $C(s)$ 为弥补控制系统幅值和相角的补偿器，控制器对应的传递函数为

$$G_{\text{RC}}(s) = \frac{C(s)\text{e}^{-sT}}{1-Q(s)\text{e}^{-sT}} \tag{4.10}$$

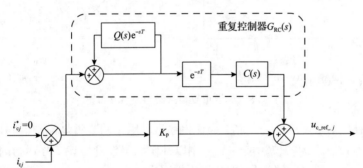

图 4.7　基于重复控制的环流抑制方法

为在数字控制器中实现重复控制，式 (4.10) 在离散域下的表达式为

$$G_{\text{RC}}(z) = \frac{C(z)z^{-N_{\text{RC}}}}{1-Q(z)z^{-N_{\text{RC}}}} \tag{4.11}$$

其中，$N_{\text{RC}}=f_{\text{sample}}/(2f)$ 为数字采样计算频率与二倍频频率 ($2f$=100Hz) 的比值。举例说明，当采样频率 f_{sample} 为 10kHz 时，N_{RC}=100。

为了保证环流抑制系统的稳定性，需要合理地设计 $Q(z)$ 和 $C(z)$，令系统的 N_{RC} 个特征根均位于 z 域单位圆的内部。$Q(z)$ 一般设计为小于 1 的常数或者低通滤波器。当 $Q(z)$=1 时重复控制器的极点分布如图 4.8 (a) 所示，可见极点 (特征根) 全部位于单位圆上，说明重复控制器此时处于临界稳定状态。另外，当 $Q(z)$=0.95 时，虽然全部极点均移动到了单位圆内部，却削弱了低频处的增益，减弱了控制

器的跟踪能力。对于环流谐波的消除而言,应使得低频极点(如二倍频、四倍频和六倍频谐波)位于单位圆之上从而获得在谐波频率处的高增益,而高频极点应位于单位圆之内来确保稳定性。本书 $Q(z)$ 选用移动平均滤波器:

$$Q(z) = \frac{z^{-1} + 2 + z}{4} \tag{4.12}$$

此时的极点分布如图 4.8(b)所示,在不影响 $G_{RC}(z)$ 低频极点的情况下将高频极点移至单位圆内部,实现对高频噪声信号的衰减作用。

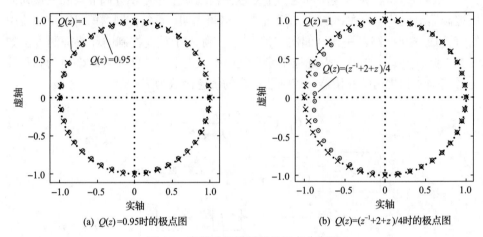

(a) $Q(z)$=0.95时的极点图   (b) $Q(z)$=$(z^{-1}+2+z)$/4时的极点图

图 4.8   离散重复控制器的极点分布图

设计补偿器 $C(z)=K_{RC}z^x$,K_{RC} 为比例系数,用于调节重复控制器的增益,而 x 为一个正整数。z^x 为相位超前环节,用以补偿数字控制器在实际运行时的计算延迟。综上,可得到离散域下的重复控制器框图,如图 4.9 所示。一般情况下 x 取 3 即可补偿滞后的相角,此时将 $Q(z)$ 与 $C(z)$ 代入式(4.11),可得到第 k 个周期下重复控制器的差分方程:

$$u(k) = 0.25u(k-101) + 0.5u(k-100) + 0.25u(k-99) + K_{RC}e(k-97) \tag{4.13}$$

其中,e、u 分别为重复控制器的误差输入信号与输出信号。式(4.13)意味着,离散重复控制器仅需要存储之前 N_{RC} 个采样周期的误差与输出,采用简单的加减与乘法运算即可,数字实现非常简单。对应的 Bode 图如图 4.10 所示,可见重复控制器在直流以及各次环流谐波频率处均呈现出较高的控制增益。但由式(4.13)可知,重复控制器要利用之前采样周期的输出值,因此控制器的作用需要经过一个迭代建立的过程,动态响应较慢。但对于 MMC 的环流而言,其主要关注的是稳态电流谐波所引发的损耗问题,通常不要求过快的控制速度。重复控制器能够同时抑制环流中的一系列谐波,结构简洁,数字化实现容易,因此非常适用于 MMC。

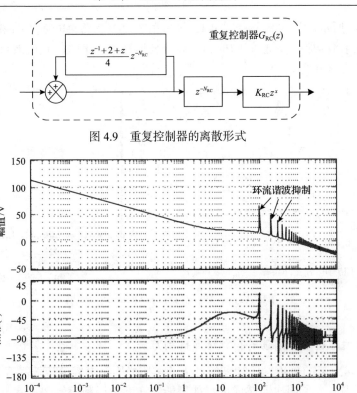

图 4.9　重复控制器的离散形式

图 4.10　重复控制器的 Bode 图示例

为验证重复控制器对环流谐波的抑制效果，本节进行了初步的仿真研究，其中 MMC 直流电压 U_{dc}=300V，每个桥臂子模块数目 N=3，子模块电容容量 C_{SM}=1867μF，桥臂电感 L=5mH。图 4.11(a) 为采用传统 PI 控制器时的运行波形，桥臂电流与环流均有明显的畸变，环流的 FFT 结果呈现出一系列偶次谐波成分，如

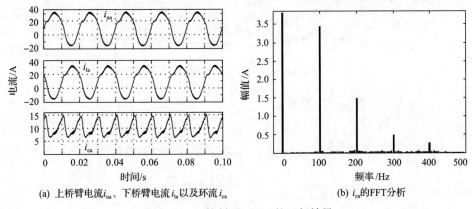

(a) 上桥臂电流i_{ua}、下桥臂电流i_{la}以及环流i_{ca}　　　　(b) i_{ca}的FFT分析

图 4.11　PI 控制下 MMC 的运行效果

图 4.11(b) 所示。相比之下，图 4.12 为采用重复控制器时的运行结果，可见环流中的各次谐波均得到了较好的抑制，环流波形基本为平滑的直流波形，桥臂电流波形也不再有畸变。

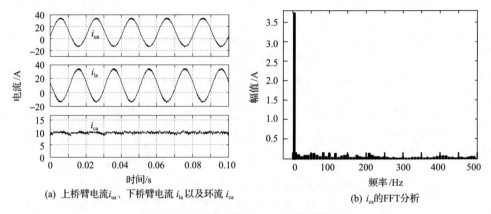

(a) 上桥臂电流i_{ua}、下桥臂电流 i_{la} 以及环流 i_{ca}　　　　(b) i_{ca}的FFT分析

图 4.12　重复控制器下 MMC 的运行效果

4.2.4　结合电容电压前馈的有源环流抑制方法

根据 4.1 节的分析，已知环流产生的本质原因是电容电压波动经过式(4.1)在桥臂电压中引入了偶次谐波成分。如果能够在参考调制信号中去除电容电压波动的影响，使桥臂电压仅含理想的直流与基频成分，如式(2.8)所示，即可避免激励出环流谐波。上述各种有源环流抑制方法的本质均是通过反馈闭环控制的方式实现这一目标的，但其实还可以采用更为简洁的前馈方式实现环流的抑制[9]。如图 4.13 所示，以上桥臂为例，通过实时测量桥臂子模块电容电压 u_{Cu}，并经过低通滤波器得到其直流成分 U_{Cu}，定义两者的比值 U_{Cu}/u_{Cu} 为修正系数 $\delta_u(t)$，并将其与式(2.7)中的参考信号相乘，得到修正后的桥臂参考信号。对于下桥臂也有相同的修正过程，从而桥臂输出电压为

$$\begin{cases} u_u = Nu_{u\_ref}u_{Cu}\delta_l(t) = \dfrac{1}{2}[1 - M\cos(\omega t)]U_{dc} \\ u_1 = Nu_{l\_ref}u_{Cl}\delta_l(t) = \dfrac{1}{2}[1 + M\cos(\omega t)]U_{dc} \end{cases} \tag{4.14}$$

式中，$\delta_l(t)$ 为下桥臂的修正系数。

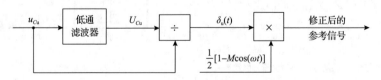

图 4.13　基于电容电压前馈的环流抑制框图

可见，通过前馈修正作用，桥臂输出电压变得理想，不再含有其他谐波成分，从而在根本上消除了环流谐波的激励源。

但这种前馈方法依赖于较高带宽的电容电压采样，对检测与通信电路的要求较高。另外，前馈控制的固有缺陷在这里同样存在，当检测有噪声时会引入误差。为解决这一问题，可以将其与上述基于闭环反馈的有源环流抑制方法相结合，进一步增加环流抑制的精度与抗扰能力。

4.3　有源环流抑制与调制策略的耦合现象及解耦方法

采用上述有源环流抑制方法，其作用效果是在 MMC 上下桥臂参考信号中叠加共模成分，其中主要为二倍频分量。当仅考虑二倍频分量时，桥臂参考调制信号变为

$$u_{\text{u\_ref}} = \frac{1}{2}[1 - M_1\cos(\omega t + \delta_1) + M_2\cos(2\omega t + \delta_2)] \tag{4.15}$$

$$u_{\text{l\_ref}} = \frac{1}{2}[1 + M_1\cos(\omega t + \delta_1) + M_2\cos(2\omega t + \delta_2)] \tag{4.16}$$

其中，M_1、δ_1 分别为基波分量调制比和初相角；M_2、δ_2 分别为二倍频共模分量调制比和初相角。

该二倍频共模成分的引入，打破了传统 MMC 上下桥臂调制的对称性。例如，对于 PSC-PWM，当参考调制信号为式(4.15)与式(4.16)时，将改变 PSC-PWM 的输出电压傅里叶级数，在式(3.18)所示的输出电压谐波基础上额外包含一系列与二倍频有关的谐波成分。3.3.2 节方法将不再适用，MMC 输出电压的最低次谐波频率将由 $2Nf_c$ 下降至 Nf_c。这反映了有源环流抑制方法与调制策略之间的耦合作用，环流抑制影响了 MMC 调制的谐波特性[10]。对于直流输电等高压应用，MMC 子模块通常达到数百个，三角载波频率 f_c 为 150Hz 左右，最低次谐波频率由 $2Nf_c$ 下降至 Nf_c 对输出电压波形质量的影响不大。但对于中压 MMC 应用，其子模块数目较少，输出电压波形质量依赖于三角载波频率 f_c。若采用有源环流抑制，为保证 PSC-PWM 的最低次谐波频率为 $2Nf_c$，各子模块开关频率必须提升一倍，这显著增大了 MMC 的损耗。

为解决环流抑制与调制谐波耦合的问题，本节提出了一种简单的解耦调制方法，具体流程如图 4.14 所示。仍采用式(3.12)和式(3.13)作为桥臂参考信号，经过 PSC-PWM 得到上下桥臂所需投入的子模块数目 N_u、N_l。与此同时，单独对上述有源环流抑制的共模参考信号进行调制，采用载波层叠调制（PD-PWM），得到环流抑制需要在上下桥臂中额外投入的子模块个数 N_{cir}，将其与 N_u、N_l 相加，得到各桥臂最终投入的子模块数目：

$$N_{u\_final} = N_u + N_{cir} \tag{4.17}$$

$$N_{l\_final} = N_l + N_{cir} \tag{4.18}$$

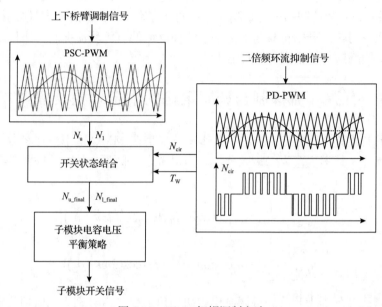

图 4.14　MMC 解耦调制方法

在这种调制方式下，依据式 (3.9) 可知，上下桥臂中用于抑制环流的子模块投切动作保持同步，MMC 输出电压波形保持不变，从而环流抑制作用不再影响 MMC 理想的谐波特性，实现了环流抑制与调制策略之间的解耦。最后，经过电容电压排序，具体选择 N_{u_final} 与 N_{l_final} 个子模块投入，保证电容电压的平衡。

然而，环流抑制信号的独立调制会引入额外的开关动作，增加开关损耗。但事实上，环流抑制效果通常并不要求完美，仅需将谐波限制在一定范围内即可。因此，可以将环流抑制信号调制得到的电平信号与 PSC-PWM 得到的电平信号进行同步，令两者在同一时刻动作，可在一定程度上减少环流抑制带来的额外开关动作次数。具体实现过程要判断 N_u、N_l 及 N_{cir} 发生电平变化的边沿时刻。当 N_{cir} 电平变化时，并不立刻投切子模块，而是延时 T_w 时间，若该时间内 N_u 或 N_l 中出现了与 N_{cir} 相反的电平变化，则此时再将两者结合得到 N_{u_final}、N_{l_final}。结合的过程将在 N_{cir} 与 N_u 或 N_l 之间抵消电平变化，减少开关动作次数，如图 4.15 中 A、B、C、D 几个时刻的情况所示，N_{cir_final} 表示在上述控制逻辑下环流抑制需在上下桥臂中额外投入的实际子模块个数。然而，若 T_w 时间内 N_u 或 N_l 中并未出现相反的电平变化，则在 T_w 结束时必须将 N_{cir} 作用到 N_{u_final}、N_{l_final} 上，如图 4.15 中时刻 E 所示，以避免过长的延迟对环流抑制效果产生较大的影响。

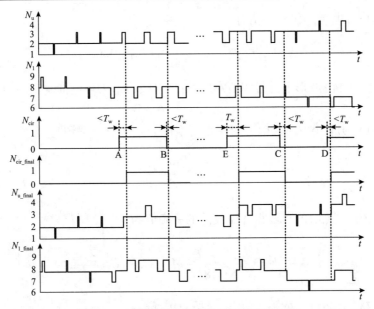

图 4.15　解耦调制方法开关状态结合示意图

在有源抑制下环流中的低频谐波分量已得到较好的消除，但环流抑制信号的调制作用会导致上下桥臂同时投入或切除子模块，使桥臂电压之和与直流电压之间产生偏差，该电压偏差作用在电感上，在环流中产生一定的高频纹波，具体分析如图 4.16 所示，图中 u_L 为施加在两个桥臂电感上的电压，i_c 为环流。在图中阶段Ⅲ，正电压 U_{L1} 作用在桥臂电感上，使环流上升；在阶段Ⅳ时，环流抑制器为了限制环流，同时在上下桥臂中投入一个子模块，对桥臂电感施加一个负电压 U_{L2}，其中 U_{L2} 与 U_{L1} 相差两个子模块电容电压，即

$$U_{L2} = U_{L1} - 2U_C \tag{4.19}$$

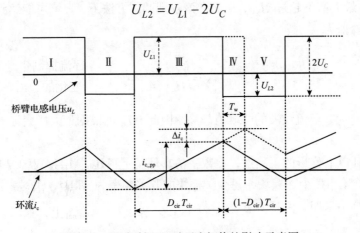

图 4.16　延时时间 T_w 对环流幅值的影响示意图

依据桥臂电感的伏秒平衡有

$$U_{L1}D_{cir}T_{cir} + U_{L2}(1 - D_{cir})T_{cir} = 0 \tag{4.20}$$

其中，D_{cir} 为环流波形上升过程所对应的占空比；T_{cir} 为环流抑制调制的三角载波周期。

将式 (4.19) 代入式 (4.20)，可解得占空比 D_{cir} 为

$$D_{cir} = 1 - \frac{U_{L1}}{2U_C} \tag{4.21}$$

从而依据式 (3.10) 可解得环流纹波的峰峰值为

$$i_{c\_pp} = \frac{U_{L1}}{4L}D_{cir}T_{cir} = \frac{T_{cir}}{8LU_C}[-(U_{L1} - U_C)^2 + U_C^2] \tag{4.22}$$

设式 (4.22) 的最大值为 $i_{c\_pp\_max}$，求解得

$$i_{c\_pp\_max} = \frac{U_C T_{cir}}{8L} \tag{4.23}$$

在此基础上，当引入延时时间 T_w 时，若出现如图 4.15 中 E 时刻的情况，U_{L1} 的作用时间将延长，如图 4.16 中的虚线所示，令环流产生额外的增量 Δi_c：

$$\Delta i_c = \frac{U_{L1}}{4L}T_w \tag{4.24}$$

其中，U_{L1} 最大值不超过 $2U_C$，从而在该解耦调制方法下，环流可能达到的最大电流纹波峰峰值为

$$i_{c\_pp\_max} = \frac{U_C}{2L}\left(\frac{T_{cir}}{4} + T_w\right) \tag{4.25}$$

可见，T_w 越大，环流纹波的峰峰值越高。因此，T_w 可根据最大所允许的环流纹波进行设计。

为验证以上分析的正确性，在数字仿真环境下搭建了 1.5MW/8kV 的 MMC，每个桥臂含有 10 个子模块，每个子模块的开关频率为 1kHz，关键参数如表 4.1 所示，仿真结果如图 4.17 所示。

表 4.1　MMC 解耦调制仿真参数

参数	数值
桥臂子模块个数	N=10
直流电压	U_{dc}=8000V
子模块电容电压额定值	$U_{C(rated)}$=800V
子模块电容容量	C_{SM}=2.5mF
桥臂电感值	L=2mH
额定运行频率	f_{rated}=50Hz
调制比	0.75
三角载波频率	f_c=1kHz
环流抑制载波频率	f_{cir}=1.5kHz
延时时间设定	T_w=0μs; 30μs; 60μs; 90μs

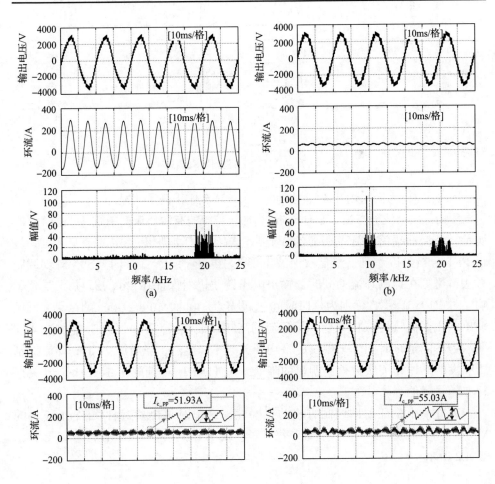

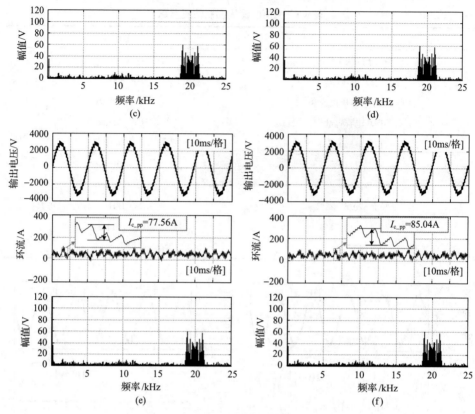

图 4.17　MMC 解耦调制仿真结果

图 4.17(a)为未采用环流抑制时的结果，环流中出现了明显的二倍频成分，输出电压最低次谐波分布在 20kHz 附近。当加入传统的有源环流抑制后，如图 4.17(b)所示，环流的幅值得到了明显的降低，但输出电压波形有一定的畸变，对其进行 FFT 分析可以看到，最低次谐波出现在 10kHz 附近。图 4.17(c)为解耦调制方法，可见在抑制环流的同时，输出电压谐波仍然保证在 20kHz，并未受到影响。图 4.17(d)~(f)分别为延时时间 T_w 设定为 30μs、60μs、90μs 的结果，可见输出电压谐波特性保持不变，但环流的高频纹波幅值(I_{c_pp})逐渐增大。图 4.18 所示为不同延时时间下子模块的平均开关频率，显然，当增加 T_w 时，环流抑制所引发的额外开关次数得到明显的降低，由 1150Hz 逐渐降至 1005Hz，开关损耗亦随之降低。

为进一步验证解耦调制方法的正确性，这里对每个桥臂含 6 个子模块的 MMC 实验样机进行了实验验证。每个子模块的开关频率为 610Hz，实验参数如表 4.2 所示。

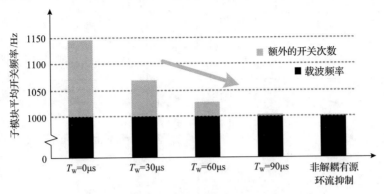

图 4.18　不同仿真工况下子模块的平均开关频率

表 4.2　MMC 解耦调制实验参数

参数	参数值
桥臂子模块个数	$N=6$
直流电压	$U_{dc}=480V$
子模块电容电压额定值	$U_{C(rated)}=80V$
子模块电容容量	$C_{SM}=2mF$
桥臂电感值	$L=1mH$
额定运行频率	$f_{rated}=50Hz$
负载电阻值	$R_{Load}=10\Omega$
调制比	0.8
三角载波频率	$f_c=610Hz$
环流抑制载波频率	$f_{cir}=732Hz$
延时时间设定	$T_w=0\mu s;\ 30\mu s;\ 60\mu s;\ 90\mu s$

图 4.19(a)为未采用环流抑制时的实验结果，环流中呈现出较大的低频谐波，输出电压的等效开关频率出现在 $2Nf_c$=7.32kHz 处，因为二倍频环流在电容电压波形中产生很高的波动，所以输出电压波形中存在一定的畸变。当加入传统的有源环流抑制后，如图 4.19(b)所示，环流的幅值得到了明显的降低，但由 FFT 结果可知最低次谐波出现在 Nf_c=3.66kHz 附近，输出电流 i_o 的 THD 增加到 4.59%。

图 4.20(a)～(d)是应用解耦调制策略的实验结果，其中 T_w 分别为 0μs、30μs、60μs 和 90μs。从这些结果可以看出环流同样得到了有效抑制，且输出电压的等效开关频率保持在 $2Nf_c$=7.32kHz，输出电流的 THD 降低到 3.3%左右。当 T_w 从 0μs 改变到 90μs 时，环流高频纹波幅值从 6.72A 增大至 10.45A，这些值都没有超过式(4.25)中计算得到的最大值。图 4.21 则给出了 T_w 对子模块平均开关频率的影响，同样可见，增加 T_w 有助于降低解耦调制引入的额外的开关次数。

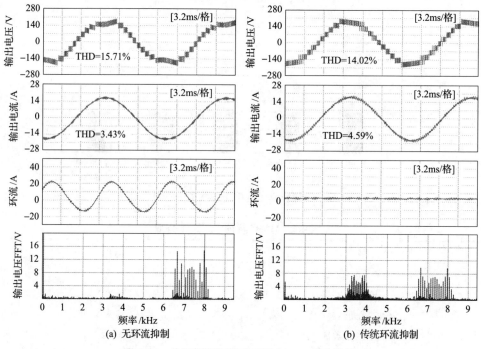

(a) 无环流抑制 　　　　　　　　(b) 传统环流抑制

图 4.19　非解耦调制策略下的 MMC 实验结果

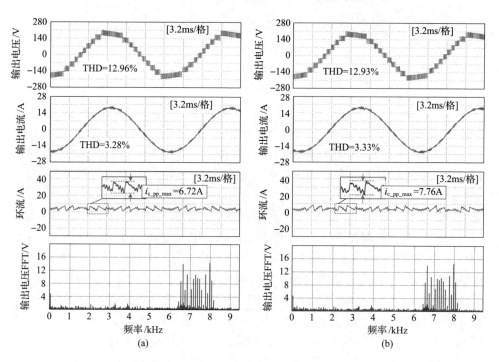

(a)　　　　　　　　　　　　(b)

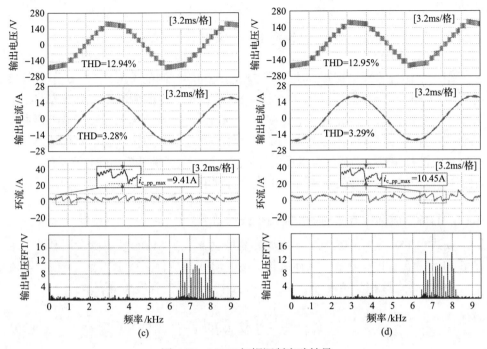

图 4.20　MMC 解耦调制实验结果

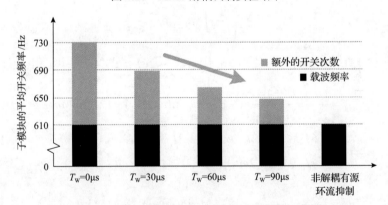

图 4.21　不同实验工况下子模块的平均开关频率

综上，采用解耦调制方法，可以保证输出电压波形的谐波特性不受环流抑制的影响。换言之，传统 MMC 调制方法为达到相同的谐波特性需要将开关频率增加到 $2f_c$，而本节所提方法开关频率仅比 f_c 略微增高。此外，通过在解耦调制中引入一定的延时时间，可进一步降低开关次数，减少额外的开关损耗。

需要指出，这一耦合现象也存在于其他的 MMC 调制策略中[11-13]。对于其他 MMC 调制策略，类似地将有源环流抑制输出的共模参考信号进行独立调制，所提出的解耦调制方法同样适用。

4.4　环流的无源抑制方法

归纳上述有源环流抑制方法,其本质均是利用控制的手段,在上、下桥臂参考信号中叠加一个共模分量。但该共模分量会占据一定的调制比,降低 MMC 实际输出电压的能力。因此,本节详细推导 MMC 有源环流抑制方法的输出容量损失公式,并介绍无源环流抑制方法及其元件参数的设计原则。相关分析结果可用于权衡有源抑制方法造成的容量损失与无源抑制方法所额外增加的滤波元件成本,根据具体应用在两类环流抑制方法中进行合理的选择。

4.4.1　有源环流抑制方法的输出容量损失问题

如式(4.15)、式(4.16)所示,有源环流抑制方法在 MMC 桥臂参考调制波中主要叠加了二倍频共模分量。当环流各次谐波均被抑制后,MMC 上、下桥臂电流 i_u 与 i_l 中仅含直流和基频成分。上、下桥臂中子模块电容电压可表示为

$$u_{Cu} = \frac{1}{C_{SM}} \int i_u u_{u\_ref} dt + \frac{U_{dc}}{N} \tag{4.26}$$

$$u_{Cl} = \frac{1}{C_{SM}} \int i_l u_{l\_ref} dt + \frac{U_{dc}}{N} \tag{4.27}$$

将式(2.13)、式(4.15)、式(4.16)代入式(4.26)、式(4.27)中可得

$$
\begin{aligned}
u_{Cu} = \frac{U_{dc}}{N} + \frac{1}{48\omega C_{SM}} &[-8I_{dc}M_1\sin(\omega t + \delta_1) + 12\hat{I}_o\sin(\omega t - \varphi) \\
&+ 6\hat{I}_o M_2\sin(\omega t + \varphi + \delta_2) - 3\hat{I}_o M_1\sin(2\omega t + \delta_1 - \varphi) \\
&+ 4I_{dc}M_2\sin(2\omega t + \delta_2) + 2\hat{I}_o M_2\sin(3\omega t - \varphi + \delta_2)]
\end{aligned}
\tag{4.28}
$$

$$
\begin{aligned}
u_{Cl} = \frac{U_{dc}}{N} + \frac{1}{48\omega C_{SM}} &[8I_{dc}M_1\sin(\omega t + \delta_1) - 12\hat{I}_o\sin(\omega t - \varphi) \\
&- 6\hat{I}_o M_2\sin(\omega t + \varphi + \delta_2) - 3\hat{I}_o M_1\sin(2\omega t + \delta_1 - \varphi) \\
&+ 4I_{dc}M_2\sin(2\omega t + \delta_2) - 2\hat{I}_o M_2\sin(3\omega t - \varphi + \delta_2)]
\end{aligned}
\tag{4.29}
$$

在有源环流抑制方法引入二倍频分量后,MMC 的桥臂电压可表示为

$$u_u = N u_{u\_ref} u_{Cu} \approx -u_1 + u_2 + \frac{1}{2}U_{dc} \tag{4.30}$$

$$u_1 = N u_{1\_ref} u_{C1} \approx u_1 + u_2 + \frac{1}{2} U_{dc} \tag{4.31}$$

其中，u_1、u_2 分别为基频成分和二倍频成分，具体表达式为

$$
\begin{aligned}
u_1 = {} & \frac{1}{2} M_1 U_{dc} \cos(\omega t + \delta_1) + \frac{N}{192\omega C_{SM}} [-24\hat{I}_o \sin(\omega t - \varphi) \\
& + (4M_2^2 - 3M_1^2)\hat{I}_o \sin(\omega t - \varphi) - 4I_{dc} M_1 M_2 \sin(\omega t - \delta_1 + \delta_2) \\
& + 16 I_{dc} M_1 \sin(\omega t + \delta_1)]
\end{aligned} \tag{4.32}
$$

$$
\begin{aligned}
u_2 = {} & \frac{1}{2} M_2 U_{dc} \cos(2\omega t + \delta_2) + \frac{N}{192\omega C_{SM}} [-18\hat{I}_o M_1 \sin(2\omega t + \delta_1 - \varphi) \\
& + 8 I_{dc} M_2 \sin(2\omega t + \delta_2) - 2\hat{I}_o M_1 M_2 \sin(2\omega t - \delta_1 + \delta_2 - \varphi) \\
& - 6\hat{I}_o M_1 M_2 \sin(2\omega t + \delta_1 + \delta_2 + \varphi) + 8 I_{dc} M_1^2 \sin(2\omega t + 2\delta_1)]
\end{aligned} \tag{4.33}
$$

注意式(4.30)、式(4.31)中采用"≈"符号的原因是在桥臂电压中还存在三次、四次和五次等电压分量，但相比于 u_1、u_2 其数值较小，为简化分析这里予以忽略。MMC 内多谐波的交互作用将在第 10 章中详细分析。

式(4.32)、式(4.33)可以进一步分解成正弦分量和余弦分量，在这里，将 u_1、u_2 分别表示为 $u_1 = U_{1\_sin} \sin(\omega t) + U_{1\_cos} \cos(\omega t)$ 与 $u_2 = U_{2\_sin} \sin(2\omega t) + U_{2\_cos} \cos(2\omega t)$，其中 U_{1_sin}、U_{1_cos}、U_{2_sin} 和 U_{2_cos} 分别为

$$
\begin{aligned}
U_{1\_sin} = {} & -\frac{1}{2} M_1 U_{dc} \sin\delta_1 + \frac{N}{192\omega C_{SM}} [-4I_{dc} M_1 M_2 \cos(\delta_2 - \delta_1) \\
& + 16 I_{dc} M_1 \cos\delta_1 - 24\hat{I}_o \cos\varphi - 3\hat{I}_o M_1^2 \cos\varphi + 4\hat{I}_o M_2^2 \cos\varphi]
\end{aligned} \tag{4.34}
$$

$$
\begin{aligned}
U_{1\_cos} = {} & \frac{1}{2} M_1 U_{dc} \cos\delta_1 + \frac{N}{192\omega C_{SM}} [-4I_{dc} M_1 M_2 \sin(\delta_2 - \delta_1) \\
& + 16 I_{dc} M_1 \sin\delta_1 + 24\hat{I}_o \sin\varphi + 3\hat{I}_o M_1^2 \sin\varphi - 4\hat{I}_o M_2^2 \sin\varphi]
\end{aligned} \tag{4.35}
$$

$$
\begin{aligned}
U_{2\_sin} = {} & -\frac{1}{2} M_2 U_{dc} \sin\delta_2 + \frac{N}{192\omega C_{SM}} [8I_{dc} M_1^2 \cos(2\delta_1) - 18\hat{I}_o M_1 \cos(\delta_1 - \varphi) \\
& + 8 I_{dc} M_2 \cos\delta_2 - 6\hat{I}_o M_1 M_2 \cos(\delta_2 + \varphi + \delta_1) - 2\hat{I}_o M_1 M_2 \cos(\delta_2 - \varphi - \delta_1)]
\end{aligned} \tag{4.36}
$$

$$
\begin{aligned}
U_{2\_cos} = {} & \frac{1}{2} M_2 U_{dc} \cos\delta_2 + \frac{N}{192\omega C_{SM}} [8I_{dc} M_1^2 \sin(2\delta_1) - 18\hat{I}_o M_1 \sin(\delta_1 - \varphi) \\
& + 8 I_{dc} M_2 \sin\delta_2 - 6\hat{I}_o M_1 M_2 \sin(\delta_2 + \varphi + \delta_1) - 2\hat{I}_o M_1 M_2 \sin(\delta_2 - \varphi - \delta_1)]
\end{aligned} \tag{4.37}
$$

将式(4.30)、式(4.31)代入式(3.9)可知，u_1 为 MMC 的交流电压，因此需要满足：

$$U_{1\_\cos} = \hat{U}_o, \ U_{1\_\sin} = 0 \tag{4.38}$$

另外，由于环流二倍频谐波通过有源抑制策略被控制为 0，此时桥臂电压中二倍频共模分量亦被抑制为 0，即满足：

$$U_{2\_\cos} = 0, \ U_{2\_\sin} = 0 \tag{4.39}$$

将式(4.34)～式(4.39)进行联立，构成含有四个未知量 M_1、δ_1、M_2、δ_2 的四阶非线性方程组，对于此类方程组，未知量可通过数学迭代方法进行求解。最终，有源环流抑制策略的调制比损失为

$$\Delta M = \max[\,|\,M_1\cos(\omega t + \delta_1) + M_2\cos(2\omega t + \delta_2)\,|\,] - M_1 \tag{4.40}$$

根据求取的结果进行算例计算，分析调制比损失的影响因素，图 4.22 为在 U_{dc}=640kV、U_{dc}/N=2kV、$\hat{U}_o$=256kV 及 ω=100πrad/s 条件下，MMC 有源环流抑制策略 ΔM 随子模块电容值 C_{SM}、功率因数角 φ 及视在功率 S 变化的示意图。由图可知，ΔM 随视在功率 S 的增加而增大，随子模块电容值 C_{SM} 的减小而增大。可以观察到，当功率因数为 0，即 MMC 装机容量全部用来发出无功时，调制比损失最大，ΔM 最大值可超过 9%，当功率因数由 0 逐渐接近 1 时，ΔM 先减小后变大，但当 MMC 装机容量全部用来传输有功功率时，其调制比损失不会超过全部用来发出无功功率的情况。更进一步，MMC 对应的输出电压损失可由 $\frac{1}{2}\Delta M U_{dc}$ 表示，由此 MMC 的输出容量损失可由 $S\Delta M$ 求得。综上，当 MMC 采用有源环流抑制策略时，需要考虑其最大输出电压与最大输出容量的损失。

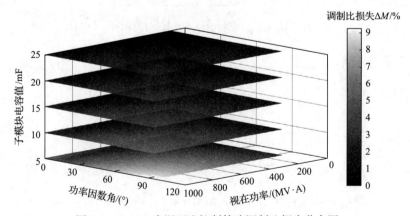

图 4.22　MMC 有源环流抑制策略调制比损失分布图

4.4.2　无源环流抑制方法的滤波器参数设计

为了避免有源环流抑制方法对 MMC 输出容量的影响,环流谐波亦可采用无源的方式加以抑制。最简单的方法是增大桥臂电感[14],但桥臂电感对环流是一阶滤波环节,若要较好地抑制环流谐波,桥臂电感取值将极大。文献[15]提出利用二阶 LC 滤波器来抑制环流谐波二倍频成分,如图 4.23 所示,此方法将传统MMC 的桥臂电感分为两部分(L_1、L_2),其中 L_1 和滤波电容 C_0 形成并联谐振滤波器,L_2 用于确保总桥臂电感与传统 MMC 一致,即满足 $L_1+L_2=L$。下面详细分析各参数的设计方法。

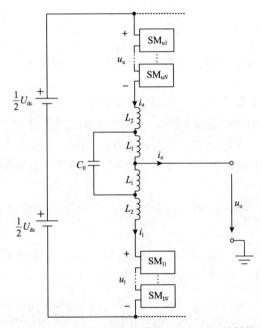

图 4.23　基于无源环流滤波器的 MMC 拓扑结构

无源环流滤波器电路的阻抗表达式为

$$Z(\mathrm{j}\omega) = \mathrm{j}\frac{4\omega^3 L_1 L_2 C_0 - 2\omega(L_1 + L_2)}{2\omega^2 L_1 C_0 - 1} \tag{4.41}$$

其中,无源环流滤波器分别包含一个并联谐振点和一个串联谐振点,对应谐振角频率分别为

$$\omega_{\mathrm{p}} = \sqrt{\frac{1}{2 L_1 C_0}} \tag{4.42}$$

$$\omega_s = \sqrt{\frac{L_1 + L_2}{2L_1 L_2 C_0}} \tag{4.43}$$

为了抑制 MMC 环流二倍频谐波，并联谐振点的 ω_p 需要选择在 2ω 处。同时，串联谐振点 ω_s 需要选择为奇次谐波频率来避免放大环流中的偶次谐波成分。在这一原则下，无源环流滤波器的参数被设计为

$$L_2 = \left(\frac{2\omega}{\omega_s}\right)^2 L \tag{4.44}$$

$$L_1 = L - L_2 \tag{4.45}$$

$$C_0 = \frac{1}{2L_1(2\omega)^2} \tag{4.46}$$

由于无源环流滤波器不会增加 MMC 总的桥臂电感 L，额外增加的元件仅为滤波电容 C_0。除了电容的容量以外，还要考虑 C_0 的电压和电流应力。

当采用无源滤波器时，MMC 可采用理想的桥臂参考信号，其中不再含有二倍频共模控制量。因此将 $M_2=0$、$\delta_2=0$ 代入式 (4.33) 中，此时 u_2 变为

$$u_2 = \frac{NM_1}{96\omega C_{SM}}[-9\hat{I}_o\sin(2\omega t + \delta_1 - \varphi) + 4I_{dc}M_1\sin(2\omega t + 2\delta_1)] \tag{4.47}$$

上、下桥臂中的 u_2 将完全由并联谐振电路承担，因此电容 C_0 的额定电压需要高于 u_2 峰值的 2 倍，于是有

$$U_{C0} \geqslant \frac{NM_1}{48\omega C_{SM}}\sqrt{(4I_{dc}M_1)^2 + (9\hat{I}_o)^2 - 72\hat{I}_o I_{dc}M_1\cos(\delta_1 + \varphi)} \tag{4.48}$$

由此，可进一步得到该电容的额定电流为 $2\omega C_0 U_{C0}$。

可见，无源环流抑制方法不存在输出容量损失的问题，但需要考虑电容器的体积与成本。环流的有源与无源抑制方法各有优缺点，要根据 MMC 的具体应用场景来进行合理的选择[16]。

为了证明 MMC 有源环流抑制策略输出容量损失分析与无源环流抑制方法中滤波器参数设计的正确性，本书搭建了 MMC 的仿真模型，其中 MMC 直流侧与直流电源相连，交流侧连接至对称三相负载，详细参数如表 4.3 所示。

表 4.3　仿真参数

仿真参数	数值
桥臂子模块数	$N=320$
直流电压	$U_{dc}=640\text{kV}$
子模块电容电压额定值	$U_{C(rated)}=2\text{kV}$
子模块电容容量	$C_{SM}=5000\mu\text{F}$
视在功率	$S=806\text{MV·A}$
功率因数	$\cos\varphi=0.844$
输出交流电压的角频率	$\omega=100\pi\ \text{rad/s}$
总桥臂电感	$L=10\text{mH}$
桥臂电感 1	$L_1=5.56\text{mH}$
桥臂电感 2	$L_2=4.44\text{mH}$
滤波电容	$C_0=227.9\mu\text{F}$

MMC 在不同环流抑制策略下的稳态仿真波形如图 4.24 所示，分别给出了 MMC

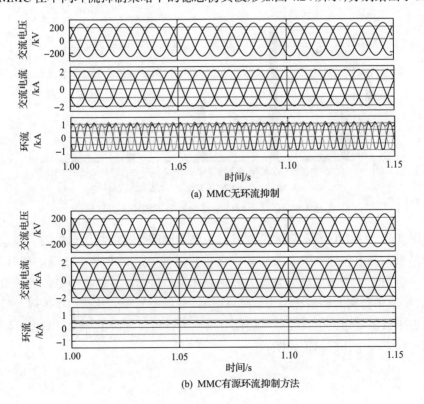

(a) MMC无环流抑制

(b) MMC有源环流抑制方法

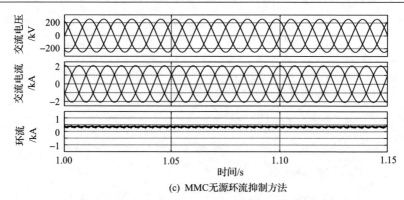

(c) MMC无源环流抑制方法

图 4.24　MMC 在不同环流抑制策略下的仿真波形

在无环流抑制、有源环流抑制方法及无源环流抑制方法下的三相交流电压、三相交流电流以三相环流的仿真波形。图 4.25 则进一步给出三种工况下环流的 FFT 分析结果。可见，当未针对 MMC 的环流进行抑制时，环流波形中含有明显的低频谐波，其中二倍频谐波幅值达到 900A。当采用环流抑制方法时，无论是有源抑制方法还是无源抑制方法，环流的谐波均基本被完全抑制，证明了两者均具有较好的环流抑制效果。

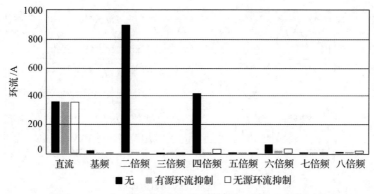

图 4.25　MMC 在不同环流抑制策略下的环流谐波频谱

图 4.26 为 MMC 有源环流抑制方法下的调制波及其调制比损失的仿真及理论计算结果，其中包括基频成分 u_{ref_1}、二倍频成分 u_{ref_2} 及两者合成后的成分 u_{ref}。可知，有源环流抑制相比于无环流抑制或无源环流抑制，其参考电压的峰值有所增加，仿真中得到的调制比损失 $\Delta M = 4.99\%$，波形中的峰值及初相角提取至表 4.4。通过表中数据可知，仿真结果与理论分析数值接近，证明了 MMC 有源环流抑制调制比损失理论分析的正确性。

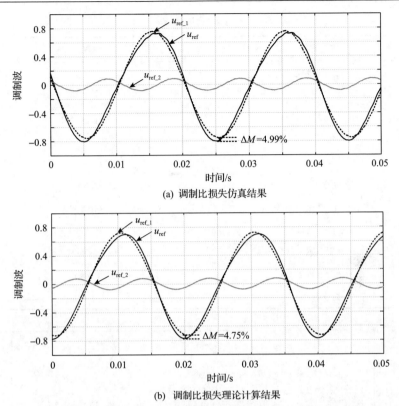

(a) 调制比损失仿真结果

(b) 调制比损失理论计算结果

图 4.26　MMC 在有源环流抑制方法下的调制波及其调制比损失的仿真及理论计算结果

表 4.4　理论计算与仿真的调制比损失

参数	理论计算数值	仿真数值
u_{ref_1} 峰值	$M_1=0.7246$	$M_1=0.7530$
u_{ref_1} 初相角	$\delta_1=-8.54°$	$\delta_1=-8.11°$
u_{ref_2} 峰值	$M_2=0.0773$	$M_2=0.0824$
u_{ref_2} 初相角	$\delta_2=135.96°$	$\delta_2=136.40°$
调制比损失	$\Delta M=4.75\%$	$\Delta M=4.99\%$

　　在此基础上，进一步在小功率三相 MMC 样机上进行实验验证，其中每个桥臂由 7 个半桥子模块构成，具体实验参数如表 4.5 所示。实验结果如图 4.27 所示，其中图 4.27(a)～(c)分别为 MMC 在无环流抑制、有源环流抑制及无源环抑制下的交流电流、环流、调制波二倍频共模控制量及调制波基频成分的波形。在未对 MMC 的环流进行抑制时，环流中低频谐波非常严重。当采用环流有源或无源抑制方法后，环流中的谐波幅值明显降低。

表 4.5　实验参数

仿真参数	数值
桥臂子模块数	$N=7$
直流电压	$U_{dc}=350\text{V}$
子模块电容电压额定值	$U_{C(rated)}=50\text{V}$
子模块电容容量	$C_{SM}=1000\mu\text{F}$
视在功率	$S=3433\text{V}\cdot\text{A}$
功率因数	$\cos\varphi=0.640$
输出交流电压的角频率	$\omega=100\pi\ \text{rad/s}$
总桥臂电感	$L=8\text{mH}$
桥臂电感 1	$L_1=4\text{mH}$
桥臂电感 2	$L_2=4\text{mH}$
滤波电容	$C_0=300\mu\text{F}$

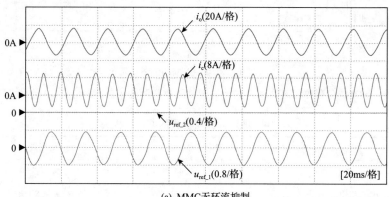

(a) MMC无环流抑制

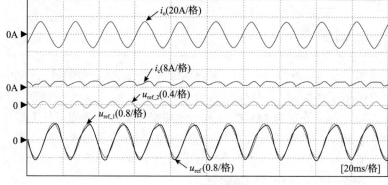

(b) MMC有源环流抑制

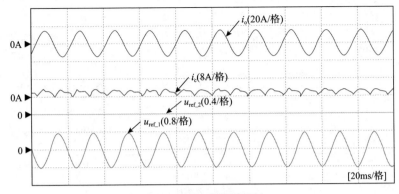

(c) MMC 无源环流抑制

图 4.27　MMC 在不同环流抑制策略下的实验波形

图 4.28 给出了以上几种工况下环流波形的 FFT 分析结果，可见两种环流抑制方法具有相近的抑制效果，并证明了无源环流滤波器参数设计方法的正确性。

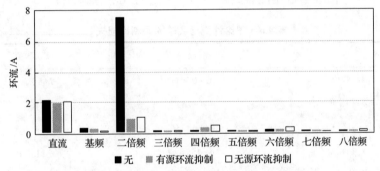

图 4.28　MMC 在不同环流抑制策略下的环流谐波成分对比

图 4.29 为 MMC 在有源环流抑制策略下的调制波及其调制比损失的实验及理论计算结果，其中包括基频成分 u_{ref_1}、二倍频成分 u_{ref_2} 及两者合成后的成分

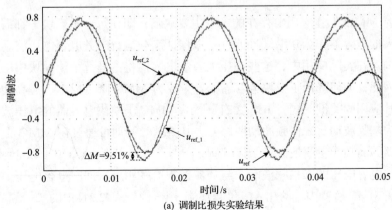

(a) 调制比损失实验结果

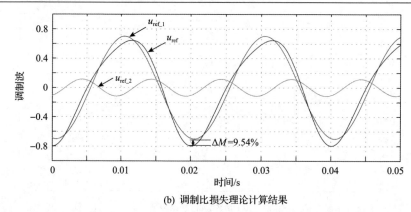

(b) 调制比损失理论计算结果

图 4.29　MMC 在有源环流抑制策略下的调制波及调制比损失的实验及理论计算结果

u_{ref}。由实验结果可知，有源环流抑制相比于无环流抑制或无源环流抑制，其参考电压的峰值明显增加，其引起的调制比损失 ΔM=9.51%，波形中的峰值及初相角如表 4.6 所示。由表中数据注意到，实验与理论的 ΔM 基本相符。

表 4.6　理论计算与实验的调制比损失

参数	理论计算数值	实验数值
$u_{\text{ref\_1}}$ 峰值	M_1=0.7011	M_1=0.798
$u_{\text{ref\_1}}$ 初相角	δ_1=−9.58°	δ_1=−6.92°
$u_{\text{ref\_2}}$ 峰值	M_2=0.1156	M_2=0.128
$u_{\text{ref\_2}}$ 初相角	δ_2=155.44°	δ_2=158.1°
调制比损失	ΔM=9.54%	ΔM=9.51%

4.5　降低电容电压波动的环流注入方法

目前 MMC 工程应用中存在的一个主要缺陷，即在每个子模块中都需要采用容量较大的电容器作为功率缓冲元件，以保证满载运行时其电容电压波动不超出允许范围。在实际应用中，这些高压大容量电容器将占据每个子模块中的大部分体积。因此，如何降低子模块电容器的容量成为 MMC 降低成本、提高功率密度及推广其应用的关键问题。如式(2.21)所示，MMC 子模块电容器的电压波动主要可分解为基频波动与二倍频波动两部分，其中基频波动可通过在 MMC 上下桥臂间引入新的高频能量交换途径予以抑制，详细内容将在第 12 章中予以介绍，本节主要关注电容电压的二倍频波动。与环流抑制恰好相反，抑制电容电压二倍频波动需要在 MMC 桥臂中主动注入二倍频环流,用于消除式(2.21)中的二倍频成分[17]。

所需注入的二倍频环流为

$$i_{c2} = \frac{\hat{U}_o \hat{I}_o}{2U_{dc}} \cos(2\omega t - \varphi) \qquad (4.49)$$

该环流指令可通过实时检测 MMC 交流侧电压电流的瞬时值，并与直流电压相除后得到。但是，这本质上是基于开环的控制方法，即环流指令的获得是通过开环估计的方式得到的，很容易引入误差，精度较差[18]。例如，若直流电压或交流电压中包含一定的谐波，则根据式(4.49)得到的环流指令中也将引入这些谐波成分。

针对上述电容电压二倍频波动抑制方法的不足，可采用如图 4.30 所示的基于闭环控制的电容电压二倍频波动抑制方法。首先通过实时检测同一相中 $2N$ 个子模块的电容电压之和，并与直流电压 U_{dc} 相比较，得到电容电压的二倍频波动大小。

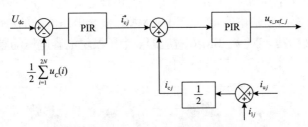

图 4.30　电容电压二倍频波动抑制方法

根据得到的电容电压二倍频波动，采用 PIR 控制器来生成电流内环的环流指令，其控制器传递函数为

$$G_{PIR}(s) = K_{p1} + \frac{K_{i1}}{s} + \frac{K_{r1}s}{s^2 + (2\omega)^2} \qquad (4.50)$$

其中，K_{p1}、K_{i1}、K_{r1} 分别为比例、积分、谐振控制器系数。同时谐振控制器的频率设计为二倍频，以便获取用于抑制二倍频电容电压波动的二倍频环流指令。同样，环流内环也采用了 PIR 控制器进行环流的跟踪控制，其传递函数如式(4.7)所示。显然，本方案基于闭环控制，对电容电压二倍频波动抑制的精度更高，鲁棒性更好，且不易受交流电压电流的畸变或突变的影响。

为验证该电容电压二倍频波动抑制方案的有效性，本书进行了实验验证，其中 MMC 每个桥臂包含 $N=3$ 个子模块，详细电路参数见表 4.7。特别地，由于子模块电容电压波动与 MMC 工作频率成反比，为增强对比效果，实验中额定运行频率设为 20Hz 以展现出相对较高的电容电压波动。

表 4.7　三相 MMC 实验参数

实验参数	数值
直流电压	U_{dc}=375V
子模块电容电压额定值	$U_{C(rated)}$=125V
子模块电容容量	C_{SM}=1867μF
桥臂电感	L=5mH
额定运行频率	f_{rated}=20Hz
三角载波频率	f_c=3kHz
调制比	M=0.7
负载电阻	R_{Load}=20Ω
输出电流幅值	$\hat{I}_o$=6A

　　首先，图 4.31 所示为未加入电容电压波动抑制方法时 MMC 的实验结果，图中波形包括：输出电压 u_{oa}、输出电流 i_{oa}、上桥臂电流 i_{ua}、下桥臂电流 i_{la}、环流 i_{ca}，以及 a 相 6 个子模块电容电压，可见 MMC 电容电压波动的峰峰值为 12.5V。图 4.32 进一步给出了 SM-1～SM-6 对应的 6 个子模块电容电压的频谱分布结果，可见电容电压波动主要包含基频与二倍频两部分。

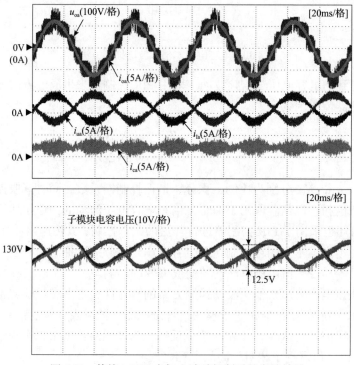

图 4.31　传统 MMC 未加入波动抑制时的实验结果

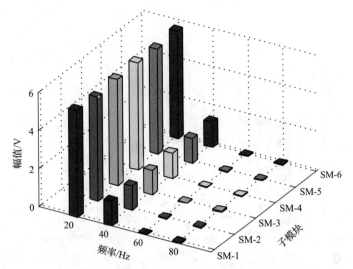

图 4.32　传统 MMC 的电容电压频谱分析图

图 4.33 所示为加入电容电压二倍频波动抑制方法后的实验结果，子模块电容电压波动的峰峰值降低至 10V，这得益于二倍频波动的显著抑制，这一点也可在图 4.34 的频谱分析结果中证实。这意味着加入电容电压波动抑制后可在子模块中

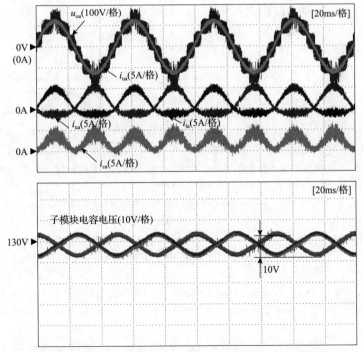

图 4.33　传统 MMC 在加入电容电压二倍频波动抑制时的实验结果

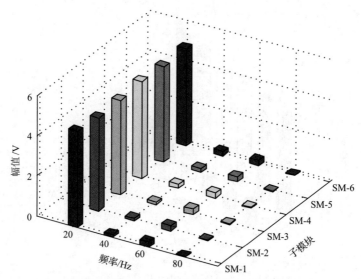

图 4.34　传统 MMC 在加入电容电压二倍频波动抑制时的电容电压频谱分析图

采用容量更低的电容器。不过需要指出，电容电压二倍频波动的抑制是以加大环流幅值为代价的，此时环流不再为直流波形，而是包含明显的二倍频谐波，这将增大 MMC 器件的电流应力及功率损耗。因此，在某些应用场合下，需要在电流幅值与电容电压波动之间做出折中。

参 考 文 献

[1] 屠卿瑞, 徐政, 管敏渊, 等. 模块化多电平换流器环流抑制控制器设计[J]. 电力系统自动化, 2010, 34(18): 57-61.

[2] Teodorescu R, Blaabjerg F, Borup U, et al. A new control structure for grid-connected LCL PV inverters with zero steady-state error and selective harmonic compensation[C]//19th Annual IEEE Applied Power Electronics Conference and Exposition (APEC), Anaheim, 2004, 1: 580-586.

[3] Ji-Woo M, Chun-Sung K, Jung-Woo P, et al. Circulating current control in MMC under the unbalanced voltage[J]. IEEE Transactions on Power Delivery, 2013, 28(3): 1952-1959.

[4] Li Z X, Wang P, Chu Z F, et al. An inner current suppressing method for modular multilevel converters[J]. IEEE Transactions on Power Electronics, 2013, 28(11): 4873-4879.

[5] Francis B A, Wonham W M. The internal model principle of control theory[J]. Automatica, 1976, 12(5): 457-465.

[6] 竺明哲, 叶永强, 赵强松, 等. 抗电网频率波动的重复控制参数设计方法[J]. 中国电工技术学报, 2016, 36(14): 3857-3867.

[7] Zhang M, Huang L, Yao W X, et al. Circulating harmonic current elimination of a CPS-PWM-based modular multilevel converter with a plug-in repetitive controller[J]. IEEE Transactions on Power Electronics, 2014, 29(4): 2083-2097.

[8] Li B B, Xu D D, Xu D G. Circulating current harmonics suppression of modular multilevel converter based on repetitive control[J]. Journal of Power Electronics, 2014, 14(6): 1100-1108.

[9] 徐殿国, 李彬彬, 徐聃聃, 等. 模块化多电平换流器的环流抑制方法: ZL201310198410.7[P]. 2015-05-20.

[10] Li B B, Han L J, Mao S K, et al. Decoupled modulation scheme for modular multilevel converters in medium-voltage applications[J]. IEEE Transactions on Power Electronics, 2020, 35(11): 11430-11441.

[11] Hu P F, Jiang D Z. A level-increased nearest level modulation method for modular multilevel converters[J]. IEEE Transactions on Power Electronics, 2015, 30(4): 1836-1842.

[12] Lin L, Lin Y Z, He Z, et al. Improved nearest-level modulation for a modular multilevel converter with a lower submodule number[J]. IEEE Transactions on Power Electronics, 2016, 31(8): 5369-5377.

[13] Li Z X, Wang P, Zhu H B, et al. An improved pulse width modulation method for chopper-cell-based modular multilevel converters[J]. IEEE Transactions on Power Electronics, 2012, 27(8): 3472-3481.

[14] Tu Q R, Xu Z, Huang H Y, et al. Parameter design principle of the arm inductor in modular multilevel converter based HVDC[C]// International Conference on Power System Technology, Hangzhou, 2010: 1-6.

[15] Li B B, Xu Z G, Shi S L, et al. Comparative study of the active and passive circulating current suppression methods for modular multilevel converters[J]. IEEE Transactions on Power Electronics, 2018, 33(3): 1878-1883.

[16] Jacobson B, Karlsson P, Asplund G, et al. VSC-HVDC transmission with cascaded two-level converters[C]// CIGRE, Paris, 2010: B4-B110.

[17] Engel S P, De-Doncker R W. Control of the modular multi-level converter for minimized cell capacitance[C]// 14th European Conference on Power Electronics and Applications (EPE 2011), Birmingham, 2011: 1-10.

[18] Michail V, Nicolas C, Alfred R. Accurate capacitor voltage ripple estimation and current control considerations for grid-connected modular multilevel converters[J]. IEEE Transactions on Power Electronics, 2014, 29(9): 4568-4579.

第5章 MMC 运行控制技术

5.1 MMC 控制目标及等效模型

控制技术对于 MMC 的运行性能起着至关重要的作用。按功能层级的内外位置划分，MMC 的控制目标可以分为三层，如图 5.1 所示。最外层是整体控制，包括有功功率控制、无功功率控制、直流电压控制及交流频率控制等，主要是接收电力调度中心的指令。中间层是 MMC 内部能量平衡控制，包括总体能量平衡控制、相间能量平衡控制、桥臂间能量平衡控制和子模块平衡控制，用于确保存储在 MMC 电容器中的能量稳定且均匀地分布在各个子模块。最内层是电流控制，包括交流电流控制、直流电流控制及环流抑制。内层控制服务于外层控制，且越内层的控制环节，一般要求其响应速度越快，控制带宽越高。由于 MMC 子模块平衡控制和环流抑制已在上文予以讨论，本章将主要介绍其他控制目标的实现过程。

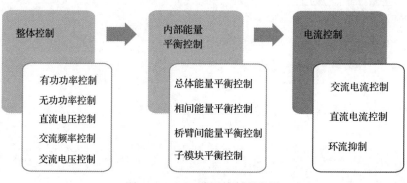

图 5.1 MMC 分层控制示意图

在设计控制系统之前，应首先分析被控对象 MMC 的等效电路模型，从而确定其控制量。在式 (3.7)、式 (3.8) 的基础上，进一步考虑实际工程中上下桥臂的寄生电阻 R，分别得到 MMC 中交直流回路的电压方程：

$$u_{oj} = \frac{u_{lj} - u_{uj}}{2} - \frac{R}{2} i_{oj} - \frac{L}{2} \frac{\mathrm{d}i_{oj}}{\mathrm{d}t} \tag{5.1}$$

$$U_{dc} = u_{lj} + u_{uj} + 2R i_{cj} + 2L \frac{\mathrm{d}i_{cj}}{\mathrm{d}t} \tag{5.2}$$

在此基础上，可以得到交流回路等效模型，如图 5.2 所示，$\frac{1}{2}L$ 为 MMC 交流等效电感，$\frac{1}{2}R$ 为交流等效电阻，$\frac{1}{2}(u_{lj}-u_{uj})$ 定义为 $u_{ac\_ref\_j}$，表示 MMC 实际内部生成的交流电压，u_{oj} 为交流负载电压或电网电压，i_{oj} 为交流电流。由此可知，MMC 交流电流 i_{oj} 受内部生成的交流电压 $u_{ac\_ref\_j}$ 的控制。

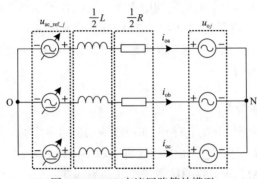

图 5.2　MMC 交流回路等效模型

MMC 直流回路等效模型如图 5.3 所示，$2L$ 和 $2R$ 分别为 MMC 直流等效电感和等效电阻，$u_{dc\_ref\_j}$ 为上下桥臂电压之和 $(u_{lj}+u_{uj})$，表示 MMC 各相生成的直流电压。可见，MMC 的环流 i_{cj} 受到电压 $u_{dc\_ref\_j}$ 的控制。

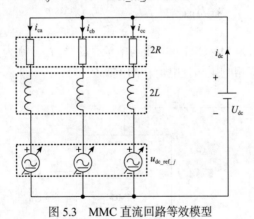

图 5.3　MMC 直流回路等效模型

综上，可知 MMC 交、直流回路的控制量分别为 $u_{ac\_ref\_j}$ 与 $u_{dc\_ref\_j}$，两者用于实现 MMC 的具体控制目标。

5.2　MMC 内部能量平衡控制

子模块电容电压的稳定是 MMC 可靠运行的基本前提。MMC 子模块电容电

压与其存储能量之间有如下关系:

$$E_C = \frac{1}{2} C_{\mathrm{SM}} U_C^2 \tag{5.3}$$

其中,E_C 为子模块电容中储存的能量。MMC 所有子模块电容电压的稳定意味着 MMC 的能量在三相电路之间、每相上下桥臂之间以及同一桥臂内各子模块之间均匀地分布。同一桥臂内子模块之间的平衡方法已在第 3 章中介绍,本节则主要分析 MMC 各相及各桥臂之间功率的传递方式[1],揭示总体、各相之间及上下桥臂间能量平衡的实现方法,并保证桥臂间平衡控制与相间平衡控制、总体平衡控制相互解耦,互不影响。

5.2.1　总体能量平衡控制

　　总体能量平衡表示 MMC 三相全部子模块的电容电压的平均值稳定在额定电容电压,即 $U_{C\_\mathrm{avg}} = U_{\mathrm{dc}}/N$。定义 MMC 运行的功率损耗为 P_{loss},为了维持总体的能量平衡,应保证 MMC 所吸收的功率等于其功率损耗:

$$\Delta P_{\mathrm{MMC}} = P_{\mathrm{loss}} \tag{5.4}$$

　　如图 5.4 所示,MMC 吸收的功率为直流侧与交流侧的功率之差:

$$\Delta P_{\mathrm{MMC}} = U_{\mathrm{dc}} I_{\mathrm{dc}} - \frac{3}{2} \hat{U}_{\mathrm{o}} \hat{I}_{\mathrm{o}} \cos\varphi \tag{5.5}$$

其中,U_{dc} 与 I_{dc} 分别为 MMC 直流电压与电流;$\hat{U}_{\mathrm{o}}$ 与 $\hat{I}_{\mathrm{o}}$ 分别为交流相电压与相电流的幅值;φ 为交流相电压和相电流相角差。

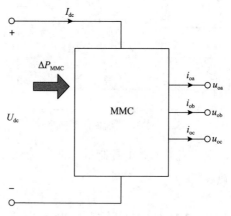

图 5.4　MMC 总体功率传递分析示意图

　　可见,ΔP_{MMC} 可通过改变 U_{dc}、I_{dc}、$\hat{U}_{\mathrm{o}}$、$\hat{I}_{\mathrm{o}}$ 及 φ 中任一变量来调节。然而,

MMC 的直流电压 U_{dc} 恒定(若 MMC 工作在逆变状态，直流侧通常连接稳定的直流电源；若 MMC 工作在整流状态，直流电压则为控制给定，同样不可随意变动)，而交流侧电压 $\hat{U}_o$ 被电网或负载所固定，且在逆变状态下 $\hat{I}_o$ 与 φ 也受到电网或负载的有功无功指令的约束。因此，最适合用于改变 ΔP_{MMC} 的被控量是直流电流 I_{dc}，即通过调节 I_{dc} 的大小，来控制 MMC 总体能量平衡。因为 I_{dc} 为直流信号，其控制器设计容易，只需采用简单的 PI 控制即能实现无静差的跟踪效果，如图 5.5 所示。控制给定为子模块电容电压额定值 U_{dc}/N，反馈为 MMC 中全部子模块电容电压的平均值 U_{C_avg}，将两者之间的误差由 PI 控制器处理后得到 MMC 直流电流指令 I_{dc}^*，从而调节吸收功率的大小以维持 MMC 总体能量的平衡。需要说明的是，尽管 MMC 各子模块中除了直流分量还包含基频、二倍频等波动分量，但基于三相系统的相位对称性，三相全部子模块电容电压的平均值将抵消掉其中的波动分量，使 U_{C_avg} 仅呈现直流成分，因此无须引入任何滤波环节。

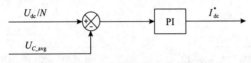

图 5.5　MMC 总体能量平衡控制框图

5.2.2　相间能量平衡控制

在 MMC 总体能量平衡后，进一步要令能量在三相电路之间均匀分布。相间能量平衡的作用即保证各相电路均存储一致且稳定的能量。对于 MMC 的每一相电路而言，电路结构如图 5.6(a)所示，稳态下该相所吸收的功率为直流侧功率与交流侧功率之差，即

$$\Delta P_{phase\,j} = U_{dc}I_{cj,0} - \frac{1}{2}\hat{U}_o\,\hat{I}_o\cos\varphi \tag{5.6}$$

其中，$\Delta P_{phase\,j}$ 为 j 相吸收的功率；$I_{cj,0}$ 为该相环流中的直流成分。定义该相电路的功率损耗为 P_{loss_j}，为维持该相存储的能量处于稳定状态，需满足：

$$\Delta P_{phase\,j} = P_{loss\_j} \tag{5.7}$$

基于式(5.6)，观察到可通过改变 U_{dc}、$I_{cj,0}$、$\hat{U}_o$、$\hat{I}_o$ 及 φ 中任一变量来调节 $\Delta P_{phase\,j}$。同样因为 U_{dc} 与 $\hat{U}_o$ 固定，且为了保证三相交流仅含正序成分，各相的交流电流幅值 $\hat{I}_o$ 及相角 φ 也不可随意变动，唯一能用于调整 $\Delta P_{phase\,j}$ 的变量为该相环流的直流成分 $I_{cj,0}$，即通过调节 $I_{cj,0}$，来控制 MMC 每相电路的能量平衡。$I_{cj,0}$ 为直流信号，采用 PI 控制器即可实现无静差的跟踪效果。

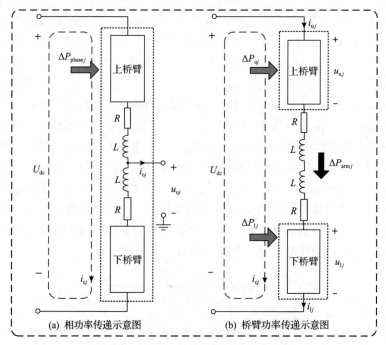

图 5.6　MMC 内部功率传递分析示意图

相间能量平衡的控制框图如图 5.7 所示。控制给定为三相全部子模块电容电压的平均值 U_{C_avg}，反馈为 MMC 其中一相内子模块电容电压平均值 $u_{C\_avg\ j}$，两者之间的误差经 PI 控制器作用后，再加上总体能量平衡控制输出直流电流指令的三分之一，即得到该相环流指令的直流成分 $I^*_{cj,0}$，从而调节该相吸收的功率以维持电容电压的稳定。基于式 (2.21) 可知，上下桥臂子模块电容电压中包含相同的二倍频波动成分，导致每相电容电压平均值 $u_{C\_avg\ j}$ 除了直流成分之外还将含有二倍频波动成分，因此图中引入了二倍频带阻滤波器 (NF$_{2\omega}$) 将其滤除。另外需要指出的是，由于 MMC 三相总体能量已经稳定，相间能量平衡控制的作用效果仅是将能量在各相之间调整，三相环流直流成分之和仍保证 $I^*_{ca,0}+I^*_{cb,0}+I^*_{cc,0}=I^*_{dc}$。

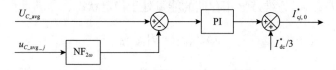

图 5.7　MMC 相间能量平衡控制框图

5.2.3　桥臂间能量平衡控制

在 MMC 每相能量达到平衡之后，还要保证该相能量在上下两个桥臂之间平衡分布。MMC 桥臂之间的功率传递过程如图 5.6(b) 所示，MMC 上下桥臂所吸收的瞬时功率等于其电压与电流的乘积：

$$\begin{cases} \Delta p_{uj} = u_{uj}i_{uj} = \left(\dfrac{1}{2}U_{dc} - u_{oj}\right)\left(i_{cj} + \dfrac{1}{2}i_{oj}\right) \\ \Delta p_{lj} = u_{lj}i_{lj} = \left(\dfrac{1}{2}U_{dc} + u_{oj}\right)\left(i_{cj} - \dfrac{1}{2}i_{oj}\right) \end{cases} \tag{5.8}$$

定义上下桥臂的功率损耗分别为 P_{loss_uj} 与 P_{loss_lj}，且 $P_{loss\_uj}+P_{loss\_lj}=P_{loss\_j}$。为了保证各桥臂的能量稳定，各桥臂所吸收的功率应等于各自的损耗：

$$\Delta P_{uj} = P_{loss\_uj}, \ \Delta P_{lj} = P_{loss\_lj} \tag{5.9}$$

其中，ΔP_{uj} 与 ΔP_{lj} 分别为上下桥臂吸收的直流功率。

为了不影响相间能量平衡，桥臂间的能量平衡需要在上下桥臂之间交换功率来实现。上下桥臂间传递的直流功率可表示为

$$\Delta P_{armj} = \frac{1}{2}(\Delta P_{lj} - \Delta P_{uj}) = \overline{u_{oj}i_{cj} - \frac{1}{4}U_{dc}i_{oj}} \tag{5.10}$$

其中，"—" 表示提取直流成分。由于 U_{dc} 为直流分量，i_{oj} 和 u_{oj} 为基频分量，而环流 i_{cj} 中包含直流、二倍频、四倍频等分量，因此理想情况下式(5.10)的直流功率为 0。若要在上下桥臂间形成有效的功率传递，不得不在上述变量中注入其他频率分量。由于 U_{dc} 和 u_{oj} 分别为直流和基频分量且通常固定，仅可通过在 i_{oj} 中注入直流成分或在 i_{cj} 中注入基频成分来形成直流功率，鉴于交流电网或负载一般情况下对交流电流中的直流偏置极为敏感，实际应用中应选择在环流 i_{cj} 中注入基频成分来形成 ΔP_{armj}。

环流 i_{cj} 中注入的基频电流可表示为 $\hat{I}_{cj,1}\cos(\omega t - \delta)$，其中 $\hat{I}_{cj,1}$ 与 δ 分别表示注入电流的幅值与相角。从而式(5.10)可化简为

$$\Delta P_{armj} = \frac{1}{2}\hat{U}_o\hat{I}_{cj,1}\cos\delta \tag{5.11}$$

$\Delta P_{armj}>0$ 意味着功率由上桥臂传递至下桥臂，$\Delta P_{armj}<0$ 则表示功率由下桥臂传递至上桥臂。在传递一定功率下，$\delta=0°$时注入电流的幅值 $\hat{I}_{cj,1}$ 最低，因而带来的额外电流应力与损耗也最小。由此可见，上下桥臂间的能量平衡应通过在环流中注入一个与交流相电压同相位的基频成分来实现。

综上，桥臂间能量平衡的控制框图如图 5.8 所示，给定与反馈分别为上桥臂子模块电容电压平均值 $u_{C\_avg\_uj}$ 与下桥臂子模块电容电压平均值 $u_{C\_avg\_lj}$，其中采用了带阻滤波器滤除电容电压中的基频波动(二倍频波动因为上下桥臂相等，作差

后自动消去），使两者的差值准确体现上下桥臂电容电压的直流偏差，该偏差经 PI 控制器作用后乘以该相交流电压的参考相位信号，获得环流中基频分量的指令 $i^*_{cj,1}$。此外，总体能量平衡与相间能量平衡均依靠直流电流分量来调节功率，桥臂间平衡所注入的基频环流不会对以上两个控制器的功率调节造成影响。

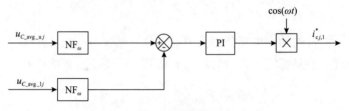

图 5.8　桥臂间能量平衡控制环框图

　　值得注意的是，若三相桥臂之间的不平衡程度不一致，各相用于维持桥臂间平衡所注入的基频电流分量大小将有所差异，导致三相基频环流电流之和在 MMC 直流侧无法相互抵消，直流电流中将出现一定的基频波动。针对此问题，可采用解耦的桥臂间能量平衡控制方法[2]，当对其中一相进行桥臂间能量平衡控制时，按三相正弦信号之和为零的关系，在另外两相中也注入一定的基频环流，保证 MMC 直流电流不受桥臂间能量平衡控制的影响。

　　下面以 a 相为例对上述控制过程予以说明，假设当 a 相电路发生上下桥臂能量不平衡时，注入的三相基频环流成分相量图如图 5.9 所示。在 a 相注入基频环流的同时，按 $i^*_{ca,1a}+i^*_{cb,1a}+i^*_{cc,1a}=0$ 的相量关系对 b、c 两相也注入一定的基频环流。特别地，为了不影响 b、c 两相各自的桥臂能量平衡，注入的环流 $i^*_{cb,1a}$ 与 $i^*_{cc,1a}$ 分别对应其所在桥臂间的无功电流（电流相位与该相交流电压相位相差 90°）。解耦

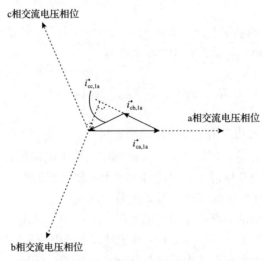

图 5.9　解耦的桥臂间能量平衡控制环流注入相量图

的桥臂间能量平衡控制框图如图 5.10 所示，以 a 相为例，给定与反馈仍然分别为 $u_{C\_avg\_ua}$ 与 $u_{C\_avg\_la}$，经滤波器和 PI 控制器作用后乘以该相交流电压的参考相位信号，获得环流指令 $i_{ca,1a}^*$。在此基础上，将 $i_{ca,1a}^*$ 与 b、c 两相桥臂能量平衡控制对 a 相的作用分量 $i_{ca,1b}^*$、$i_{ca,1c}^*$ 求和，得到 a 相最终的环流基频指令 $i_{ca,1}^*$。需要注意的是，由于各相的环流指令包含其他两相的作用分量，其代价是最终所注入的基频环流将不再与交流相电压呈同相位，从而在一定程度上增大了注入环流的幅值。但考虑到 MMC 桥臂之间通常不会出现很严重的不平衡，环流幅值增加所带来的影响可以忽略不计。

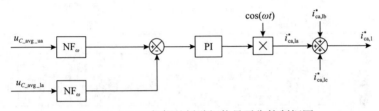

图 5.10　MMC 解耦的桥臂间能量平衡控制框图

最后，相间能量平衡得到的环流直流指令 $I_{cj,0}^*$ 与桥臂间能量平衡得到的环流基频指令 $i_{cj,1}^*$ 求和，得到各相完整的环流指令，并构建如图 5.11 所示的电流内环控制器，其中采用 PI、基频比例谐振(proportional resonant，PR)控制器来准确跟踪环流的直流与基频指令，并采用第 4 章中的有源环流抑制方法来抑制环流中的各偶次谐波，最终得到 MMC 各相的直流回路控制量 $u_{dc\_ref\_j}$。

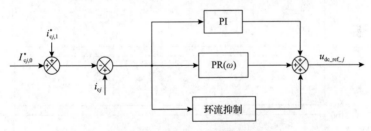

图 5.11　MMC 各相内部环流控制环框图

为验证上述能量平衡控制方法的有效性，本书按表 5.1 所示的参数进行了仿真分析，其中 MMC 逆变运行向交流电网提供 150MW 的有功功率，并且在 a 相上桥臂的子模块电容器上并联了一定的功率泄放电阻，令上桥臂在额定电容电压情况下增加 3.2MW 的功率损耗，人为制造不平衡。图 5.12 给出了 MMC 在未施加任何能量平衡控制时的工作波形，由于外接并联电阻的放电作用，可见 MMC 总体电容电压平均值 U_{C_avg} 要低于额定电压(1600V)，且 a 相子模块电容电压平均值 $u_{C\_avg\_a}$ 比 u_{C_avg} 还要低 50V，同时上桥臂子模块电容电压平均值 $u_{C\_avg\_ua}$ 相比下桥臂子模块电容电压平均值 $u_{C\_avg\_la}$ 低大约 200V。这意味着 MMC 总体、相间、桥臂间均出现了能量不平衡的现象。

　　　　模块化多电平换流器原理及应用

表 5.1　MMC 仿真参数表

仿真参数	数值
直流电压	U_{dc}=400kV
交流相电压幅值	$\hat{U}_0$=180kV
额定运行频率	f_{rated}=50Hz
桥臂子模块个数	N=250
子模块电容电压额定值	$U_{C(rated)}$=1600V
子模块电容容量	C_{SM}=6000μF
桥臂电感	L=90mH
并联电阻损耗	P_{loss}=3.2MW

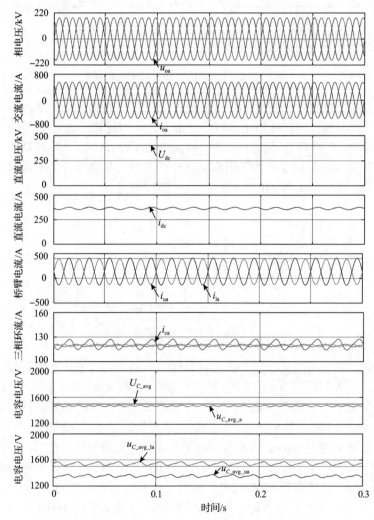

图 5.12　MMC 未施加任何能量平衡控制时的仿真结果

　　图 5.13 所示为仅施加 MMC 总体能量平衡控制时的仿真结果。可见，总体的电容电压平均值 U_{C_avg} 达到了额定值。由于子模块电容电压升高，功率泄放电阻所消耗的功率也随之增大，因此可观察到图中环流的直流成分略有上升，意味着 MMC 从直流侧吸收了更多功率来维持电容电压的稳定。但是，此时 a 相电容电压平均值 $u_{C\_avg\_a}$ 仍要低于 U_{C_avg}，上桥臂子模块电容电压 $u_{C\_avg\_ua}$ 仍低于下桥臂子模块电容电压 $u_{C\_avg\_la}$。

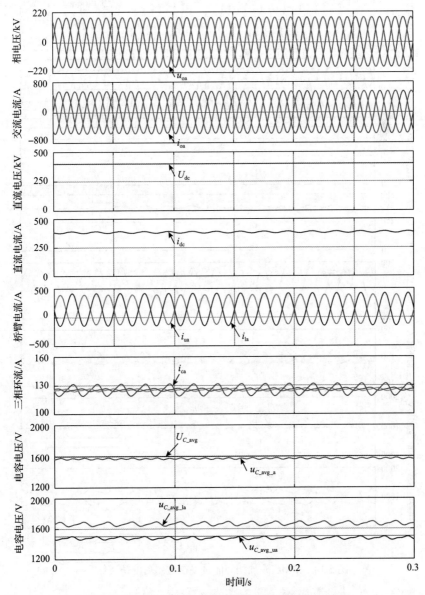

图 5.13　MMC 施加总体能量平衡控制时的仿真结果

图 5.14 是在总体能量平衡控制的基础上加入相间能量平衡控制后的仿真结果。从图中可以看到三相环流的大小进行了重新分配，a 相环流的直流成分有所提高，使得 a 相子模块电容电压平均值 $u_{C\_avg\_a}$ 与三相全部子模块电容电压的平均值 U_{C_avg} 基本相等。这说明此时 MMC 的能量在三相之间达到了均衡分布，但 a 相上下桥臂之间 $u_{C\_avg\_ua}$ 与 $u_{C\_avg\_la}$ 仍有较大差异，桥臂间能量尚未平衡。

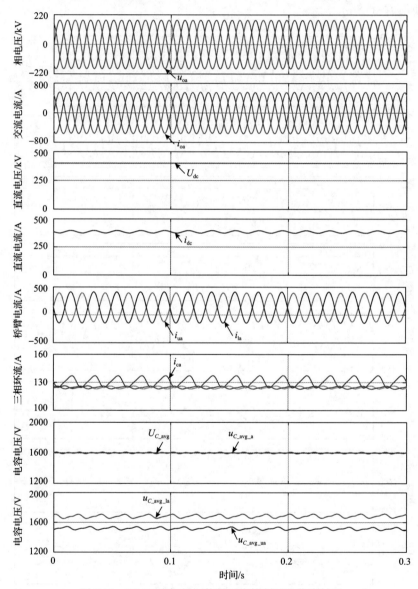

图 5.14　MMC 施加相间能量平衡控制后的仿真结果

图 5.15 所示为进一步加入桥臂间能量平衡控制后的仿真结果，其中 a 相下桥

臂电流幅值相比上桥臂电流幅值要高出约 36A，表示注入了幅值为 18A 的基频环流。该基频环流与交流相电压的相位相反，且交流相电压幅值为 180kV，可以计算出下桥臂向上桥臂传输了 1.62MW 的功率。而上桥臂电容并联电阻所产生的损耗为 3.2MW，理论上桥臂平衡即需要传递 1.6MW 功率，仿真结果与理论符合。从图中可看到 a 相子模块电容电压平均值 $u_{C\_avg\_a}$ 与 U_{C_avg} 相等，且上下桥臂子模块电容电压平均值 $u_{C\_avg\_ua}$ 与 $u_{C\_avg\_la}$ 也基本处于额定值，说明此时 MMC 的能量在三相之间、上下桥臂之间都达到了均衡分布。但由于仅在 a 相环流中注入了基频成分，MMC 的直流电流存在一定的基频波动。

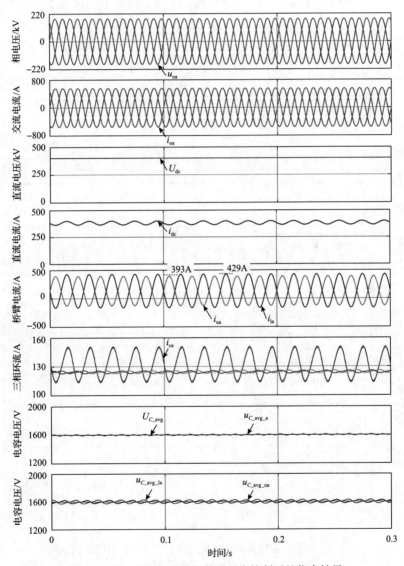

图 5.15　MMC 施加桥臂间能量平衡控制后的仿真结果

　　图 5.16 所示为采用解耦的桥臂间能量平衡控制后的仿真结果,同样能够保证 MMC 的能量在三相之间、上下桥臂之间均衡地分布。但相比图 5.15,在平衡 a 相上下桥臂的同时,在 b、c 两相环流中也注入了一定的基频成分,成功消除了直流电流中的基频波动。综上,通过采用总体能量平衡控制、相间能量平衡控制及解耦的桥臂间能量平衡控制,有效地保障了 MMC 的平稳运行。

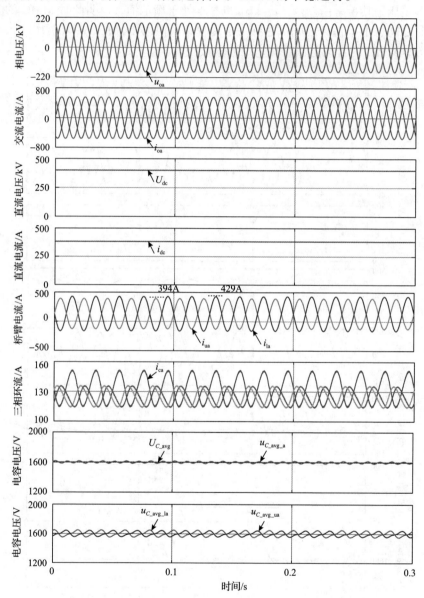

图 5.16　MMC 施加解耦的桥臂间能量平衡控制后的仿真结果

5.3　MMC 外层整体控制

对于外层控制对象，MMC 可以在有功量和无功量中分别选择一个物理量进行控制。其中，有功量包括有功功率 P、直流电压 U_{dc}、交流频率 f；无功量包括无功功率 Q、交流电压 u_{oj}。对于背靠背柔性直流输电，目前工程上主要包括交流电网互联与风电场接入两种应用场景。在交流电网互联场景中，常见的控制变量选择方式是令逆变站 MMC 控制受端的有功功率和无功功率，而整流站 MMC 控制直流线路电压和送端的无功功率。在风电场接入的场景中，风电场侧 MMC 的有功量应选择交流频率，而无功量用于控制其交流电压，从而为风机提供稳定的交流源；而电网侧的 MMC 则负责控制直流线路电压和无功功率。其中需要注意的是，任何场景中都必须有一台 MMC 负责控制直流电压，否则将产生直流失稳或振荡现象。

5.3.1　MMC 逆变运行控制

这里逆变运行是指 MMC 主要控制交流侧的变量，控制框图如图 5.17 所示（*表示指令值），采用了常见的 dq 旋转坐标系下的矢量控制[3]，包括外环控制和内环电流控制两部分。其中外环被控的有功量为交流电网有功功率或频率，而被控的无功量为无功功率或交流电压，分别得到电流内环的 d 轴和 q 轴指令，经 PI 作用与前馈解耦后，最终得到 MMC 三相交流回路的电压参考 $u_{ac\_ref\,j}$，其中 u_{od} 和 u_{oq} 表示前馈电网电压的 d、q 轴分量。MMC 的直流回路则采用 5.2 节中的能量平衡控制方法，通过调节 $u_{dc\_ref\,j}$ 来维持各子模块电容电压的稳定。

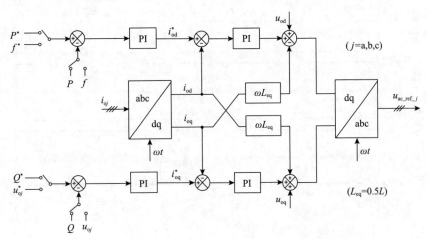

图 5.17　MMC 逆变运行交流回路控制框图

图 5.18 给出了 MMC 逆变运行的仿真结果，仿真参数如表 5.1 所示。MMC 采用交流侧定有功功率控制，无功功率指令设置为 0。在 0.5s 时，有功功率指令发生阶跃变化，由 150MW 变为 300MW。根据交流电流波形可见，MMC 能够

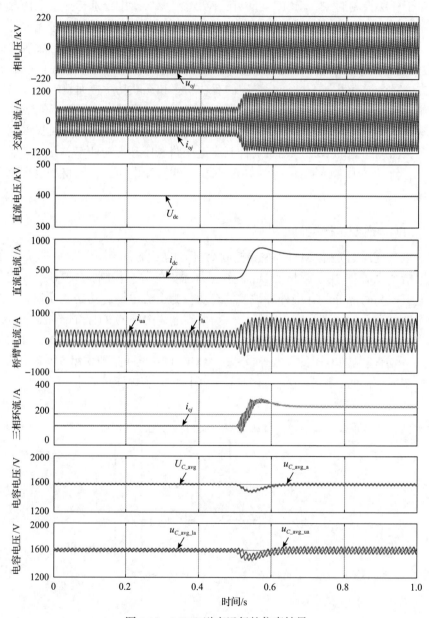

图 5.18　MMC 逆变运行的仿真结果

较快跟踪有功指令。而且在整个过程中，MMC 子模块电容电压能够保持稳定，仿真结果证实了逆变运行控制策略的有效性。

5.3.2　MMC 整流运行控制

整流运行是指 MMC 负责控制直流电压，通常情况下其交流回路的控制框图如图 5.19 所示，其中外环被控的有功量为直流电压，被控的无功量为无功功率，分别得到电流内环的 d 轴和 q 轴指令，经 PI 作用与前馈解耦后，最终得到 MMC 三相交流回路的电压参考 $u_{ac\_ref\_j}$。而 MMC 的直流回路同样由 5.2 节中的能量平衡方法进行控制。可见，MMC 的直流电压控制是通过调节 d 轴电流，即改变 MMC 从交流侧吸收功率的大小来完成的，这与传统两电平、三电平换流器整流运行时的控制过程一致。

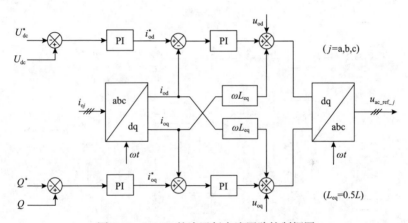

图 5.19　MMC 整流运行交流回路控制框图

但需要指出，MMC 与传统两电平或三电平换流器不同，其电容器并非并联在直流母线上，而是分散在各个子模块之中。这意味着 MMC 的交、直流回路的功率传递并没有直接耦合在一起，而是要经过子模块电容器的储能缓冲作用[4,5]。如图 5.20 所示，在内部子模块电容器的缓冲作用下，MMC 直流侧功率 P_{dc} 与交流侧功率 P_{ac} 不必时刻相等，而是可以实现一定程度的解耦，这意味着 MMC 直流电压能够被独立控制，提高控制响应速度。基于这一思路，本节提出了图 5.21 所示的 MMC 整流运行的解耦控制方法，主要是对直流电压构建了独立的控制环路，控制输出为直流电流指令 I_{dc}^*，该指令取代了图 5.5 的总体能量平衡控制输出，与相间能量平衡、桥臂间能量平衡的电流指令合成后，在图 5.11 的环流控制作用下得到各相直流回路的电压参考 $u_{dc\_ref\_j}$。此时，MMC 总体的能量平衡由交流控制环进行控制，当子模块电容电压平均值，即 U_{C_avg} 低于额定值 U_{dc}/N 时，控制器将减小 d 轴电流（即降低交流输出功率，或等同于增加交流输入的功率），以维持电容电压的稳定。

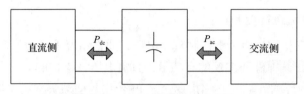

图 5.20　MMC 能量缓冲示意图

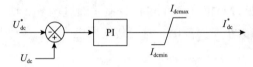

(a) 直流控制环框图

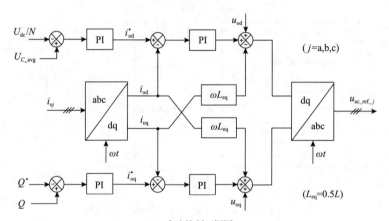

(b) 交流控制环框图

图 5.21　MMC 整流运行解耦控制方法框图

在这种控制方式下，直流电压的控制不必首先等待交流侧功率控制的缓慢过程，而是能够直接在直流回路中独立进行调控，响应速度更快。此外，通过引入直流电流内环并对 I_{dc}^* 设置限幅，能够使 MMC 在各种动态运行过程（这里指的是各种短时、暂态扰动情况下，直流短路故障情况除外）中自动防止直流电流超出线路或换流器的上限，起到快速限流保护的作用。

图 5.22 与图 5.23 分别给出了 MMC 整流运行时基于传统控制策略及解耦控制策略的仿真结果，MMC 采用定直流电压控制，且在 0.5s 时直流功率由 150MW 突变为 300MW。其他仿真参数如表 5.1 所示。对比两者的仿真结果，可以观察到两种控制策略均能够保持 MMC 的平稳运行，电容电压稳定，且在功率发生突变时

都会发生直流电压的短暂跌落。但传统控制方法在直流电压发生跌落后大约 0.2s 之后才能重新恢复稳定，而解耦的控制策略能够在几毫秒以内恢复到正常值，且整个过程的纹波和振荡更小，电容电压更稳定。这证实了解耦控制对直流电压进行独立控制的优越性。

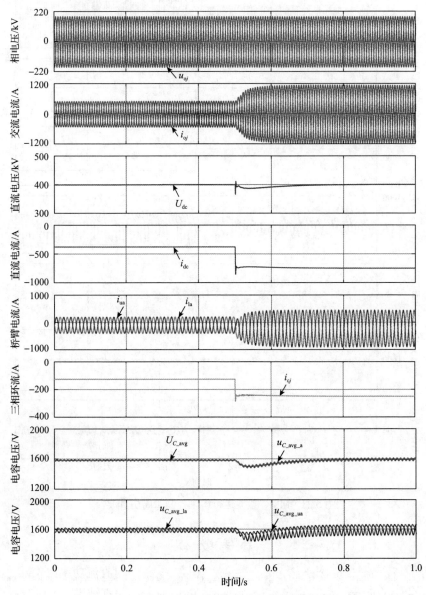

图 5.22　MMC 整流运行传统控制仿真波形

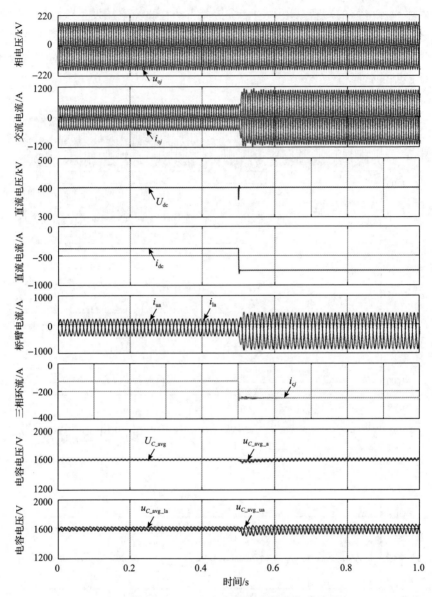

图 5.23　MMC 整流运行解耦控制策略仿真波形

参 考 文 献

[1] Li B B, Li R, Williams B W, et al. Energy transfer analysis for capacitor voltage balancing of modular multilevel converters[C]// IEEE Transportation Electrification Conference, Dearborn, 2016: 1-6.

[2] Tsolaridis G, Kontos E, Parikh H. Control of a modular multilevel converter STATCOM under internal and external unbalances[C]// Annual Conference of the IEEE Industrial Electronics Society, Florence, 2016: 6494-6499.

[3] 张崇巍, 张兴. PWM 整流器及其控制[M]. 北京: 机械工业出版社, 2003.

[4] 石绍磊. 模块化多电平换流器的环流抑制与建模[D]. 哈尔滨: 哈尔滨工业大学, 2017.

[5] Li B B, Xu Z G, Ding J, et al. Decoupled modeling and control of the modular multilevel converter[C]// IEEE Applied Power Electronics Conference and Exposition, San Antonio, 2018: 3275-3280.

第6章　MMC 启动充电技术

MMC 在进入稳态运行之前必须完成对各个子模块电容的充电。否则，启动的瞬间将在桥臂中造成严重的浪涌电流，很容易损坏 IGBT、电容器等元件，甚至会造成整个换流器的停机故障。MMC 的启动过程需要依赖可靠的充电技术。目前有效的启动充电方法主要有三种：外接启动电源的充电方法、直流侧启动充电方法及交流侧启动充电方法。

6.1　外接启动电源的充电方法

MMC 最直接的启动充电方法是在直流母线上外接一个输出电压等于子模块额定电容电压(U_{dc}/N)的启动电源，并轮流接入各个子模块使其电容器充电至额定电压[1,2]，如图 6.1 所示，每相电路中任何时刻仅有一个子模块电容器投入，其余子模块均处在旁路状态。当全部子模块电容依次被充满后，将接触器 K_s 打开，切断启动电源。另外，由于 MMC 子模块电压通常为 1~2kV，因此该启动电源的电压等级也不低，内部相应电路也会较为复杂，还应具备输出电流控制功能，实现子模块的恒流充电。

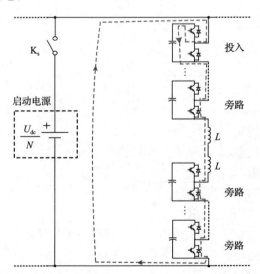

图 6.1　外接启动电源的充电电路(启动电源电压为 U_{dc}/N)

为了降低启动电源的电压与功率等级，可借助 MMC 直流回路的 Boost 升压功能(见 2.1.3 节)，采用低压启动电源外加一组高压二极管来对子模块进行逐个充电。具体电路如图 6.2 所示，其中低压启动电源与桥臂电感、子模块 IGBT 及子模块电容共同构成 Boost 升压电路，实现对子模块电容的充电。当全部子模块均充电完成后，利用二极管的反向阻断能力省去了用于切除启动电源的高压接触器，进一步降低了成本与体积[3]。其中，为了能够耐受 MMC 的额定直流电压，实际应用中需要采用多个二极管进行串联。

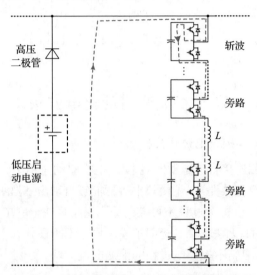

图 6.2　外接低压启动电源的充电电路(启动电源电压低于 U_{dc}/N)

　　以上两种外接启动电源的充电方法均要求各子模块在启动过程中 IGBT 可控，即每个子模块都需要配备从外部取能的供电电源。但在高压直流输电应用中，为了方便绝缘与隔离设计，各子模块辅助供电电源通常从自身的电容器上取电。当 MMC 启动时，各子模块电容电压为零，辅助供电电源无法工作，所有子模块 IGBT 均处于不可控的阻断状态，启动电源无法使子模块充电至额定值。另外，上述启动方法只能对各子模块逐个充电，一个子模块充电完成后才能对下一个子模块充电，当子模块数目较多时充电耗时较长。而且 MMC 子模块中通常会在电容器两端并联功率泄放电阻(见 2.4.3 节)，该电阻会对已完成充电的子模块进行放电，若启动时间过长，子模块放电较多，特别是最先完成充电的子模块电容放电最严重，这意味着可能需要二次充电。因此，上述外接启动电源的充电方法的缺点是额外的启动电源成本、烦琐的启动步骤、灵活性与可靠性较低，多适用于对绝缘要求不高、子模块个数较少的中压 MMC 场景。

　　为了避免使用辅助电源，可直接通过 MMC 的直流侧或交流侧电网进行充电。由于稳态下 MMC 各桥臂中全部子模块的电容电压之和应刚好等于 U_{dc}，分别将上桥臂或下桥臂的子模块全部接入直流母线，可直接利用直流侧电源和启动限流电阻进行充电[4]，或者采用逐渐令每一相直流回路中投入的子模块由 $2N$ 个逐渐减少为 N 个的方式进行充电[5]。类似地，也可依靠 MMC 交流侧电网电压，通过限流电阻对子模块电容进行充电[6-8]。然而，上述利用直流电压或交流电压的MMC启动充电方法均为 RC 充电过程，启动过程中充电电流呈指数型衰减，导致其充电过程非常缓慢，这对于 MMC 故障恢复等对启动时间有严格要求的场合将无法适用。另外，启动充电过程均采用开环策略，即在整个启动过程中充电电流是不控的，导致充电过程对电路参数过于依赖，适用性差，容易因意外的扰动或参数变化而引发过流问题。因此，有必要采用基于电流闭环控制的 MMC 直流侧或交流侧启动充电方法[9]。

6.2　直流侧启动充电方法

6.2.1　MMC 直流侧不控充电过程分析

当 MMC 直流侧连接直流电源时(例如，电机驱动应用中的二极管整流器，或直流输电应用中的直流线路)，子模块电容器能够自动由 S_1 的反并联二极管不控充电，如图 6.3 所示。这个过程不可控的原因是子模块电容电压还不足以使辅助供电电源工作，IGBT 无法驱动，全部子模块均处于闭锁状态。图 6.3 中限流电阻 R_s 与接触器 K_s 用来限制不控充电过程的浪涌电流尖峰。

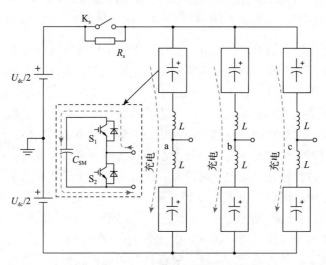

图 6.3　MMC 直流侧不控充电过程

由于每一相中共有 $2N$ 个子模块在充电回路中，不控充电下每个子模块的电容电压最高可充电至

$$U_{C\text{(initial)}} = \frac{U_{\text{dc}}}{2N} \tag{6.1}$$

而对于稳定运行的 MMC，其子模块额定电容电压 $U_{C\text{(rated)}}$ 应为直流电压的 N 分之一，即 U_{dc}/N。因此，式(6.1)可改写为

$$U_{C\text{(initial)}} = \frac{U_{C\text{(rated)}}}{2} \tag{6.2}$$

可见，MMC 在直流侧不控充电过程中，子模块电容电压只能达到额定值的一半。倘若 MMC 当中还包含备用子模块，那么子模块电容电压值将更低。

6.2.2   MMC 直流侧启动充电控制策略

由于 MMC 无法在直流侧不控充电过程达到额定电压，因此还需要进一步充电。直流侧启动充电控制策略的核心思想是通过闭环控制来约束一个恒定的充电电流，从而缩短启动时间并消除因参数变化或扰动而带来的浪涌电流，当不控充电过程结束后，将图 6.3 中的接触器闭合以旁路限流电阻。图 6.4 所示为 MMC 直流侧闭环启动充电控制方法，以 a 相为例。采用 PI 控制器调节各子模块的输出电压以控制环流 i_{ca} 为恒定值。另外，直流母线电压 U_{dc} 作为前馈补偿加入 PI 控制器的输出。

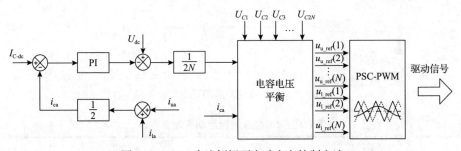

图 6.4   MMC 直流侧闭环启动充电控制方法

在充电控制过程中，交流侧电流 i_{oa} 始终设置为 0，于是 MMC 上下桥臂电流均等于环流，以 a 相为例，有

$$i_{\text{ua}} = i_{\text{la}} = i_{\text{ca}} = I_{\text{C-dc}} \tag{6.3}$$

其中，$I_{\text{C-dc}}$ 为充电电流参考值。所有子模块都将以固定的电流进行恒流充电，且为保证各子模块均衡充电，在 PSC-PWM 方法下加入电容电压平衡控制来调节各子模块的参考信号(以上桥臂子模块为例)：

$$u_{\text{u\_ref}}(i) = u_{\text{u\_ref}} - K_\text{b}\left(U_{Ci} - \frac{1}{2N}\sum_{i=1}^{2N}U_{Ci}\right)\times i_{\text{ca}} \tag{6.4}$$

其中，$u_{\text{u\_ref}}(i)$ 为上桥臂第 i 个子模块的参考指令；K_b 为平衡控制器增益；U_{Ci} 为第 i 个子模块的电容电压。在该平衡控制作用下，电容电压高于平均值的子模块在充电过程中将吸收更少的能量，反之，电容电压低于平均值的子模块在充电过程中将吸收更多能量。类似地，当调制策略采用最近电平逼近方法时，可应用 3.2 节中基于排序的平衡方法来保证各子模块的均衡充电。

当所有子模块电容均充电到额定值 $U_{C(\text{rated})}$ 后，启动过程结束。假设忽略启动过程中的电路损耗，依据能量守恒可得到直流侧闭环充电所需的时间 T_{dc}：

$$T_{\text{dc}} = \frac{\frac{1}{2}(2N)C_{\text{SM}}\left(U_{C(\text{rated})}^2 - U_{C(\text{initial})}^2\right)}{U_{\text{dc}}I_{\text{C-dc}}} \tag{6.5}$$

6.2.3　MMC 直流侧启动充电实验分析

为验证 MMC 直流侧启动方法的有效性，本节进行实验分析，其中实验电路结构如图 6.5 所示，实验参数如表 6.1 所示。特别指出的是，实验中每个子模块都并联了一个 9kΩ 的功率泄放电阻，当子模块处于封锁状态时，子模块电容将在功率泄放电阻的作用下缓慢放电。

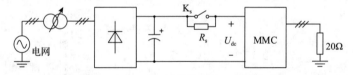

图 6.5　MMC 直流侧启动充电实验电路

表 6.1　MMC 直流侧启动实验参数表

实验参数	数值
桥臂子模块个数	$N=3$
直流电压	$U_{\text{dc}}=450\text{V}$
子模块电容电压额定值	$U_{C(\text{rated})}=150\text{V}$
子模块电容容量	$C_{\text{SM}}=1867\mu\text{F}$
桥臂电感	$L=5\text{mH}$
额定运行频率	$f_{\text{rated}}=50\text{Hz}$
三角载波频率	$f_\text{c}=2\text{kHz}$
功率泄放电阻	$R_\text{b}=9\text{k}\Omega$
负载电阻	$R_{\text{Load}}=20\Omega$

图 6.6 给出了 MMC 的稳态运行实验波形，其中包括直流电压 U_{dc}、交流输出电压 u_{oa}、交流电流 i_{oa}、上桥臂电流 i_{ua}、下桥臂电流 i_{la}、上桥臂中子模块电容电压 $U_{C1} \sim U_{C3}$ 及下桥臂子模块电容电压 $U_{C4} \sim U_{C6}$。启动过程的实验结果如图 6.7所示，其中启动充电电流参考值 $I_{C\text{-}dc}$ 设置为 1A。起初电容电压通过直流侧不控充电过程仅能充电到 83V。当施加直流侧启动控制策略后，桥臂电流 i_{ua} 与 i_{la} 稳定在1A 进行恒流充电，且电流中不存在任何浪涌现象。当子模块电容充满至 150V 后，MMC 切换至稳定运行状态。整个过程的充电时间为 0.19s，与理论公式[式(6.5)]基本一致。此外，启动过程中所有子模块的电容器均在平衡控制的作用下一致地充电，没有充电不均衡的问题。

为进一步验证直流侧充电控制方法的性能，本节对 MMC 短时故障停机后的恢复启动过程进行了实验分析。在实验中，稳定运行的 MMC 被人为暂停一段时间后重新启动，实验结果如图 6.8 所示。由于每个子模块电容器都并联了9kΩ 的功率泄放电阻，可观察到当 MMC 暂停工作后子模块电容器会缓慢放电，电容电压逐渐下降。当 MMC 接到重启命令后，在启动充电控制策略的作用下，子模块电容可快速地充电恢复至额定电压，继而 MMC 可重新进入稳态。这避免了操作接触器接入限流电阻的 RC 充电过程，且基于闭环控制实现恒流充

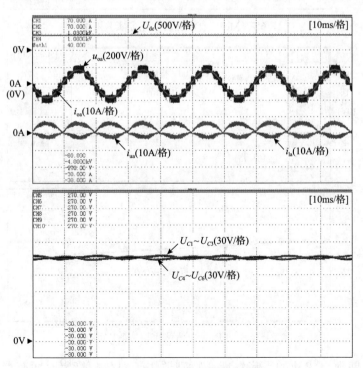

图 6.6　MMC 稳态运行实验波形

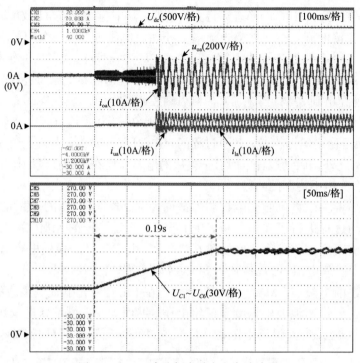

图 6.7　MMC 直流侧启动充电实验波形

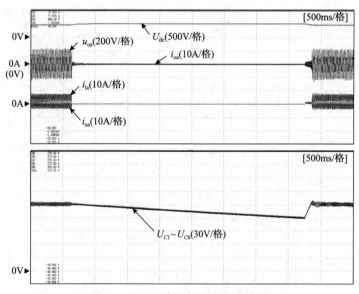

图 6.8　MMC 直流侧重启实验波形

电，从而展现出快速的重启性能，特别适用于对故障恢复时间有严格要求的场合。

6.3　交流侧启动充电方法

当 MMC 交流侧连接至电网时,亦可从交流侧对 MMC 进行充电,其充电控制策略与直流侧启动类似,但略微复杂一些,下面进行详细介绍。

6.3.1　MMC 交流侧不控充电过程分析

图 6.9 所示为 MMC 从交流侧电源(交流电网)启动时的不控充电过程示意图,其中 u_{sa}、u_{sb}、u_{sc} 表示三相电网电压。与 6.2.1 节中的直流侧不控充电过程类似,由于起初 MMC 所有子模块均处在封锁状态,其充电过程仍为不控充电。对于 MMC 三个上桥臂,在任何时刻,对应交流侧相电压最高的桥臂将被 S_2 的反并联二极管旁路,而另外两个桥臂中子模块电容将由 S_1 反并联二极管充电。相反,对于三个下桥臂,对应交流侧相电压最低的桥臂将被旁路,其余两个桥臂中子模块电容器则被充电。

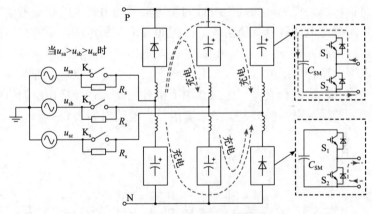

图 6.9　MMC 交流侧不控充电过程

因此,每个桥臂中子模块电容电压最高能够充电至交流线电压峰值的 N 分之一:

$$U_{C(\text{initial})} = \frac{\sqrt{3}U_S}{N} \tag{6.6}$$

其中,U_S 为交流侧相电压峰值。在 MMC 稳态运行时,有如下关系式:

$$U_S = NM\frac{U_{C(\text{rated})}}{2} \tag{6.7}$$

其中,$M(0 \leqslant M \leqslant 1)$ 为调制比,将式(6.7)代入式(6.6)中得到

$$U_{C(\text{initial})} = \frac{\sqrt{3}M}{2}U_{C(\text{rated})} \tag{6.8}$$

MMC 稳定工作时 M 通常在 0.9 左右，根据式(6.8)可知，在交流侧不控充电作用下，子模块电容电压距离额定电压仍有 22%的电压差。倘若 MMC 还包含冗余备用子模块，该电压差将会更大，因此务必要进一步对子模块电容进行充电。

6.3.2 MMC 交流侧启动充电控制策略

理想的 MMC 交流侧启动过程应从电网以单位功率因数吸收恒定的充电电流。图 6.10 所示为交流侧闭环启动充电控制策略，其中 d 轴电流给定信号为 $I_{C\text{-}ac}$，该电流决定了充电电流的幅值大小。而 q 轴电流的给定值设置为 0 以保证从电网吸收单位功率因数的电流。然而式(6.8)指出，MMC 子模块在不控充电后达到的电容电压低于额定值，此时 MMC 交流输出电压的幅值要低于电网电压，无法直接对网侧电流进行控制。为解决这一问题，需要对其上下桥臂的子模块电容分别充电：当图 6.10 中逻辑信号 S=0 时，将对上桥臂子模块电容进行充电，上桥臂电流 i_{uj}(j=a, b, c)将被选作反馈信号。由于 MMC 半桥子模块电容仅能输出正极性的电压，因此需要在三相上桥臂中选出对应电网电压最高的桥臂，并令该桥臂中子模块处于封锁状态，而另外两相上桥臂的参考信号则由对应的相参考电压与电网电压最高相的参考电压计算差值生成，得到如表 6.2 所示的上桥臂参考信号生成逻辑。在这种控制方式下，尽管 MMC 子模块电容电压尚且未达到额定值，但仍能产生与电网电压相匹配的线电压，对网侧交流电流进行控制。而当 S=1 时，则对下桥臂子模块电容进行充电，图 6.10 中下桥臂电流 i_{lj} 将被选作反馈信号，完成对三相下桥臂子模块电容的充电，其参考信号生成逻辑如表 6.3 所示。

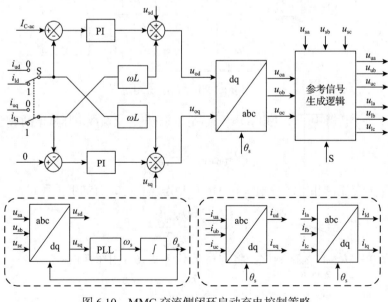

图 6.10　MMC 交流侧闭环启动充电控制策略

表 6.2　上桥臂参考信号生成逻辑（S=0）

电网三相电压关系	u_{ua}	u_{ub}	u_{uc}
$u_{\mathrm{sa}}>u_{\mathrm{sb}}$ 且 $u_{\mathrm{sa}}>u_{\mathrm{sc}}$	封锁	$u_{\mathrm{oa}}-u_{\mathrm{ob}}$	$u_{\mathrm{oa}}-u_{\mathrm{oc}}$
$u_{\mathrm{sb}}>u_{\mathrm{sa}}$ 且 $u_{\mathrm{sb}}>u_{\mathrm{sc}}$	$u_{\mathrm{ob}}-u_{\mathrm{oa}}$	封锁	$u_{\mathrm{ob}}-u_{\mathrm{oc}}$
$u_{\mathrm{sc}}>u_{\mathrm{sa}}$ 且 $u_{\mathrm{sc}}>u_{\mathrm{sb}}$	$u_{\mathrm{oc}}-u_{\mathrm{oa}}$	$u_{\mathrm{oc}}-u_{\mathrm{ob}}$	封锁

表 6.3　下桥臂参考信号生成逻辑（S=1）

电网三相电压关系	u_{la}	u_{lb}	u_{lc}
$u_{\mathrm{sb}}>u_{\mathrm{sa}}$ 且 $u_{\mathrm{sc}}>u_{\mathrm{sa}}$	封锁	$u_{\mathrm{ob}}-u_{\mathrm{oa}}$	$u_{\mathrm{oc}}-u_{\mathrm{oa}}$
$u_{\mathrm{sa}}>u_{\mathrm{sb}}$ 且 $u_{\mathrm{sc}}>u_{\mathrm{sb}}$	$u_{\mathrm{oa}}-u_{\mathrm{ob}}$	封锁	$u_{\mathrm{oc}}-u_{\mathrm{ob}}$
$u_{\mathrm{sa}}>u_{\mathrm{sc}}$ 且 $u_{\mathrm{sb}}>u_{\mathrm{sc}}$	$u_{\mathrm{oa}}-u_{\mathrm{oc}}$	$u_{\mathrm{ob}}-u_{\mathrm{oc}}$	封锁

　　交流侧闭环启动充电控制策略的作用效果如图 6.11 所示，以 a 相为例，a 相上桥臂子模块电容将在 b、c 相电网电压最高时进行充电，反之，a 相下桥臂子模块电容则在 b、c 相电网电压最低时进行充电，因此子模块电容器在每个工频周期内呈现间歇性充电的特点，电容电压呈现阶梯上升的波形。

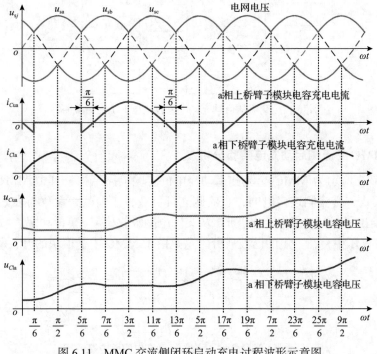

图 6.11　MMC 交流侧闭环启动充电过程波形示意图

近似忽略 MMC 在启动过程的电路损耗，可计算得到交流侧启动充电所需时间 T_{ac}：

$$T_{\mathrm{ac}} = \frac{\frac{1}{2}(6N)C_{\mathrm{SM}}\left(U_{C(\mathrm{rated})}^2 - U_{C(\mathrm{initial})}^2\right)}{\frac{3}{2}U_{\mathrm{S}}I_{\mathrm{C\text{-}ac}}} \tag{6.9}$$

为了保证各子模块电容器能够被均匀一致地充电，交流侧启动充电过程中电容电压的平衡控制如图 6.12 所示。以 a 相上桥臂为例，当采用载波移相调制时，其电容电压平衡控制通过调节各子模块的参考信号完成，即

$$u_{\mathrm{u\_ref}}(i) = u_{\mathrm{u\_ref}} - K_{\mathrm{b1}}\left(U_{Ci} - \frac{1}{N}\sum_{i=1}^{N}U_{Ci}\right) \times i_{\mathrm{ua}} \tag{6.10}$$

其中，K_{b1} 为平衡控制器增益；$i=1, 2, \cdots, N$。同样，当 MMC 采用最近电平逼近调制时，可应用 3.2 节中基于排序的平衡方法来保证各子模块的均衡充电。

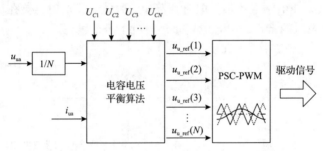

图 6.12　交流侧启动充电中电容电压平衡控制策略

6.3.3　MMC 交流侧启动充电实验分析

图 6.13 所示为 MMC 交流侧启动充电的实验电路结构，其中 MMC 工作于整流器模式，交流侧连接电网，直流侧连接负载，实验电路参数与表 6.2 一致。图 6.14 给出了 MMC 稳态工作波形，从交流电网吸收稳定、单位功率因数的电流。可见直流电压中存在一定的谐波成分，这是由于 MMC 中子模块的开关动作实际

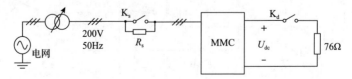

图 6.13　MMC 交流侧启动充电实验电路

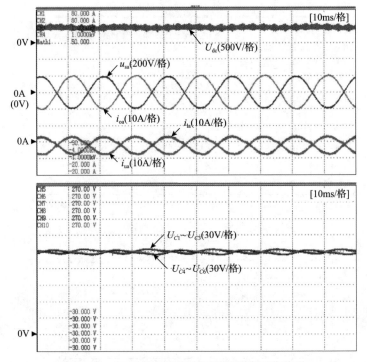

图 6.14 MMC 连接交流电网时的稳态工作波形

会存在死区，造成上下桥臂子模块的投入切除动作不互补，这一现象在子模块数目较少的 MMC 中会较为显著。

图 6.15 给出了 MMC 交流侧启动实验结果，其中启动充电电流 $I_{C\text{-ac}}$ 设置为 1.5A，上下桥臂子模块电容依次被充电。当所有子模块电容被充电至 150V 后，闭合直流侧接触器 K_d，MMC 进入稳态。在整个启动过程中，交流侧电流 i_{oa} 保持恒定、正弦、无浪涌且为单位功率因数。此外，充电过程中各子模块电容电压也始终保持均衡，启动充电时间约为 0.33s，与理论公式[式(6.9)]基本相符。

图 6.16 给出了 MMC 短时故障停机后从交流侧重启过程的实验结果。在实验中，稳定运行的 MMC 被人为暂停一段时间后重新启动。由于子模块中功率泄放电阻的放电作用，MMC 暂停工作后子模块电容器被缓慢放电，电容电压逐渐下降。当 MMC 接到重启命令后，在交流侧启动充电控制的作用下，子模块电容被快速充电至额定电压，MMC 重新恢复稳定运行。相比传统操作接触器接入限流电阻的缓慢 RC 充电过程，本方法在重启过程中无须动作接触器，基于闭环控制实现了快速的恒流充电，特别适用于对故障恢复时间有严格要求的场合，缩短停机时间。

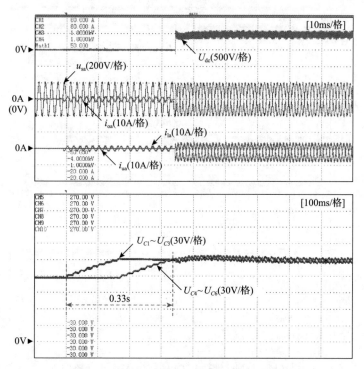

图 6.15　MMC 连接交流电网时的启动波形

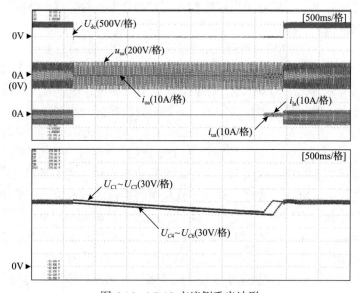

图 6.16　MMC 交流侧重启波形

参 考 文 献

[1] Li K, Zhao C Y. New technologies of modular multilevel converter for VSC-HVDC application[C]//2010 Asia-Pacific Power and Energy Engineering Conference, Chengdu, 2010: 1-4.

[2] Xu J Z, Zhao C Y, Zhang B S, et al. New precharge and submodule capacitor voltage balancing topologies of modular multilevel converter for VSC-HVDC application[C]//2011 Asia-Pacific Power Energy Engineering Conference, Wuhan, 2011: 1-4.

[3] Tian K, Wu B, Du S X, et al. A simple and cost-effective precharge method for modular multilevel converters by using a low-voltage dc source[J]. IEEE Transactions on Power Electronics, 2016, 31(7): 5321-5329.

[4] Das A, Nademi H, Norum L. A method for charging and discharging capacitors In modular multilevel converter[C]// 37th Annual Conference of the IEEE Industrial Electronics Society, Melbourne, 2011: 1058-1062.

[5] Shi K Y, Shen F F, Lv D, et al. A novel start-up scheme for modular multilevel converter[C]//2012 IEEE Energy Conversion Congress and Exposition, Raleigh, 2012: 4180-4187.

[6] Yu Y, Ge Q X, Lei M, et al. Pre-charging control strategies of modular multilevel converter[C]//2013 International Conference on Electric Machines and Systems, Busan, 2013: 1842-1845.

[7] Li T, Zhao C Y, Xu J, et al. Start-up scheme for HVDC system based on modular multilevel converter[C]//2nd IET Renewable Power Generation Conference, Beijing, 2013: 1-4.

[8] Xue Y L, Xu Z, Tang G. Self-start control with grouping sequentially precharge for the C-MMC-based HVDC system[J]. IEEE Transactions on Power Delivery, 2014, 29(1): 187-198.

[9] Li B B, Xu D D, Zhang Y, et al. Closed-loop precharge control of modular multilevel converters during start-up processes[J]. IEEE Transactions on Power Electronics, 2015, 30(2): 524-531.

第 7 章　MMC 子模块冗余与故障容错技术

7.1　MMC 子模块冗余机制

MMC 在模块化特点的基础上，可方便地通过引入一定数目的冗余子模块提高整体的可靠性。当某个子模块发生故障失效时，故障子模块将被冗余子模块替换，从而维持 MMC 的平稳运行，避免了功率传输的中断。MMC 冗余子模块的备用方式按其工作原理可分类为两种，分别为冷备用与热备用，如图 7.1 所示，图中 SM_{Ri} 代表第 i 个冗余子模块，每个子模块内部包含一个机械旁路开关 B。

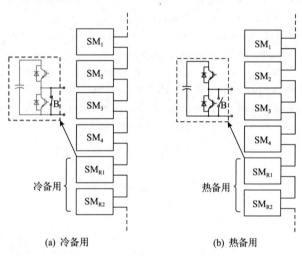

(a) 冷备用　　　　　　　(b) 热备用

图 7.1　冗余子模块的备用机制

冷备用是指冗余子模块仅当故障发生时才投入运行，用于替代故障的子模块，而在没有子模块故障的情况下处于旁路状态，机械旁路开关闭合。热备用则是在中压领域中得到广泛应用的冗余机制。其原理是将冗余子模块当作正常子模块一样投入工作，以提高输出电压的波形质量，降低每个子模块的开关频率，减小开关损耗。对于柔性直流输电应用，MMC 换流站每个桥臂通常包含数百个子模块[Trans Bay Cable 工程每个桥臂含 200 个子模块，INELFE（INterconexión ELéctrica Francia-España）工程每个桥臂含 400 个子模块]，MMC 输出电压波形已近似正弦，此时将冗余子模块作为热备用投入运行对输出波形质量的影响微乎其微；此外，在直流输电应用中子模块的开关频率很低（150Hz 左右），开关损耗可忽略不计，而导通损耗则成为主要的损耗来源，因此冷备用机制更适合于高压应用。

　　另外，对于采用热备用机制的中压 MMC，其故障的检测与容错方法也成为近年来的研究热点。在电力电子设备中，功率半导体器件是最容易发生故障的元件[1]。由于 MMC 中包含了大量的子模块，子模块中 IGBT 成为最可能发生故障的元件。IGBT 的故障可归为两类[2,3]：短路故障与开路故障。虽然 IGBT 短路故障的危害较大，但目前 IGBT 的集成驱动器中都已配备了完善的短路故障检测与保护功能，能够在短路故障发生的几微秒内将 IGBT 快速关闭。相比之下，IGBT 开路故障往往能够保持长时间不被发现。由于中压 MMC 多采用焊接型 IGBT 且没有反并联的压接型晶闸管，若一个子模块中的 IGBT 发生了开路故障，将会导致整个换流器的输出电压电流波形发生畸变，甚至会造成过压、过流等其他更加严重的故障，中断 MMC 的运行。因此，要求 MMC 必须能够快速诊断出 IGBT 开路故障的发生，同时能准确定位出发生故障的子模块并将其旁路，以不干扰其他正常子模块的稳定运行。但目前已发展成熟的 IGBT 开路故障检测方法主要是针对传统的两电平换流器等拓扑结构[3-6]，需要提出适合 MMC 的故障检测方法。电力电子设备的容错技术是指通过适当的控制使换流器在个别元件失效时仍可以继续运行[7-9]。对于 MMC 的容错控制，特别要考虑故障诊断的延时，即 MMC 的 IGBT 开路故障检测与故障容错技术之间要实现有效的衔接配合，构成一套完整的故障穿越方案。

7.2　子模块冷备用及其容错控制

7.2.1　含冷备用子模块 MMC 的电路分析

　　图 7.2 所示为 MMC 的单相电路结构图，每个桥臂包含 N_a+N_r 个子模块（N_a 代表正常运行的子模块数目，N_r 指用于冷备用的子模块数目）。每个子模块包含一个电容器 C_{SM}，两个 IGBT（S_1 和 S_2），以及一个机械旁路开关 B。U_{dc} 代表直流电压，u_u 与 i_u 分别表示上桥臂的电压与电流，u_l 与 i_l 分别表示为下桥臂的电压与电流，R_{Load} 和 L_{Load} 分别为负载电阻和负载电感。由于冗余子模块处在冷备用，稳态运行时每个桥臂始终有 N_a 个子模块投入工作，每个子模块的电容电压仍控制在 $U_C=U_{dc}/N_a$。MMC 上下桥臂中子模块的参考信号为

$$u_{u\_ref} = \frac{1}{2}[1 - M\cos(\omega t + \varphi)] \tag{7.1}$$

$$u_{l\_ref} = \frac{1}{2}[1 + M\cos(\omega t + \varphi)] \tag{7.2}$$

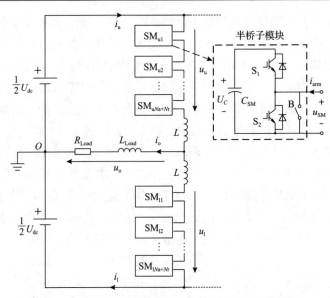

图 7.2　含冷备用子模块的 MMC 单相电路结构图

图 7.3(a) 所示为 MMC(N_a=3, N_r=1) 其中一相电路稳态运行时的示意图，冗余子模块的机械旁路开关保持闭合。当某个子模块发生故障时，如图 7.3(b) 所示，故障子模块的机械旁路开关将闭合以旁路该模块，与此同时打开冗余子模块的机械旁路开关将其投入。但由于新投入子模块的电容电压为零，通过 2.4.2 节可知，子模块辅助供电电源无法工作，IGBT S_1 和 S_2 均处于阻断状态。该子模块等同于一个不控整流电路，子模块输出电压取决于桥臂电流的方向。当桥臂电流方向为正时，电流将通过 S_1 的反并联二极管向该子模块电容器充电；反之，当桥臂电流方向为负时，电流将直接从 S_2 的反并联二极管流过。因此，新投入子模块的端口电压可描述为

$$u_{\mathrm{SM\_I}} = \begin{cases} U_{C\_\mathrm{I}}, & i_{\mathrm{arm}} > 0 \\ 0, & i_{\mathrm{arm}} < 0 \end{cases} \tag{7.3}$$

其中，U_{C_I} 为新投入冗余子模块的电容电压；i_{arm} 为对应的桥臂电流。

子模块旁路造成的电压缺失以及式 (7.3) 引入的不控整流电路端口电压的干扰会使 MMC 桥臂电压发生一定的偏差。若不进行适当的补偿控制，这一电压偏差可能会引发电压、电流波形畸变等问题。

7.2.2　含冷备用子模块 MMC 的平稳过渡控制方法

为了补偿上述子模块替换过程中造成的桥臂电压偏差，本节提出平稳过渡控制方法，这里以下桥臂举例说明。由于新投入子模块表现为不控整流电路，桥臂中还剩余 N_a−1 个可控的子模块。因此，为了使总的桥臂电压保持不变，可按如下

方式调节这 N_a-1 个子模块的输出电压：

$$\sum_{i=1}^{N_a-1} u_{\text{SM\_l}i} = \frac{1}{2}U_{\text{dc}} + \hat{U}_{\text{o}}\cos(\omega t + \varphi) - u_{\text{SM\_I}} \tag{7.4}$$

其中，$u_{\text{SM\_l}i}$ 为剩余 N_a-1 个子模块中，第 i 个子模块的输出电压。新投入子模块的端口电压 $u_{\text{SM\_I}}$ 被视为电压扰动并被用作前馈补偿。

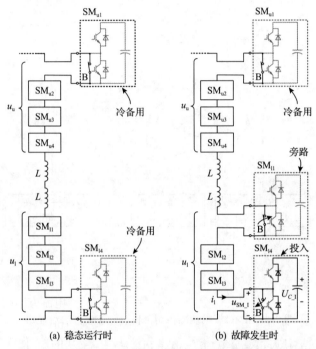

(a) 稳态运行时　　　　　(b) 故障发生时

图 7.3　MMC 子模块故障前后状态示意图

结合式(7.3)与式(7.4)，在这一动态过程中剩余 N_a-1 个子模块的参考信号应更改为

$$u_{\text{l\_ref}} = \frac{1}{N_a-1}\left\{ \frac{N_a}{2}\left[1 + M\cos(\omega t + \varphi)\right] - \frac{U_{C\_I}}{U_C} \right\}, \qquad i_\text{l} > 0 \tag{7.5}$$

$$u_{\text{l\_ref}} = \frac{N_a}{2(N_a-1)}\left[1 + M\cos(\omega t + \varphi)\right], \qquad i_\text{l} \leqslant 0 \tag{7.6}$$

其中，新投入子模块的电容电压 U_{C_I} 通过实时测量或估计得到。

为了避免过调制，调制比应满足如下限制条件：

$$M \leqslant \frac{N_a-2}{N_a} \tag{7.7}$$

整个过渡控制方法的流程图总结如图 7.4 所示。当新投入冗余子模块的电容充电到额定电压 $U_{C(\text{rated})}$ 时，该子模块即可投入运行，同时 MMC 恢复至正常状态，整个转换过程结束。在此过程中，新投入子模块电容器仅当桥臂电流为正时进行充电，因此整个过渡过程中的平均充电电流在一个工频周期 T 内积分计算得到

$$I_{\text{avg}} = \frac{1}{T}\int_0^T i_1 \mathrm{d}t \ , \ i_1 > 0 \tag{7.8}$$

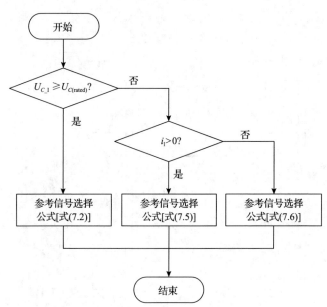

图 7.4　MMC 子模块冷备用平稳过渡控制方法流程图

将式 (2.13) 的桥臂电流代入式 (7.8) 可得

$$I_{\text{avg}} = \frac{\hat{I}_{\text{o}}}{4\pi}\int_\alpha^{2\pi-\alpha}\left(\frac{M}{2}\cos\varphi - \cos\theta\right)\mathrm{d}\theta \tag{7.9}$$

其中，α 为式 (7.9) 中方程 "$\dfrac{M}{2}\cos\varphi - \cos\theta = 0$" 的正根，解得

$$\alpha = \left|\arccos\left(\frac{M}{2}\cos\varphi\right)\right| \tag{7.10}$$

至此，可得到新投入子模块所需的充电时间，亦即整个冷备用子模块替换过程所需的时间为

$$T_C = \frac{C_{\text{SM}}U_{C(\text{rated})}}{I_{\text{avg}}} \tag{7.11}$$

为验证 MMC 平稳过渡控制方法的正确性,本节对每个桥臂含 6 个子模块(其中一个为冷备用子模块)的单相 MMC 进行了实验分析,电路参数如表 7.1 所示。为简化实验,子模块中的机械旁路开关用 IGBT 代替。当有子模块需要被旁路时将该 IGBT 触发开通,相反当子模块需要投入时将该 IGBT 关断。

表 7.1　含冗余子模块 MMC 的实验参数

实验参数	数值
桥臂正常子模块个数	$N_a=5$
桥臂冷备用子模块个数	$N_r=1$
直流电压	$U_{dc}=625V$
子模块电容电压额定值	$U_{C(rated)}=125V$
子模块电容容量	$C_{SM}=1867\mu F$
桥臂电感	$L=5mH$
额定运行频率	$f_{rated}=50Hz$
三角载波频率	$f_c=3kHz$
负载电阻	$R_{Load}=20\Omega$
负载电感	$L_{Load}=0.5mH$

图 7.5 所示为 MMC 稳定工作下的实验波形,图中波形包括:桥臂电流 i_u、i_l,输出电流 i_o,环流 i_c,子模块 SM_{15} 和 SM_{16} 的端口电压 $u_{SM\_l}(5)$、$u_{SM\_l}(6)$,子模

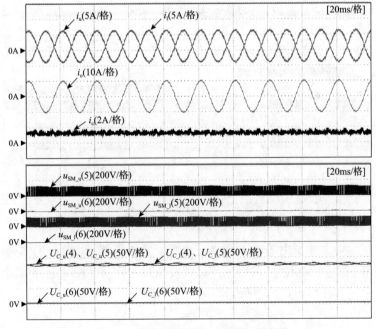

图 7.5　稳定工作下的 MMC 实验波形

块 SM_{u5} 和 SM_{u6} 的端口电压 $u_{SM\_u}(5)$、$u_{SM\_u}(6)$，以及子模块 $SM_{l4}\sim SM_{l6}$ 的电容电压 $U_{C\_l}(4)\sim U_{C\_l}(6)$、子模块 $SM_{u4}\sim SM_{u6}$ 的电容电压 $U_{C\_u}(4)\sim U_{C\_u}(6)$。稳态下，MMC 输出电流为正弦，桥臂环流近似为直流，各正常子模块的电容电压稳定在 125V。而冗余子模块 SM_{u6} 与 SM_{l6} 因为处在冷备用状态，其电容电压为 0。也正因此，正常子模块的端口电压为一系列的 PWM 波形，而冗余子模块的端口电压则始终为零(被旁路)。

图 7.6 给出了 MMC 上桥臂子模块发生故障的实验结果。在 $t=0.175s$ 时，SM_{u5} 出现故障并被旁路，与此同时冗余子模块 SM_{u6} 使能并打开机械旁路开关。在过渡控制方法的调节下，SM_{u6} 的电容实现了平稳的充电，不存在冲击电流。在 $t=0.265s$ 时该子模块电容器充满至 125V 时，整个过渡过程结束。冷备用子模块的充电时间(亦即整个过渡过程时间)约为 90ms，与式(7.11)的理论结果吻合。可以看出，整个过程中 MMC 的波形始终保持平稳并且没有明显的畸变。

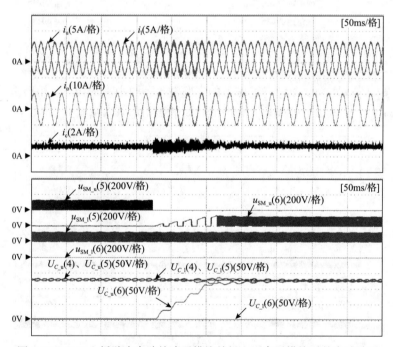

图 7.6　MMC 上桥臂中旁路故障子模块并投入冗余子模块时的实验波形

图 7.7 则进一步给出了当 MMC 下桥臂中发生子模块故障时的实验结果。由该图也能够观察到 MMC 的平稳过渡过程及新投入冗余子模块电容器的线性充电过程。整个过程中 MMC 的波形始终保持平稳并且没有明显的畸变。

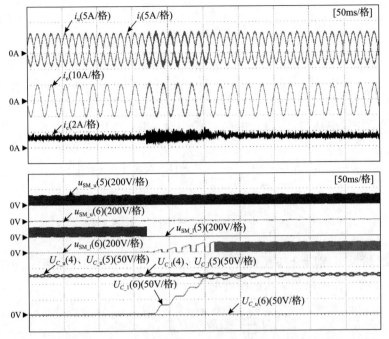

图 7.7　MMC 下桥臂中旁路故障子模块并投入冗余子模块时的实验波形

7.3　子模块热备用及其故障容错控制

7.3.1　含热备用子模块 MMC 的电路分析

在中压应用中，MMC 的子模块数目通常较少，此时将冗余子模块工作在热备用方式，根据 3.3 节的 PSC-PWM 方法可知，这提高了输出电压的等效开关频率，能够改善输出波形的质量。在热备用机制下，MMC 电路结构仍如图 7.2 所示，但与冷备用不同的是，其 N_r 个备用子模块与 N_a 个正常子模块均投入运行。定义上桥臂与下桥臂中第 i 个子模块的开关函数为 s_{ui} 与 s_{li}，则上下桥臂中子模块输出电压可分别表示为

$$u_{SM\_u}(i) = s_{ui}U_{C\_u}(i) \tag{7.12}$$

$$u_{SM\_l}(i) = s_{li}U_{C\_l}(i) \tag{7.13}$$

其中，s_{ui} 与 s_{li} 为 "0" 或 "1"，i=1, 2, $\cdots$, N_a+N_r；$U_{C\_u}(i)$ 与 $U_{C\_l}(i)$ 分别为上下桥臂中第 i 个子模块的电容电压。而且在热备用方式下，所有子模块电容电压均相等，$U_{C\_u}(i)=U_{C\_l}(i)=U_C=U_{dc}/N_a$。

于是，对 N_a+N_r 个子模块的输出电压求和，可得到 MMC 桥臂电压为

$$u_{\mathrm{u}} = \sum_{i=1}^{N_{\mathrm{a}}+N_{\mathrm{r}}} u_{\mathrm{SM\_u}}(i) \tag{7.14}$$

$$u_{\mathrm{l}} = \sum_{i=1}^{N_{\mathrm{a}}+N_{\mathrm{r}}} u_{\mathrm{SM\_l}}(i) \tag{7.15}$$

为保证桥臂电压与式(2.8)相同，热备用下 MMC 的子模块参考信号为

$$u_{\mathrm{u\_ref}} = \frac{N_{\mathrm{a}}}{N_{\mathrm{a}} + N_{\mathrm{r}} - N_{\mathrm{fu}}}\left\{\frac{1}{2}\left[1 - M\cos(\omega t + \varphi)\right]\right\} \tag{7.16}$$

$$u_{\mathrm{l\_ref}} = \frac{N_{\mathrm{a}}}{N_{\mathrm{a}} + N_{\mathrm{r}} - N_{\mathrm{fl}}}\left\{\frac{1}{2}\left[1 + M\cos(\omega t + \varphi)\right]\right\} \tag{7.17}$$

其中，N_{fu} 与 N_{fl} 分别为上下桥臂中故障子模块的数目，若无故障则 $N_{\mathrm{fu}}=N_{\mathrm{fl}}=0$。

MMC 的直流回路与交流回路的动态方程为

$$2L\frac{\mathrm{d}i_{\mathrm{c}}}{\mathrm{d}t} + 2Ri_{\mathrm{c}} = U_{\mathrm{dc}} - u_{\mathrm{u}} - u_{\mathrm{l}} \tag{7.18}$$

$$L\frac{\mathrm{d}i_{\mathrm{o}}}{\mathrm{d}t} + Ri_{\mathrm{o}} = u_{\mathrm{l}} - u_{\mathrm{u}} - 2u_{\mathrm{o}} \tag{7.19}$$

图 7.8 所示为子模块中两种可能的 IGBT 开路故障类型，分别为 S_1 开路与 S_2 开路(灰色表示开路故障)。表 7.2 给出了不同状态下的子模块输出电压特性，其中 s 代表子模块的开关函数，i_{arm} 代表对应的桥臂电流。可见，IGBT 开路故障并不一定会立即在子模块输出电压中体现出来，这要取决于故障发生时桥臂电流的方向。特别地，S_1 开路故障仅能在 $i_{\mathrm{arm}}<0$ 时表现出来，而 S_2 开路故障仅能在 $i_{\mathrm{arm}}>0$ 时表现出来。

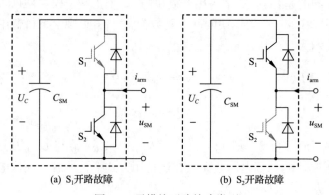

(a) S_1开路故障　　　　　　　(b) S_2开路故障

图 7.8　子模块开路故障类型

表 7.2　子模块在无故障与故障情况下的输出电压

子模块状态	无故障	S_1 故障	S_2 故障
$s=1$ 且 $i_{arm}<0$	$u_{SM}=U_C$	$u_{SM}=0$	$u_{SM}=U_C$
$s=1$ 且 $i_{arm}>0$	$u_{SM}=U_C$	$u_{SM}=U_C$	$u_{SM}=U_C$
$s=0$ 且 $i_{arm}<0$	$u_{SM}=0$	$u_{SM}=0$	$u_{SM}=0$
$s=0$ 且 $i_{arm}>0$	$u_{SM}=0$	$u_{SM}=0$	$u_{SM}=U_C$

对于无故障的子模块，当开关函数 $s=1$ 时，电容器将在 $i_{arm}>0$ 时充电而在 $i_{arm}<0$ 时放电；当开关函数 $s=0$ 时，电容电压将保持不变。但如果 S_1 发生开路故障，则该子模块输出电压将在 $i_{arm}<0$ 期间恒等于 0，这意味着子模块电容器将不再放电，电容电压会持续升高。另外，如果 S_2 发生开路故障，无论开关函数为何种状态，子模块电容器都将在 $i_{arm}>0$ 期间进行充电，该子模块将比其他子模块吸收更多的能量，电容电压也将逐渐升高。基于以上分析，可知无论对于哪种 IGBT 开路故障类型，故障子模块的电容电压都将升高。

根据式 (7.14) 与式 (7.15)，并结合表 7.2，可得到 MMC 不同工况下桥臂电压的关系式：

$$\begin{cases} u_{u,1} < \hat{u}_{u,1}, & i_{arm}<0且S_1故障 \\ u_{u,1} > \hat{u}_{u,1}, & i_{arm}>0且S_2故障 \\ u_{u,1} = \hat{u}_{u,1}, & 其他 \end{cases} \tag{7.20}$$

其中，$\hat{u}_{u,1}$ 与 $u_{u,1}$ 分别为理想情况下与实际情况下的桥臂电压。可见 IGBT 开路故障会使 MMC 桥臂电压发生变化，该电压变化继而会造成桥臂电流的畸变。将式 (7.20) 代入 MMC 动态方程 [式 (7.18) 与式 (7.19)]，可分析出表 7.3 所示的不同故障类型下桥臂环流与交流电流的畸变情况，$\hat{i}_c$ 与 $\hat{i}_o$ 分别表示桥臂环流与交流电流的理想值。反过来，依据表中所示的电流关系，可诊断出发生 IGBT 开路故障的类型。

表 7.3　MMC 不同故障情况下的电流特性

环流状态	交流状态	
	$i_o > \hat{i}_o$	$i_o < \hat{i}_o$
$i_c > \hat{i}_c$	上桥臂 S_1 开路故障	下桥臂 S_1 开路故障
$i_c < \hat{i}_c$	下桥臂 S_2 开路故障	上桥臂 S_2 开路故障

7.3.2　子模块 IGBT 开路故障诊断与容错方法

根据以上故障特性分析，本节给出针对 MMC 中子模块 IGBT 开路故障的完整故障穿越方案，其整体过程如图 7.9 所示。整个方案包含故障检测、故障定位、故障容错以及故障后重新配置四个环节。

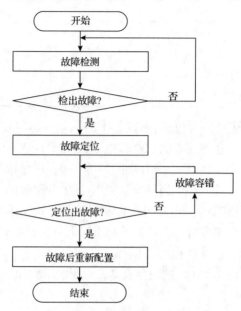

图 7.9 IGBT 故障诊断与容错整体控制流程图

1) 故障检测

为了获得 $\hat{i}_{c}$ 与 $\hat{i}_{o}$ 来判断故障的发生，可采用状态观测器[10,11]进行估计。将式(7.18)与式(7.19)的动态方程整理成矩阵形式，有

$$\begin{cases} \dot{\boldsymbol{x}} = \boldsymbol{Ax} + \boldsymbol{Bu} + \boldsymbol{De} \\ \boldsymbol{y} = \boldsymbol{Cx} \end{cases} \tag{7.21}$$

其中

$$\boldsymbol{x} = \boldsymbol{y} = \begin{bmatrix} i_{c} \\ i_{o} \end{bmatrix}, \quad \boldsymbol{u} = \begin{bmatrix} u_{l} \\ u_{u} \end{bmatrix}, \quad \boldsymbol{e} = \begin{bmatrix} U_{dc} \\ u_{o} \end{bmatrix},$$

$$\boldsymbol{A} = \begin{bmatrix} -\dfrac{R}{L} & 0 \\ 0 & -\dfrac{R}{L} \end{bmatrix}, \quad \boldsymbol{B} = \begin{bmatrix} -\dfrac{1}{2L} & -\dfrac{1}{2L} \\ \dfrac{1}{L} & -\dfrac{1}{L} \end{bmatrix}, \quad \boldsymbol{C} = \begin{bmatrix} 1 & 0 \\ 0 & 1 \end{bmatrix}, \quad \boldsymbol{D} = \begin{bmatrix} \dfrac{1}{2L} & 0 \\ 0 & -\dfrac{2}{L} \end{bmatrix}$$

其中，R 为桥臂寄生电阻；L 为桥臂电感。

于是，可构建出环流与交流电流的状态观测器：

$$\begin{cases} \dot{\hat{\boldsymbol{x}}} = \boldsymbol{A\hat{x}} + \boldsymbol{Bu} + \boldsymbol{De} + \boldsymbol{K}(\boldsymbol{y} - \hat{\boldsymbol{y}}) \\ \hat{\boldsymbol{y}} = \boldsymbol{C\hat{x}} \end{cases} \tag{7.22}$$

其中，"^" 为该物理量的估计值；K 为放大倍数矩阵，其值为

$$K = \begin{bmatrix} k & 0 \\ 0 & k \end{bmatrix} \tag{7.23}$$

其中，k 为观测器增益。

　　状态观测器的动态误差由特征矩阵 $A-KC$ 的特征值确定。为确保观测器的稳定，其特征值应保证在复平面的左半平面，由此可推导出观测器参数应满足的制约条件：

$$k > -\frac{R}{L} \tag{7.24}$$

　　为数字实现，将式(7.22)的状态观测器变换到离散域，有

$$\hat{X}(k+1) = F\hat{X}(k) + GU(k) + HE(k) + P[Y(k) - \hat{Y}(k)] \tag{7.25}$$

其中

$$F = \begin{bmatrix} 1 - \dfrac{RT}{L} & 0 \\ 0 & 1 - \dfrac{RT}{L} \end{bmatrix}, \quad G = \begin{bmatrix} -\dfrac{T}{2L} & -\dfrac{T}{2L} \\ \dfrac{T}{L} & -\dfrac{T}{L} \end{bmatrix}, \quad H = \begin{bmatrix} \dfrac{T}{2L} & 0 \\ 0 & -\dfrac{2T}{L} \end{bmatrix}, \quad P = \begin{bmatrix} kT & 0 \\ 0 & kT \end{bmatrix}$$

其中，T 为采样周期；$\hat{X}(k+1)$ 为提前一个采样周期得到的估计值。

　　根据式(7.25)估计得到的 $\hat{i}_c$ 与 $\hat{i}_o$，图 7.10(a)给出了 MMC 子模块 IGBT 开路故障检测方法的流程图。在无故障情况下，实际电流测量值将与观测器估计值相吻合。但当某个子模块发生 IGBT 开路故障时，测量值将偏离估计值，使该故障可被观测。如果环流的测量值 i_c 与估计值 $\hat{i}_c$ 误差超出阈值电流 I_{th} 并持续ΔT_1 的时间，则可判定故障发生。再分别比较环流和输出电流的估计值与实际值之间的大小关系，由表 7.3 可进一步判定出故障发生在哪个桥臂，以及故障类型(S_1 或 S_2)，并将相应的故障标志位置 1。其中上桥臂中的 S_1 故障与 S_2 故障分别用标志位 C_{u1} 与 C_{u2} 表示，下桥臂中的 S_1 故障与 S_2 故障则分别用标志位 C_{l1} 与 C_{l2} 表示。标志位在无故障时等于 0，有故障时为 1。需要指出，阈值电流 I_{th} 与延时时间ΔT_1 对整个故障检测的准确性有着很大影响，必须合理设计以避免参数变化或信号干扰带来的误诊断，I_{th} 与ΔT_1 应在不引发明显电流畸变的前提下选择尽量大的值。此外，由于以上故障检测过程中所用到的变量均为 MMC 的已知信息，无须额外增加任何专门用于故障检测的传感器。

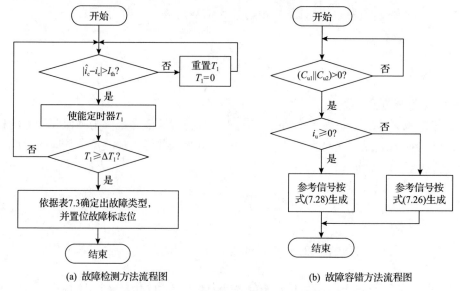

(a) 故障检测方法流程图　　　　　　(b) 故障容错方法流程图

图 7.10　故障检测与容错方法流程图

2) 故障容错

尽管上述故障检测方法可以判断出故障所在的桥臂和故障类型，但还无法立即定位出故障所在的子模块，必须等故障子模块的电容电压上升到一定值后才能判定。在这段时间内，若不施加适当的容错控制，MMC 电压电流波形将会发生畸变。为此，可通过修正 MMC 子模块参考信号来进行容错。由表 7.2 可知，在桥臂电流为负时仅 S_1 开路故障会表现出来，故障子模块输出电压始终为 0，使总的桥臂电压降低。为补偿该电压差，子模块参考信号应调整为

$$u_{u\_ref} = \frac{N_a}{N_a + N_r - N_{fu} - C_{u1}} \left\{ \frac{1}{2} \left[1 - M\cos(\omega t + \varphi) \right] \right\}, \qquad i_u < 0 \qquad (7.26)$$

$$u_{l\_ref} = \frac{N_a}{N_a + N_r - N_{fl} - C_{l1}} \left\{ \frac{1}{2} \left[1 + M\cos(\omega t + \varphi) \right] \right\}, \qquad i_l < 0 \qquad (7.27)$$

类似地，由于 S_2 开路故障仅在桥臂电流为正时表现出来，故障子模块输出电压始终为 U_C，使总的桥臂电压升高。为补偿该电压差，子模块参考信号应调整为

$$u_{u\_ref} = \frac{1}{N_a + N_r - N_{fu} - C_{u2}} \left\{ \frac{N_a \left[1 - M\cos(\omega t + \varphi) \right]}{2} - C_{u2} \right\}, \qquad i_u \geq 0 \quad (7.28)$$

$$u_{l\_ref} = \frac{1}{N_a + N_r - N_{fl} - C_{l2}} \left\{ \frac{N_a \left[1 + M\cos(\omega t + \varphi) \right]}{2} - C_{l2} \right\}, \qquad i_l \geq 0 \quad (7.29)$$

通过以上参考信号的调整，故障后 MMC 的桥臂电压能够与健康情况下保持一致，补偿了由故障子模块带来的电压扰动。图 7.10(b) 给出了上桥臂中发生 IGBT 开路故障的故障容错方法流程图示例，该桥臂参考信号在桥臂电流方向分别按式 (7.26) 与式 (7.28) 生成。

3) 故障定位

由于发生 IGBT 开路故障的子模块电容电压会逐渐升高，因此可简单地通过检查是否有子模块电容电压超出阈值来定位故障的子模块[12]，且只需对故障标志位为 1 的桥臂中子模块进行检查即可。图 7.11(a) 给出了故障定位的流程图，当得知故障发生后系统将持续监测子模块的电容电压，若某个子模块电容电压高于电压阈值 U_{th}，并且持续 ΔT_2 的时间，则可确定该子模块中相应类型的 IGBT 发生了故障。因为在定位到故障子模块之前，MMC 能够平稳工作在容错控制下，U_{th} 和 ΔT_2 的取值设计相对较为容易，保证故障子模块不会过压即可。

4) 故障后重置

最后，在确定出故障所在的子模块后，对 MMC 进行重新配置：闭合故障子模块的机械旁路开关将其旁路，相应的故障标志位清零，参考信号重新采用式 (7.16) 与式 (7.17) 计算，同时对应的故障子模块数目 (N_{fu} 或 N_{fl}) 加 1，从而将增大剩余健康子模块的电压输出。图 7.11(b) 给出了以上桥臂 S_1 故障为例的 MMC 重新配置过程。

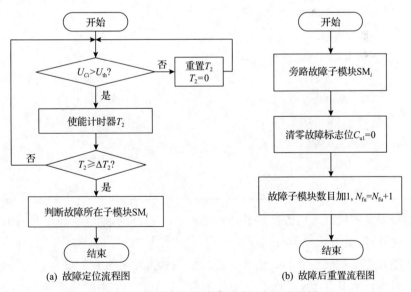

(a) 故障定位流程图   (b) 故障后重置流程图

图 7.11 故障定位与故障后重置方法流程图

为了验证 MMC 热备用情况下 IGBT 开路故障诊断与容错方法的有效性，本节对每个桥臂含有 6 个子模块的 MMC 进行了实验分析，其中一个子模块为热备用，具体实验电路参数如表 7.4 所示。在实验中，开路故障是通过人为封锁子模块 IGBT 驱动信号来模拟的。图 7.12 给出了 MMC 稳定工作时的实验波形。图中波形包括：上下桥臂电流 i_u、i_1，输出电流 i_o，环流 i_c，下桥臂第三个子模块 SM_{13} 端口电压 $u_{SM\_1}(3)$ 和上桥臂第一个子模块 SM_{u1} 端口电压 $u_{SM\_u}(1)$，上桥臂子模块 $SM_{u1} \sim SM_{u4}$ 的电容电压 $U_{C\_u}(1) \sim U_{C\_u}(4)$，以及下桥臂子模块 $SM_{l1} \sim SM_{l4}$ 的电容电压 $U_{C\_1}(1) \sim U_{C\_1}(4)$。无故障情况下，输出电流 i_o 与桥臂环流 i_c 波形平稳，含热备用子模块在内的全部子模块电容电压均稳定在 50V。图中的故障检测信号是当前状态观测器所指示的故障情况，其取值为 1、2、3、4 分别表示四种不同的 IGBT 开路故障类型，取值为 0 则代表无故障。

表 7.4　子模块热备用 MMC 实验参数

实验参数	数值
桥臂正常子模块个数	$N_a=5$
桥臂热备用子模块个数	$N_r=1$
直流电压	$U_{dc}=250V$
子模块电容电压额定值	$U_{C(\text{rated})}=50V$
子模块电容容量	$C_{SM}=1867\mu F$
桥臂电感	$L=5mH$
桥臂寄生电阻	$R=0.3\Omega$
负载电阻	$R_{Load}=5\Omega$
额定运行频率	$f_{rated}=50Hz$
三角载波频率	$f_c=3kHz$
观测器增益	$k=1.5$
电流阈值	$I_{th}=1.5A$
电压阈值	$U_{th}=80V$
延时时间 1	$\Delta T_1=2ms$
延时时间 2	$\Delta T_2=1ms$

实验中首先仅加入所提出的故障检测方法，以验证所构建状态观测器的性能。图 7.13(a) 给出了下桥臂 SM_{13} 中发生 S_2 开路故障时的实验结果。可见，故障发生前，状态观测器观测值 $\hat{i}_c$ 和 $\hat{i}_o$ 的波形都分别与其实际电流波形重合。而当故障发生时，$\hat{i}_c$ 变得明显高于 i_c，而 $\hat{i}_o$ 变得低于 i_o，这与表 7.3 中的分析结果一致（故障发生时刻可由子模块端口电压 $u_{SM\_1}(3)$ 的 PWM 波形出现间断的时刻观察出来）。经过短暂的延时，故障检测方法识别出了故障，并将故障检测信号由 0 置为 2。

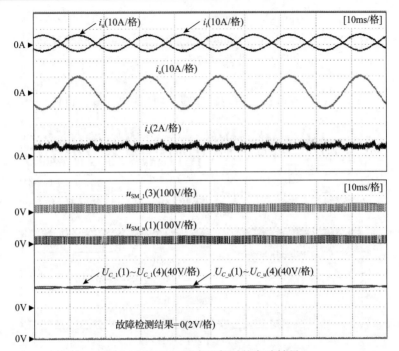

图 7.12　MMC 稳态运行时的实验结果

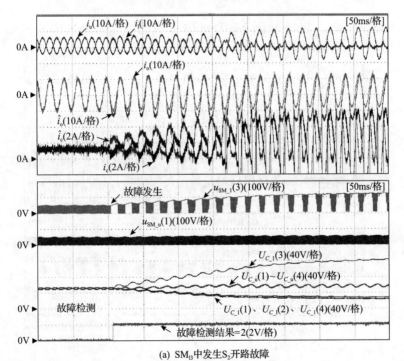

(a) SM$_{l3}$中发生S$_2$开路故障

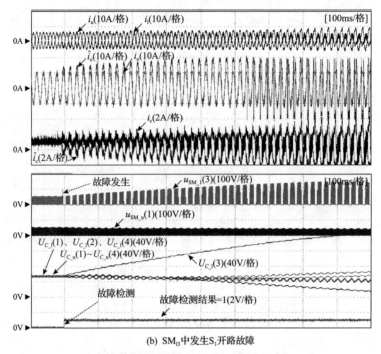

(b) SM$_{l3}$中发生S$_1$开路故障

图 7.13　下桥臂子模块发生 IGBT 开路故障实验结果

图 7.13（b）、图 7.14（a）、图 7.14（b）进一步分别给出了 SM$_{l3}$ 中 S$_1$ 故障、SM$_{u1}$

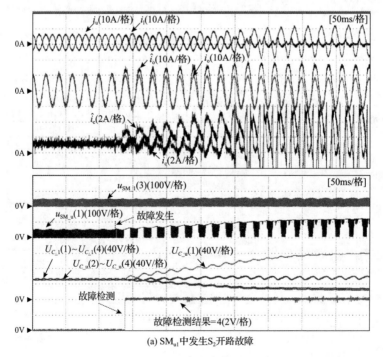

(a) SM$_{u1}$中发生S$_2$开路故障

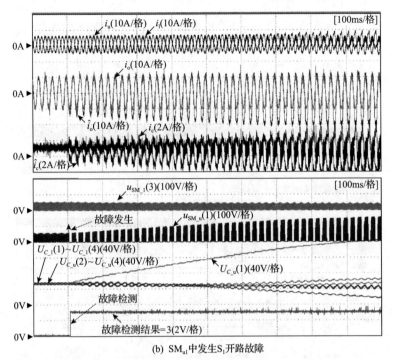

(b) SM_{u1} 中发生 S_1 开路故障

图 7.14　上桥臂子模块发生 IGBT 开路故障实验结果

中 S_2 故障，以及 SM_{u1} 中 S_1 故障的实验结果。这些实验结果均表明，所提出的故障检测方法能在几毫秒内准确判断出故障。另外，从这些波形中也可观察到，故障后若不施加容错控制，则 MMC 的波形发生严重的畸变，桥臂电流变得不对称，甚至出现过流。

加入完整的故障诊断与容错控制后（包括故障检测、故障容错、故障定位以及故障后重置），实验结果如图 7.15 与图 7.16 所示。其中故障检测的结果与图 7.13、图 7.14 一致，但 MMC 的电流波形在检测出故障后能够很快地恢复至稳态，两个桥臂电流均匀分布，不再有显著的畸变。故障子模块可由监测是否有子模块电容电压高于阈值 80V 定位出来。当定位出故障子模块后，闭合机械旁路开关将该子模块旁路（子模块端口电压变为 0）。同时重新配置剩余子模块的调制信号，使 MMC 能够继续稳定运行。因此，基于以上实验，验证了故障诊断与容错方法能够平稳穿越任何一种 IGBT 开路故障。

5) 基于硬件的故障检测定位方法

子模块 IGBT 开路故障诊断也可通过外加硬件电路来实现。对每个子模块或若干个子模块的输出电压进行测量[13,14]，如图 7.17 所示，根据当前子模块的开关状态，

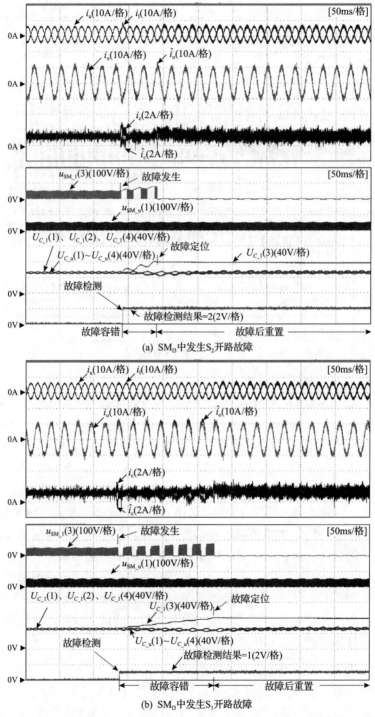

(a) SM_{I3}中发生S_2开路故障

(b) SM_{I3}中发生S_1开路故障

图 7.15 采用故障诊断与容错控制时下桥臂子模块发生 IGBT 开路故障实验结果

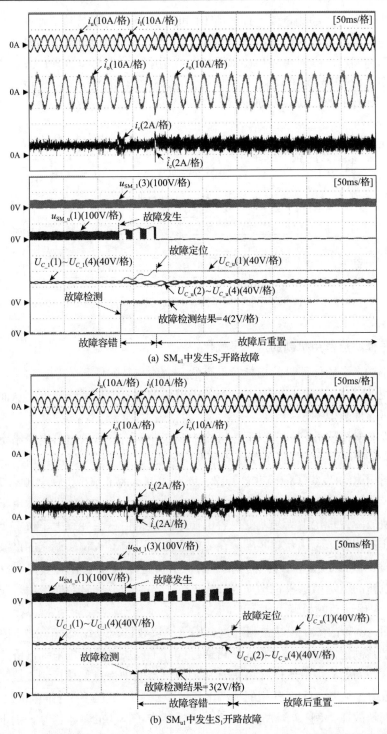

图 7.16　采用故障诊断与容错控制时上桥臂子模块发生 IGBT 开路故障实验结果

若子模块输出电压的测量值与理论值不同即可诊断出故障。基于硬件的故障检测时间更短，且可直接定位出故障子模块，但代价是子模块电路更为复杂，存在成本与可靠性问题。在对可靠性要求严格的应用中，可考虑将软硬件方法相结合，在采用图 7.17 故障检测电路的同时，令上述基于软件的故障诊断定位方法作为备用，防止硬件电路失效或误动作。

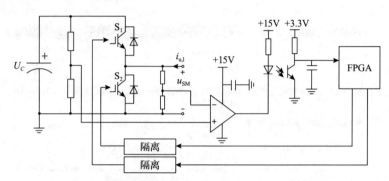

图 7.17　基于硬件的子模块 IGBT 开路故障检测电路

7.3.3　子模块热备用机制的进一步优化

由于功率半导体器件的损耗及电容的寿命均与其耐压有关[15]，对于含有热备用子模块的 MMC，可以在稳态时令各子模块的电容电压适当降低，从而提升子模块的可靠性与效率。

在没有子模块故障的情况下，可将 MMC 中所有子模块电容电压给定值均设置为 $U_C^*=U_{dc}/(N_a+N_r)$，且子模块的参考信号按式(7.1)、式(7.2)生成。假设上桥臂中 N_f 个子模块发生了故障并被旁路，且 $N_f \leqslant N_r$，为了维持桥臂电压不变，上桥臂中子模块的电容电压给定值应增加至 $U_C^*=U_{dc}/(N_a+N_r-N_f)$。下桥臂由于没有发生子模块故障，理论上无须改变电容电压给定值，但这会导致上下桥臂子模块的电容电压不相等，无法互相匹配，在一定程度上影响了 MMC 调制的谐波特性，降低了输出波形的质量。为保持相等的上下桥臂子模块电容电压，下桥臂子模块电容电压的给定值这里也增加为 $U_C^*=U_{dc}/(N_a+N_r-N_f)$，且其参考信号应调整为式(7.17)，保证总的桥臂电压不变。

然而，倘若故障子模块数目超过备用子模块数目，即 $N_f > N_r$，由于电容电压不可高于其额定值 U_{dc}/N_a，将无法再通过提升子模块电容电压来维持桥臂电压。为解决这一问题，可借鉴传统级联 H 桥型换流器的中性点偏移控制方法，通过注入零序成分来调整 MMC 各相的参考电压[16]，保持线电压不变。同样以上桥臂中 N_f 个子模块故障为例($N_f > N_r$)，则上、下桥臂中子模块的参考信号分别设计为

$$u_{u\_ref} = \frac{1}{2}\left[1 - M'\cos(\omega t + \varphi')\right] \tag{7.30}$$

$$u_{l\_ref} = \frac{N_a + N_r - N_f}{N_a + N_r}\left\{\frac{1}{2}\left[1 + M'\cos(\omega t + \varphi')\right]\right\} \tag{7.31}$$

其中，M' 与 φ' 分别为中性点偏移后的调制比与相角。因而当 $N_f > N_r$ 时仍可以通过零序成分注入来避免 MMC 该相电路发生过调制。此外，对于上述 $N_f \leqslant N_r$ 的情况，由于电容电压提升需要一段充电时间，在这一段时间内桥臂输出电压可能不足，此时中性点偏移的方法也会短暂生效，以避免 MMC 过调制失控。当电容电压充电完成后中性点偏移模式将自动退出。

为了验证 MMC 子模块热备用优化方案，本节对每个桥臂含有 7 个子模块的 MMC 进行了实验分析，其中一个子模块为热备用，MMC 直流电压为 350V，三相交流负载为 20Ω，其中为避免赘述，实验中采用了基于硬件的故障检测与定位方法，当子模块发生故障时可以快速地定位并将故障子模块旁路。实验结果如图 7.18 所示，初始情况下 MMC 全部子模块都处于健康状态，三相交流输出电流为 6A，子模块电容电压均为 50V。在 t_1 时刻，a 相上桥臂中一个子模块发生故障后被旁路，此时满足 $N_f \leqslant N_r$ 条件，a 相子模块电容电压增加至额定电压 58V，而其他相子模块电容电压仍维持在 50V 不变。在 t_2 时刻，a 相上桥臂中又一个子模块因故障被旁路，此时满足 $N_f > N_r$ 条件，电容电压无法再继续上升，将进入中性点偏移模式，通过零序注入令 a 相电压降低，但保证 MMC 线电压

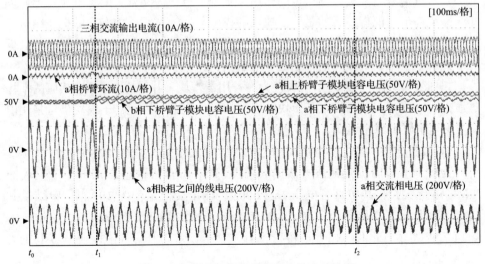

图 7.18　子模块热备用优化方案的实验结果

波形不受影响，三相交流输出电流仍然对称且平滑，验证了子模块热备用优化方案的有效性。

7.4　子模块热插拔技术

对于保证 MMC 的可靠运行，除了子模块的冷备用与热备用机制，还可以引入子模块的热插拔技术(hot swap)，即在不中断 MMC 的情况下更换故障的子模块，从而进一步增强 MMC 的可靠性。特别需要指出的是，热插拔技术仅适用于模块化的电力电子换流器。以传统的级联 H 桥型换流器为例，其子模块包含三相整流输入与 H 桥输出两个电路端口，相比之下，MMC 子模块为半桥结构，仅含一个电路端口，所需机械旁路开关数目少，热插拔实现更为容易。ABB 公司在文献[17]和[18]中率先介绍了 MMC 子模块的热插拔技术，特别增加了一对无线电能传输电路对子模块辅助供电。然而无线供电系统需要额外的硬件电路，且容易对外界环境造成干扰。

综合本章中冷备用与热备用的方法，无须新增任何电路，即可较为简便地实现 MMC 的子模块热插拔，具体实现可划分为如下几个过程。

(1)当出现子模块故障并被机械旁路开关旁路后，基于热备用机制及相关容错方法，保证上下桥臂在子模块数目不等的情况下仍然稳定运行。

(2)当机械旁路开关闭合后，即可将该故障子模块拔出，并插入一个新的子模块，且在桥臂电流过零时刻将机械旁路开关打开，并且由于新子模块的电容电压为零，对机械旁路开关起到钳位的作用，实现了机械旁路开关的零电流零电压动作，减小冲击。值得注意的是，子模块的拔出与插入过程需要专门的机械结构，保证操作过程的绝缘安全。另外，子模块通常还有一对光纤通信线需要插拔，但光纤为弱电接口，不必特别考虑绝缘问题。

(3)此后，将新替换的子模块视为冷备用子模块，并采用 7.2 节中相应的平稳过渡控制方法，实现新投入子模块电容器的平稳充电。因此，子模块仍可采用电容自取电的辅助供电电源。

(4)当新子模块的电容电压充电至额定值后，即完成了整个热插拔过程。

为验证本节所提热插拔方法的有效性，针对每个桥臂包含 $N=6$ 个子模块的 MMC 进行实验，其中直流电压 $U_{dc}=600V$，输出交流电流为 10A，实验结果共包含四个阶段。实验阶段一中，MMC 全部子模块都处于健康状态，工作波形如图 7.19 所示，此时 a 相上下桥臂各有 6 个子模块工作，各子模块电容电压为100V。

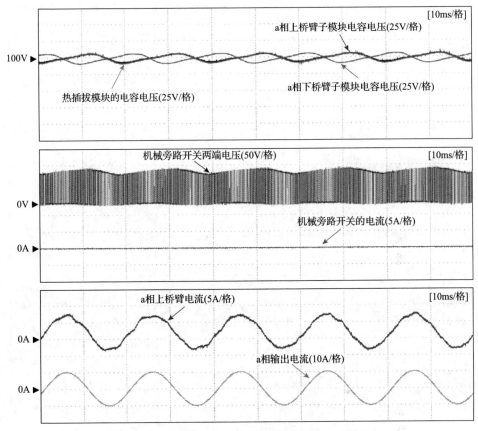

图 7.19　MMC 子模块热插拔实验阶段一波形

图 7.20 为实验阶段二的波形，在 t_1 时刻，a 相上桥臂中一个子模块出现故障，通过硬件故障检测定位出故障子模块，并立即令该子模块中 IGBT S_2 保持导通，将该子模块旁路。随后 a 相上桥臂子模块工作电压从 100V 上升至 120V，以维持总的桥臂电压不变。当桥臂电流为负时，即 t_2 时刻，闭合机械旁路开关将故障子模块旁路，机械旁路开关在闭合过程中基本处于零电压、零电流状态。此后机械旁路开关将导通全部的桥臂电流，从而可将故障子模块拔出，并插入新子模块，完成热插拔替换。需要指出的是，即使子模块 S_2 因开路故障而无法提前旁路，但因桥臂电流为负，S_2 的反并联二极管导通，机械旁路开关闭合过程仍能实现零电压、零电流，另外，由于机械旁路开关的动作速度较慢（快速机械旁路开关动作时间一般为 2~3ms），因此动作时间上应留一定的提前量，防止桥臂电流再由负变正。

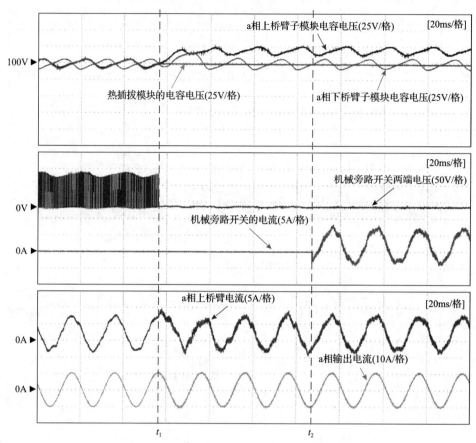

图 7.20　MMC 子模块热插拔实验阶段二波形

图 7.21 所示为实验阶段三的波形，在 t_3 时刻，将新子模块的机械旁路开关打开，由于新子模块的电容电压为零，在该电容的钳位作用下，机械旁路开关的动作过程处于零电压零电流状态。但由于子模块采用了电容取电的辅助供电电源，新子模块的电容电压为零，辅助供电电源无法工作，IGBT S_1 和 S_2 均处于阻断状态。因此，采用 7.1 节的子模块冷备用过渡控制方法，可保证桥臂输出电压不受影响，且新子模块电容电压逐渐被充电升高。实际上，由于辅助供电电源一般能够适应较宽的输入电压范围，因此当电容电压上升至一定值之后，如 t_4 时刻，辅助供电电源即可工作，新子模块的 IGBT 随即可进入受控充电状态，令电容在桥臂电流为正的时段内更为平稳地充电。

图 7.22 为实验阶段四的波形，当新子模块的电容电压充至 125V 时，即 t_5 时刻，该子模块正式投入运行，随后 a 相上桥臂所有子模块电容电压均从 125V 降至 100V，MMC 恢复正常运行，所提出的热插拔方案的有效性得到了验证。

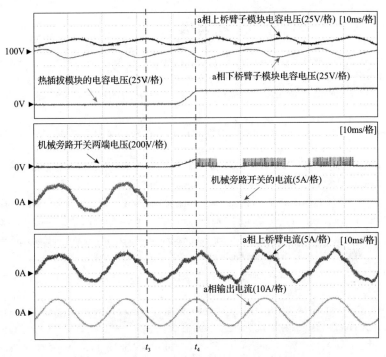

图 7.21　MMC 子模块热插拔实验阶段三波形

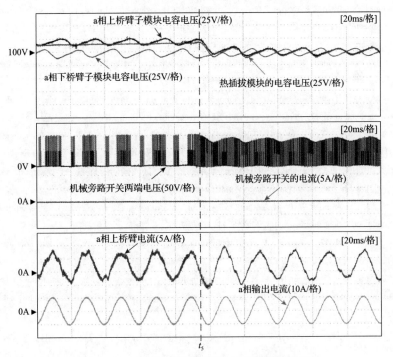

图 7.22　MMC 子模块热插拔实验阶段四波形

参 考 文 献

[1] Yang S Y, Bryant A, Mawby P, et al. An industry-based survey of reliability in power electronic converters[J]. IEEE Transactions on Industry Applications, 2011, 47(3): 1441-1451.

[2] Ciappa M. Selected failure mechanisms of modern power modules[J]. Microelectronics Reliability, 2002, 42(4-5): 653-667.

[3] Lu B, Sharma S K. A literature review of IGBT fault diagnostic and protection methods for power inverters[J]. IEEE Transactions on Industry Applications, 2009, 45(5): 1770-1777.

[4] Sleszynski W, Nieznanski J, Cichowski A. Open-transistor gault diagnostics in voltage-source inverters by analyzing the load currents[J]. IEEE Transactions on Industrial Electronics, 2009, 56(11): 4681-4688.

[5] Campos-Delgado D U, Espinoza-Trejo D R. An observer-based diagnosis scheme for single and simultaneous open-switch faults in induction motor drives[J]. IEEE Transactions on Industrial Electronics, 2011, 58(2): 671-679.

[6] Estima J O, Cardoso A J M. A new approach for real-time multiple open-circuit fault diagnosis in voltage source inverters[J]. IEEE Transactions on Industry Applications, 2011, 47(6): 2487-2494.

[7] Mirafzal B. Survey of fault-tolerance techniques for three-phase voltage source inverters[J]. IEEE Transactions on Industrial Electronics, 2014, 61(10): 5192-5202.

[8] Zhang W P, Xu D H, Enjeti P N, et al. Survey on fault-tolerant techniques for power electronic converters[J]. IEEE Transactions on Power Electronics, 2014, 29(12): 6319-6331.

[9] Lezana P, Pou J, Meynard T A, et al. Survey on fault operation on multilevel inverters[J]. IEEE Transactions on Industrial Electronics, 2010, 57(7): 2207-2218.

[10] Peltoniemi P, Nuutinen P, Pyrhonen J. Observer-based output voltage control for DC power distribution purposes[J]. IEEE Transactions on Power Electronics, 2013, 28(4): 1914-1926.

[11] Ellis G. Observers in Control Systems: A practical Guide[M]. San Diego: Academic Press, 2002.

[12] Deng F J, Chen Z, Khan M R, et al. Fault detection and localization method for modular multilevel converters[J]. IEEE Transactions on Power Electronics, 2015, 30(5): 2721-2732.

[13] Bi K T, An Q T, Duan J D, et al. Fast diagnostic method of open circuit fault for modular multilevel DC/DC converter applied in energy storage system[J]. IEEE Transactions on Power Electronics, 2017, 32(5): 3292-3296.

[14] Picas R, Zaragoza J, Pou J, et al. Reliable modular multilevel converter fault detection with redundant voltage sensor[J]. IEEE Transactions on Power Electronics, 2017, 32(1): 39-51.

[15] Wang H, Blaabjerg F. Reliability of capacitors for DC-link applications in power electronic converters-an overview[J]. IEEE Transactions on Industry Applications, 2014, 50(5): 3569-3578.

[16] Rodríguez J, Hammond P W, Pontt J, et al. Operation of a medium-voltage drive under faulty conditions[J]. IEEE Transactions on Industrial Electronics, 2005, 52(4): 1080-1085.

[17] Cottet D, Merwe W V D, Agostini F, et al. Integration technologies for a fully modular and hot-swappable MV multi-level concept converter[C]// Proceedings of PCIM Europe 2015, Nuremberg, 2015: 1-8.

[18] Cottet D, Agostini F, Gradinger T, et al. Integration technologies for a medium voltage modular multi-level converter with hot swap capability[C]// 2015 IEEE Energy Conversion Congress and Exposition, Montreal, 2015: 4502-4509.

第8章　MMC 交流侧不对称运行技术

本书前述章节中的内容都是在 MMC 连接三相对称交流电网或负载的前提下展开的，但在实际工程中 MMC 所连接的交流线路往往会因雷击、绝缘子污垢等发生短路故障，且短路故障中三相不对称故障发生概率占 70% 以上[1]。因此，有必要对 MMC 交流侧不对称运行状态进行分析，并通过合理地设计控制器保证其可靠运行。

8.1　不对称故障下 MMC 电路分析

8.1.1　不对称故障下 MMC 并网点的电压特征

不对称故障可分为单相接地、两相接地和两相短路三类。这些故障使 MMC 并网点的电压发生畸变，进而影响 MMC 的正常运行。为了研究不对称故障下 MMC 的运行状态，首先要对 MMC 并网点的故障电压特征进行分析。

图 8.1 为不对称故障下的 MMC 并网系统示意图，MMC 通过一台换流变压器接入三相交流电网，L_s 为电网输电线路的等效电感。为简化分析，这里的变压器变比为 1∶1。单相接地、两相接地和两相短路三种不对称故障分别在图中以序号①、②、③标注。u_{sa}、u_{sb}、u_{sc} 表示三相交流电网电压，而 u'_a、u'_b、u'_c 与 u_a、u_b、u_c 分别表示换流变压器原、副边的三相电压。在发生短路故障之前，变压器原边的三相电压对称，相位呈正序分布，依次相差 120°，其相量如下：

$$\begin{cases} \dot{U}'_a = \dot{U}_{sa} - \Delta\dot{U}_{Lsa} = U\angle\varphi - \Delta\dot{U}_{Lsa} \\ \dot{U}'_b = \dot{U}_{sb} - \Delta\dot{U}_{Lsb} = U\angle(\varphi - 120°) - \Delta\dot{U}_{Lsb} \\ \dot{U}'_c = \dot{U}_{sc} - \Delta\dot{U}_{Lsc} = U\angle(\varphi + 120°) - \Delta\dot{U}_{Lsc} \end{cases} \tag{8.1}$$

其中，U 为电网电压的幅值；φ 为 a 相电压的初相位；$\Delta\dot{U}_{Lsj}$ 为 j 相（j=a, b, c）电网线路阻抗的压降相量。

由于 MMC 通常接于高压电网，线路压降一般不超过 5%[2]，因此这部分电压相比于电网的额定电压足以忽略不计，可近似认为变压器原边电压等于三相电网电压。该电压通过 Yd11 变压器移相后得到的副边电压为

$$\begin{cases} \dot{U}_a = U\angle(\varphi + 30°) \\ \dot{U}_b = U\angle(\varphi - 90°) \\ \dot{U}_c = U\angle(\varphi + 150°) \end{cases} \tag{8.2}$$

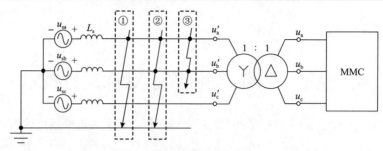

图 8.1　不对称故障下的 MMC 并网系统示意图

当发生单相接地短路故障时，短路相(以 a 相为例)的电网电压下降至 0，而其他两相的电压则保持不变，此时变压器原边电压可表示为

$$\begin{cases} \dot{U}_a' = 0 \\ \dot{U}_b' = U \angle(\varphi - 120°) \\ \dot{U}_c' = U \angle(\varphi + 120°) \end{cases} \tag{8.3}$$

由于式(8.3)中电压不再对称，因此无法使用三相对称电路的抽单相法进行分析。为解决此问题，需要引入对称分量法的概念[3]。对称分量法是电力系统分析不对称故障的常用方法。该方法可将不对称信号分解成正序、负序和零序三组对称的分量，以便沿用对称电路的研究方法来分析不对称问题。基于此方法，a 相变压器原边电压的各序分量可表示为

$$\begin{bmatrix} \dot{U}_a'^{+} \\ \dot{U}_a'^{-} \\ \dot{U}_a'^{0} \end{bmatrix} = \frac{1}{3} \begin{bmatrix} 1 & \alpha & \alpha^2 \\ 1 & \alpha^2 & \alpha \\ 1 & 1 & 1 \end{bmatrix} \begin{bmatrix} \dot{U}_a' \\ \dot{U}_b' \\ \dot{U}_c' \end{bmatrix} \tag{8.4}$$

其中，$\dot{U}_a'^{+}$、$\dot{U}_a'^{-}$ 和 $\dot{U}_a'^{0}$ 分别为 a 相电压的正序、负序和零序分量；$\alpha=1\angle120°$为 Fortescue 算子，能够通过移动各相电压的相角来提取不同的相序成分。在获取 a 相的各序分量之后，进一步可根据三相之间的相位对称关系计算 b 相和 c 相的各序分量：

$$\begin{cases} \dot{U}_b'^{+} = \alpha^2 \dot{U}_a'^{+} \\ \dot{U}_b'^{-} = \alpha \dot{U}_a'^{-} \\ \dot{U}_b'^{0} = \dot{U}_a'^{0} \end{cases} \tag{8.5}$$

$$\begin{cases} \dot{U}_c'^{+} = \alpha \dot{U}_a'^{+} \\ \dot{U}_c'^{-} = \alpha^2 \dot{U}_a'^{-} \\ \dot{U}_c'^{0} = \dot{U}_a'^{0} \end{cases} \tag{8.6}$$

采用以上方法，单相接地故障下的变压器原边电压可以分解为

$$
\begin{bmatrix} \dot{U}'_a \\ \dot{U}'_b \\ \dot{U}'_c \end{bmatrix} = \frac{2}{3} \underbrace{\begin{bmatrix} U\angle\varphi \\ U\angle(\varphi-120°) \\ U\angle(\varphi+120°) \end{bmatrix}}_{\text{正序}} + \frac{1}{3} \underbrace{\begin{bmatrix} U\angle(\varphi+180°) \\ U\angle(\varphi-60°) \\ U\angle(\varphi+60°) \end{bmatrix}}_{\text{负序}} + \frac{1}{3} \underbrace{\begin{bmatrix} U\angle(\varphi+180°) \\ U\angle(\varphi+180°) \\ U\angle(\varphi+180°) \end{bmatrix}}_{\text{零序}} \tag{8.7}
$$

可见，单相接地故障后的变压器原边电压不仅包含正序分量，还具有负序和零序分量。需要注意的是，正序与负序分量均可以通过 Yd11 变压器在副边感应出相应的电压(Yd11 变压器对正序和负序分量的移相作用相反[2])，而零序电压却无法通过变压器，因此最终副边电压可表示为

$$
\begin{bmatrix} \dot{U}_a \\ \dot{U}_b \\ \dot{U}_c \end{bmatrix} = \frac{2}{3} \underbrace{\begin{bmatrix} U\angle(\varphi+30°) \\ U\angle(\varphi-90°) \\ U\angle(\varphi+150°) \end{bmatrix}}_{\text{正序分量}} + \frac{1}{3} \underbrace{\begin{bmatrix} U\angle(\varphi+150°) \\ U\angle(\varphi-90°) \\ U\angle(\varphi+30°) \end{bmatrix}}_{\text{负序分量}} \tag{8.8}
$$

同理，当电网发生两相接地故障时(以 a、b 相接地为例)，a 相和 b 相电压将同时下降至 0，而 c 相电压保持不变，此时变压器的原边电压为

$$
\begin{cases} \dot{U}'_a = 0 \\ \dot{U}'_b = 0 \\ \dot{U}'_c = U\angle(\varphi+120°) \end{cases} \tag{8.9}
$$

其对应的变压器副边电压为

$$
\begin{bmatrix} \dot{U}_a \\ \dot{U}_b \\ \dot{U}_c \end{bmatrix} = \frac{1}{3} \underbrace{\begin{bmatrix} U\angle(\varphi+30°) \\ U\angle(\varphi-90°) \\ U\angle(\varphi+150°) \end{bmatrix}}_{\text{正序分量}} + \frac{1}{3} \underbrace{\begin{bmatrix} U\angle(\varphi-150°) \\ U\angle(\varphi-30°) \\ U\angle(\varphi+90°) \end{bmatrix}}_{\text{负序分量}} \tag{8.10}
$$

式(8.10)中同样只包含正序和负序成分，且由于故障相数的增加，其电压幅值比单相接地故障下更小。

当发生 a、b 相间短路故障时，a、b 两相的并网点电压大小相等，根据电路叠加定理不难求出其幅值等于故障前 a、b 两相额定电压的一半，c 相电压维持不变，从而变压器原边电压为

$$\begin{cases} \dot{U}_a' = -0.5U\angle(\varphi+120°) \\ \dot{U}_b' = -0.5U\angle(\varphi+120°) \\ \dot{U}_c' = U\angle(\varphi+120°) \end{cases} \tag{8.11}$$

同样可求出 a、b 相间短路时变压器副边电压：

$$\begin{bmatrix} \dot{U}_a \\ \dot{U}_b \\ \dot{U}_c \end{bmatrix} = \frac{1}{2}\underbrace{\begin{bmatrix} U\angle(\varphi+30°) \\ U\angle(\varphi-90°) \\ U\angle(\varphi+150°) \end{bmatrix}}_{\text{正序分量}} + \frac{1}{2}\underbrace{\begin{bmatrix} U\angle(\varphi-150°) \\ U\angle(\varphi-30°) \\ U\angle(\varphi+90°) \end{bmatrix}}_{\text{负序分量}} \tag{8.12}$$

对比式(8.8)、式(8.10)和式(8.12)可知，相比于无故障的情况，三种不对称故障均向 MMC 并网点（即变压器副边）的交流电压中引入了负序分量，这是不对称故障下 MMC 并网点电压的显著特征。故障类型的不同仅意味着正、负序电压的含量有所差异。因此，对于各类电网不对称故障下的 MMC 运行状态，均可采用下面包含正、负序分量的并网点电压通式进行分析：

$$\begin{bmatrix} u_a \\ u_b \\ u_c \end{bmatrix} = \begin{bmatrix} U^+\cos(\omega t+\varphi^+) \\ U^+\cos(\omega t+\varphi^+-120°) \\ U^+\cos(\omega t+\varphi^++120°) \end{bmatrix} + \begin{bmatrix} U^-\cos(\omega t+\varphi^-) \\ U^-\cos(\omega t+\varphi^-+120°) \\ U^-\cos(\omega t+\varphi^--120°) \end{bmatrix} \tag{8.13}$$

其中，U^+、U^- 分别为变压器原边侧 a 相电压的正、负序分量幅值；φ^+ 和 φ^- 分别为变压器原边侧 a 相电压中正、负序分量的初相角。

8.1.2 不对称故障下 MMC 的交流电流与功率波动

前述分析表明，不对称故障下 MMC 的并网点电压同时包含正、负序两种分量。在负序电压的作用下，MMC 交流侧的三相电流和瞬时功率也将发生变化。为便于分析，将图 8.1 的电路简化为图 8.2，使用变压器副边电压替代 MMC 交流侧所接的电网，其电压值由式(8.13)给出。而 MMC 采用第 5 章所推导的交流等效电路进行分析，其中 $L/2$ 和 $R/2$ 分别为 MMC 交流侧的等效电感和电阻；i_{oa}、i_{ob} 和 i_{oc} 为 MMC 交流输出电流；u_{ac_a}、u_{ac_b} 和 u_{ac_c} 则表示 MMC 交流侧的等效交流输出电压，由于常规 MMC 的控制器仅针对非故障状态的正序分量进行设计，其输出电压仅包含正序分量：

$$\begin{bmatrix} u_{ac\_a} \\ u_{ac\_b} \\ u_{ac\_c} \end{bmatrix} = \begin{bmatrix} U_{ac}\cos(\omega t+\gamma) \\ U_{ac}\cos(\omega t+\gamma-120°) \\ U_{ac}\cos(\omega t+\gamma+120°) \end{bmatrix} \tag{8.14}$$

其中，U_{ac} 与 γ 分别为 MMC 交流侧 a 相等效交流输出电压的幅值和初相角。

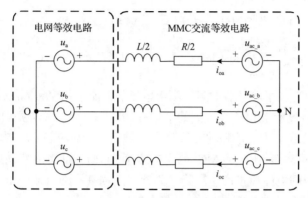

图 8.2　MMC 不对故障简化分析电路图

在电网不对称电压和上述 MMC 输出电压的共同作用下，根据图 8.2 可求出
MMC 此时的交流电流为

$$
\begin{cases}
i_{oa} = I_o^+ \cos(\omega t + \theta^+) + I_o^- \cos(\omega t + \theta^-) \\
i_{ob} = I_o^+ \cos(\omega t + \theta^+ - 120°) + I_o^- \cos(\omega t + \theta^- + 120°) \\
i_{oc} = I_o^+ \cos(\omega t + \theta^+ + 120°) + I_o^- \cos(\omega t + \theta^- - 120°)
\end{cases}
\tag{8.15}
$$

其中

$$
I_o^+ = 2\sqrt{\dfrac{\left[U^+ - U_{ac}\cos(\gamma - \varphi^+)\right]^2 + \left[U_{ac}\sin(\gamma - \varphi^+)\right]^2}{\omega^2 L^2 + R^2}}
\tag{8.16}
$$

$$
I_o^- = -2U^- \sqrt{\dfrac{1}{\omega^2 L^2 + R^2}}
\tag{8.17}
$$

$$
\theta^+ = \arctan\left[\dfrac{U_{ac}\sin(\gamma - \varphi^+)}{U^+ - U_{ac}\cos(\gamma - \varphi^+)}\right] + \varphi^+ - \arctan\dfrac{\omega L}{R}
\tag{8.18}
$$

$$
\theta^- = \varphi^+ - \arctan\dfrac{\omega L}{R}
\tag{8.19}
$$

式(8.15)表明，故障所引起的不对称电压将导致 MMC 的交流电流中同时产
生正序和负序两种成分，形成不对称的电流。又由三相瞬时功率理论[4]可得，该
电流与 MMC 并网点的三相不对称电压相作用后，将进一步导致 MMC 交流侧的
瞬时有功功率中出现振荡：

$$p_{ac} = u_a i_{oa} + u_b i_{ob} + u_c i_{oc}$$

$$= \frac{3}{2}\left[U^+ I_o^+ \cos(\varphi^+ - \theta^+) + U^- I_o^- \cos(\varphi^- - \theta^-)\right] \tag{8.20}$$

$$- \frac{3}{2}\left[U^- I_o^+ \cos(2\omega t + \varphi^- + \theta^+) + U^+ I_o^- \cos(2\omega t + \varphi^+ + \theta^-)\right]$$

式 (8.20) 中第二个等号后的第一项由电压、电流中相序相同的成分相乘而得，不随时间变化，表示 MMC 交流侧的平均有功功率，而后一项则由不同相序的电压、电流乘积得到，为二倍频的交流分量，对应 MMC 交流侧有功功率的波动。严重的负序电流容易引发 MMC 的保护装置跳闸，而功率波动则会对电网或 MMC 所接负载的电能质量产生影响。为此，如何在不对称故障下对 MMC 交流电流和功率进行有效的控制是一个关键问题。

8.2 不对称故障下 MMC 的控制策略

由于 MMC 正常运行时的控制策略均只针对正序电压和电流进行设计，这些控制策略面对故障下的负序电压、电流均无法实现有效的控制效果。本节将介绍几类针对不对称故障运行的控制策略，以提升 MMC 在故障下的运行性能。

8.2.1 基于 DDSRF 的正、负序信号检测方法

为了准确控制不对称故障所产生的负序电压和电流，需要在传统控制策略的基础上增设对负序成分的控制环路。这要求控制系统必须具有对三相电压、电流瞬时值进行正、负序分离的能力。8.1.1 节中提到的对称分量法只能针对稳态信号的相量进行正、负序分离，而无法处理瞬时值。实时分离正、负序信号最直接的方法是采用两个 dq 同步参考坐标系，这两个 dq 坐标系分别以基波频率沿着正序方向和负序方向旋转，其变换矩阵如下：

$$\boldsymbol{T}_{dq} = \frac{2}{3}\begin{bmatrix} \cos(\theta') & \cos(\theta'-120°) & \cos(\theta'+120°) \\ -\sin(\theta') & -\sin(\theta'-120°) & -\sin(\theta'+120°) \end{bmatrix} \tag{8.21}$$

其中，θ' 为 dq 坐标系的旋转相角，$\theta'=\omega t+\varphi^+$ 对应正序同步参考坐标系，而 $\theta'=-\omega t-\varphi^-$ 则对应负序同步参考坐标系。

以电压为例，当式 (8.13) 中的三相电压分别通过正、负序同步坐标变换后，可获得 dq 坐标系下的表达式：

$$\begin{bmatrix} u_d^+ \\ u_q^+ \end{bmatrix} = \overline{\boldsymbol{u}}_{dq}^+ + \widehat{\boldsymbol{u}}_{dq}^+ = \begin{bmatrix} U^+ \\ 0 \end{bmatrix} + \begin{bmatrix} U^- \cos(2\omega t + \varphi^- - \varphi^+) \\ U^- \sin(2\omega t + \varphi^- - \varphi^+) \end{bmatrix} \tag{8.22}$$

$$\begin{bmatrix} u_{\mathrm{d}}^{-} \\ u_{\mathrm{q}}^{-} \end{bmatrix} = \overline{\boldsymbol{u}}_{\mathrm{dq}}^{-} + \widehat{\boldsymbol{u}}_{\mathrm{dq}}^{-} = \begin{bmatrix} U^{-}\cos(\varphi^{+}-\varphi^{-}) \\ U^{-}\sin(\varphi^{+}-\varphi^{-}) \end{bmatrix} + \begin{bmatrix} U^{+}\cos(2\omega t + 2\varphi^{+}) \\ U^{+}\sin(2\omega t + 2\varphi^{+}) \end{bmatrix} \quad (8.23)$$

其中，u_{d}^{+}、u_{q}^{+}、u_{d}^{-}、u_{q}^{-} 分别为正、负序电压在 d、q 轴的分量，而 $\overline{\boldsymbol{u}}_{\mathrm{dq}}^{+}$、$\widehat{\boldsymbol{u}}_{\mathrm{dq}}^{+}$、$\overline{\boldsymbol{u}}_{\mathrm{dq}}^{-}$、$\widehat{\boldsymbol{u}}_{\mathrm{dq}}^{-}$ 则分别为正、负序电压在 dq 坐标系下的直流成分和波动成分。

可以看到，正、负序同步参考坐标系中的直流信号分别对应于三相电压正、负序分量的幅值，实现了两种序分量的分离。然而除直流成分之外，变换结果中还存在二倍频波动成分。而且进一步观察能够发现，两个同步参考坐标系中的正、负序信号存在耦合现象，反映为正序坐标系中 dq 轴上的二倍频波动幅值与负序坐标系中 dq 轴直流分量的幅值相同，反之亦然。为了避免该耦合成分对正、负序分离的结果造成干扰，一种简单的方法是设置低通滤波器或二倍频陷波器。然而，二倍频滤波器会显著降低系统带宽，导致系统响应速度下降，且非理想的滤波器对耦合项的抑制效果也十分有限，难以实现无静差的分离效果[5]。

为解决正、负序之间的耦合问题，本书采用基于解耦双同步参考坐标系（decouple double synchronous reference frame，DDSRF）的方法[6]。该方法通过在双同步参考坐标系的输出口设置一个解耦网络，能够利用正负序耦合项之间的数学关系直接抵消正、负序分离结果中的波动成分，具有检测速度快、无稳态误差等优点。

根据式(8.22)、式(8.23)，由于正序坐标系中 dq 轴上的二倍频波动幅值与负序坐标系中 dq 轴的直流分量相同，因此只需要将负序 dq 坐标系中的直流分量通过二倍频的正序 Park 变换（$\boldsymbol{T}_{\mathrm{dq}+}$）后反向注入正序坐标系的输出信号中，即可抵消正序坐标系中的波动成分。同理，负序 dq 坐标系中的波动成分也可以通过类似的方法进行抵消，最终构成如图 8.3 所示的解耦网络。为了避免电网中高频扰动对正、负序信号的分离效果产生干扰，图中的解耦网络还设置了一个低通滤波器 F。该滤波器的截止频率通常设置得较高，不会对控制带宽带来影响。基于 DDSRF，不对称故障下的正、负序电压和电流均能够被快速检测出来，为后续的控制策略设计提供了保障。

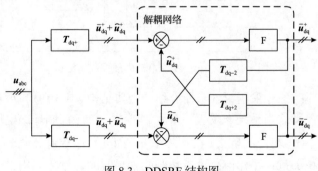

图 8.3　DDSRF 结构图

8.2.2　不对称故障下 MMC 交流侧负序电流与功率波动抑制

在利用 DDSRF 获取三相电压以及电流的正、负序分量的基础上，本节将介绍不对称故障下 MMC 控制策略的设计方法，以解决故障下 MMC 的交流电流不对称和有功功率波动问题。

电流控制环是 MMC 控制策略中的关键组成部分。针对 MMC 传统控制策略中仅对正序电流进行控制的不足，图 8.4 给出了不对称故障下的 MMC 电流控制框图。除对正序电流进行控制外，还额外设置了负序电流的控制环路，具有在故障下对 MMC 交流电流进行全面控制的能力[7,8]。图中通过反馈得到的 MMC 交流电压和电流在双同步参考坐标系下的 d、q 轴分量 u_d^+、u_q^+、i_{od}^+、i_{oq}^+ 和 u_d^-、u_q^-、i_{od}^-、i_{oq}^- 均可通过 DDSRF 获取。由于正、负序电流在双同步参考坐标系 dq 轴上的投影为直流分量，因此可利用 PI 控制器实现无静差控制。最终，MMC 的调制信号将由正、负序电流控制器生成的控制信号经过 Park 反变换后叠加而得。

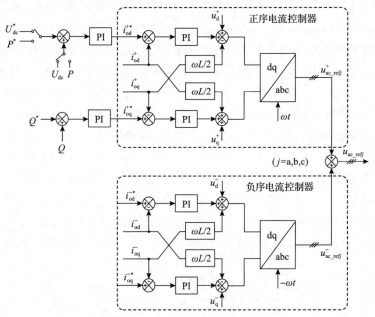

图 8.4　正、负序交流电流内环控制器结构

正序电流环的外环采用第 5 章所介绍的经典结构(图 5.19)，可选择对功率或直流电压进行控制。当系统未发生不对称故障时，负序控制环的电压、电流反馈 u_d^-、u_q^-、i_{od}^-、i_{oq}^- 与控制量 $u_{ac\_refj}^-$ 均等于 0，因此负序控制环此时不发挥任何作用，控制器退化为仅对正序电流进行控制的常规双闭环结构。当发生不对称故障

后，负序控制环自动地产生相应的调制波，参与到控制过程中，这使得图 8.4 中的控制策略能够适应 MMC 的常规工况与不对称故障工况。

对于负序电流环，可以直接将其中的负序电流参考信号 i_{od}^{-*} 和 i_{oq}^{-*} 置零来实现抑制故障下负序电流的控制效果。此时负序电流环将控制 MMC 在交流侧产生与故障电网相同的负序电压，从而消除负序电流。这种控制方式通过抑制负序电流使 MMC 的交流电流波形三相对称，在保证传输功率不变的同时使 MMC 中开关器件的电流应力最小，常用于对电流应力要求较为严格的场合。

通过合理地设置图 8.4 中的负序电流参考信号，还能够实现抑制 MMC 交流侧有功功率波动的控制目标。根据瞬时功率理论[9]可得 MMC 在双同步参考坐标系下的交流侧功率方程为

$$p_0 = \frac{3}{2}(u_d^+ i_{od}^+ + u_q^+ i_{oq}^+ + u_d^- i_{od}^- + u_q^- i_{oq}^-) \tag{8.24}$$

$$q_0 = \frac{3}{2}(u_q^+ i_{od}^+ - u_d^+ i_{oq}^+ + u_q^- i_{od}^- - u_d^- i_{oq}^-) \tag{8.25}$$

$$p_{c2} = \frac{3}{2}(u_d^- i_{od}^+ + u_q^- i_{oq}^+ + u_d^+ i_{od}^- + u_q^+ i_{oq}^-) \tag{8.26}$$

$$p_{s2} = \frac{3}{2}(u_q^- i_{od}^+ - u_d^- i_{oq}^+ - u_q^+ i_{od}^- + u_d^+ i_{oq}^-) \tag{8.27}$$

其中，p_0 和 q_0 分别为有功功率和无功功率中的直流分量，其受到功率外环控制；p_{c2} 和 p_{s2} 分别为有功功率中二倍频波动的 d 轴和 q 轴分量。基于上述方程，当二倍频功率波动被抑制，即 $p_{c2}=p_{s2}=0$ 时，不难解出此时所对应的负序电流为

$$i_{od}^- = -\frac{2u_d^- p_0}{3\left[(u_d^-)^2 + (u_q^-)^2 - (u_d^+)^2 - (u_q^+)^2\right]} + \frac{2u_q^- q_0}{3\left[(u_d^-)^2 + (u_q^-)^2 + (u_d^+)^2 + (u_q^+)^2\right]} \tag{8.28}$$

$$i_{oq}^- = \frac{2u_q^- p_0}{3\left[(u_d^-)^2 + (u_q^-)^2 - (u_d^+)^2 - (u_q^+)^2\right]} - \frac{2u_d^- q_0}{3\left[(u_d^-)^2 + (u_q^-)^2 + (u_d^+)^2 + (u_q^+)^2\right]} \tag{8.29}$$

依照式(8.28)、式(8.29)的计算结果，对应设置图 8.4 中负序电流的参考信号 i_{od}^{-*} 和 i_{oq}^{-*}，即可实现抑制交流侧有功功率波动的效果。这种抑制交流侧有功功率波动的控制策略能够保证在发生不对称故障时，MMC 与电网传输稳定的有功功率，因此多用于新能源并网等对电能质量要求较高的场合。

为了验证上述控制策略的有效性，本节以 a 相接地短路故障为例，搭建了 400MW/400kV 的 MMC 仿真模型。详细仿真参数如表 8.1 所示。

表 8.1　不对称故障 MMC 仿真参数

参数	数值
额定交流电压幅值	$\hat{U}_s$ =160kV
额定功率	P=400MW
直流电压	U_{dc}=400kV
桥臂电感	L=90mH
子模块电容容量	C_{SM}=12mF
子模块数目	N=250
子模块电容电压额定值	$U_{C(rated)}$=1.6kV

　　图 8.5 展示了单相接地故障下 MMC 的仿真结果。未发生故障时，MMC 交流侧的电压 u_{ac}、电流 i_{ac} 均保持三相对称，且交流侧输出的瞬时功率 p_{ac} 始终保持稳定。0.2s 处电网发生 a 相接地故障，MMC 端口的交流电压发生畸变，导致交流侧功率出现二倍频波动，但在负序电流抑制策略下，交流电流仍然保持三相对称。注意到此时交流电流的幅值略微升高，这是由于电网的正序电压在单相接地故障后有所下降，为了输出相同的功率，需要提升 MMC 的正序电流。仿真从 0.4s 后开始采用由式(8.28)和式(8.29)计算得到的负序电流参考信号，MMC 交流侧的二倍频功率波动被迅速抑制。由于抑制功率波动需要向电网中注入额外的负序电流，因此交流电流幅值将显著大于稳定运行时的情况，增加了电流应力。

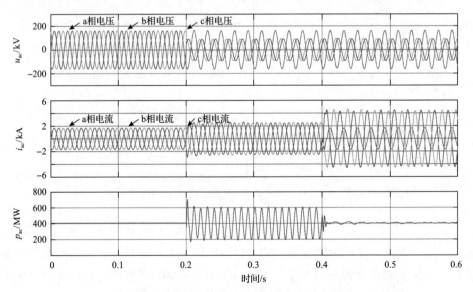

图 8.5　单相接地故障下的 MMC 仿真波形

　　综上，上述两种不对称故障控制策略都采用了图 8.4 所示的控制框图，但由于控制目标的差异，最终达到的效果也截然不同。抑制负序电流的控制策略可降低 MMC 的电流应力，减少故障对 MMC 自身的影响；而抑制交流功率波动的控制策略则保证了 MMC 与电网传输的功率稳定不变，从而有利于支撑电网的稳定运行。实际工程中应根据需求选择合适的控制策略。

8.2.3　不对称故障下 MMC 的直流侧功率波动抑制

尽管上述功率波动抑制策略能够在不对称故障下维持恒定的交流侧功率，但无法避免 MMC 直流侧产生功率波动。这是因为真正被 MMC 转移到直流侧的功率并不是并网点处吸收的功率，而是图 8.2 中内部等效电压源 u_{ac_a}、u_{ac_b}、u_{ac_c} 所吸收的功率。功率从交流并网点流入等效电压源时将在 $R/2$ 和 $L/2$ 上产生压降，使得等效电压源处的电压、电流与功率无法满足式(8.28)、式(8.29)，从而产生二倍频功率波动并最终转移到直流侧。

需要注意的是，这一直流功率波动在 MMC 的整流和逆变两种工作模式下将会产生不同的影响。当 MMC 逆变运行时，其直流电压往往由其他换流站来稳定，因此二倍频功率仅导致直流电流的波动。而当 MMC 以整流模式运行时，其所连接的往往是无源负载或恒功率负载，二倍频电流流过这些负载时也会引发直流电压的波动。无论哪一种情况，直流侧的功率波动都会增加设备的电压或电流应力，需要设计相应的控制策略加以抑制。

传统的两电平换流器若想抑制直流侧功率波动，只能通过调整交流侧的负序电流实现[5]。这就导致功率波动抑制仅能在交流侧和直流侧二选其一，无法兼顾。然而对于 MMC 而言，直流母线的波动电流对应于环流的零序成分，且波动频率恰好等于二倍频，因此能够利用 MMC 的二倍频环流控制策略实现对直流电流波动的抑制，进而消除功率波动。另外，MMC 环流控制与交流侧控制之间的独立性(5.1 节)，使之能够在不影响交流侧控制的前提下抑制直流功率波动，相比传统两电平换流器具有明显的优势。值得注意的是，基于二倍频负序坐标系的 PI 环流抑制策略通常仅对负序环流起作用，无法抑制零序环流波动；而 PR 控制器则能同时作用于正、负、零序的环流成分，因此本节将采用基于 PR 的环流控制策略实现对直流功率波动的抑制。

下面基于表 8.1 所示参数对上述内容进行仿真，验证 MMC 逆变站发生交流侧单相接地故障后的直流功率波动抑制效果。图 8.6(a) 和(b) 分别给出了 MMC 采用负序电流抑制和交流功率波动抑制策略的仿真波形。当 0.05s 发生 a 相接地故障后，无论 MMC 交流侧采用何种控制方式，其直流功率(p_{dc})中均会产生明显的二倍频波动。而且由于逆变状态下的直流电压保持恒定，因此该功率波动仅体现在直流电流中。为抑制直流功率波动，在 0.25s 后向 MMC 中加入二倍频环流 PR 控制器，直流功率与直流电流中的波动成分迅速衰减至零，验证了波动抑制方法的有效性。

基于相同的参数，图 8.7 给出了整流模式下 MMC 采用两种抑制策略的仿真

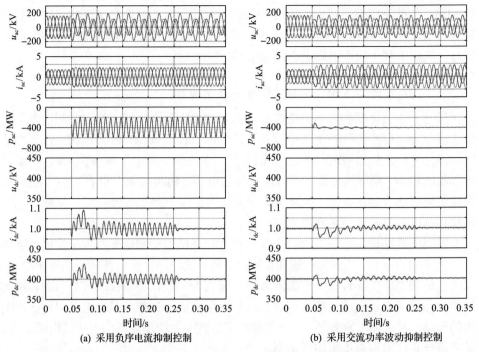

(a) 采用负序电流抑制控制　　　　　　　(b) 采用交流功率波动抑制控制

图 8.6　MMC 逆变站直流功率波动抑制策略验证

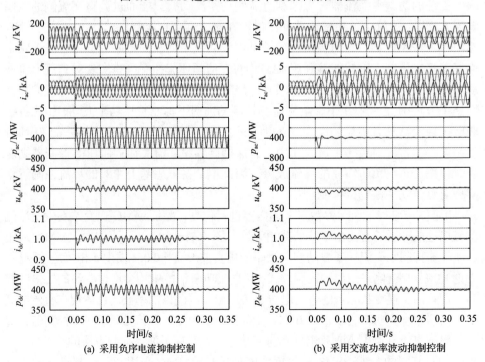

(a) 采用负序电流抑制控制　　　　　　　(b) 采用交流功率波动抑制控制

图 8.7　MMC 整流站直流功率波动抑制策略验证

波形，此时 MMC 的直流侧与 400Ω 负载电阻相连。与逆变的不同之处在于，当 0.05s 发生单相接地故障后，除直流电流中的二倍频波动之外，流过负载的电流使得直流电压中也产生了相同频率的波动成分。在 0.25s 加入 PR 控制器后，直流电压、电流与功率中的二倍频波动同样得到有效的抑制。

8.3　不对称故障下背靠背系统的功率传输问题

8.1 节和 8.2 节介绍了单台 MMC 在不对称故障下的运行特性和控制方法。然而对于两台 MMC 构成的背靠背柔性直流输电系统，不对称故障还可能会引发功率传输失衡的问题。为了协调背靠背系统中两台 MMC 的传输功率，目前工程中通常对其中一个换流器采用定直流电压控制，稳定整个系统的电压；对另一个换流器采用定功率控制，调节背靠背系统的传输功率。正常情况下，两个换流站的设计容量相同，以充分发挥各台 MMC 的输电能力。然而当某个换流站的交流侧发生严重不对称故障时，为避免 MMC 过流，其可传输的功率将随着交流电压的跌落而降低。对于定功率站而言，传输功率降低后系统仍然能保持稳定运行。但对于定电压站，不对称故障将降低整个背靠背系统可消纳功率的上限，当其功率上限低于定功率站的设定值时就会引发整个系统的功率匹配失衡，最终造成直流电压失控崩溃。本节将针对该问题给出一种 MMC 改进控制方法，以提升不对称故障下功率传输的可靠性。

图 8.8 为 MMC 背靠背系统的简化结构，其中 MMC_1 表示定电压站，而 MMC_2 为定功率站。图 8.9 以功率从 MMC_1 向 MMC_2 传输为例展示了两个换流站的 $P\text{-}U$ 特性曲线。MMC_1 在直流电压控制下能够保持母线电压恒定为 U_{dcA}，并根据 MMC_2 的需求主动调节自身的输出功率，其 $P\text{-}U$ 特性曲线是一条垂直于 U_{dc} 轴的直线。MMC_2 的 $P\text{-}U$ 特性在定功率控制下为一条垂直于 P 轴的直线，始终保持恒定的吸收功率 P_A。正常运行时，MMC_2 的吸收功率不会超过 MMC_1 的输出功率限额，因此 MMC_1 与 MMC_2 的 $P\text{-}U$ 特性曲线存在唯一交点 A，此交点便是背靠背系统的稳定工作点。

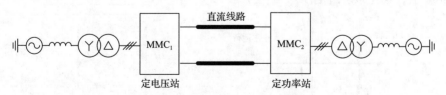

图 8.8　MMC 背靠背系统简化结构图

当定电压控制的 MMC_1 出现交流侧不对称故障后，为避免发生过流，需限制 MMC_1 的最大输出功率($-P_{max}$)，如图 8.9(a)中粗虚线所示。当这一功率上限 P_{max}

低于 MMC_2 的吸收功率 P_A 时，MMC_1 的输出功率不足以维持系统直流电压，将导致直流电压不断下跌，直至触发保护。类似地，当功率从 MMC_2 向 MMC_1 传输时，直流电压会因为 MMC_1 无法完全接纳 MMC_2 发出的功率而不断泵升，同样会触发保护。

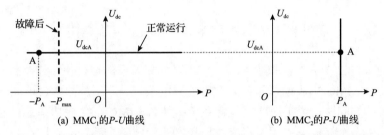

(a) MMC_1 的 P-U 曲线　　　　　　　(b) MMC_2 的 P-U 曲线

图 8.9　背靠背系统中 MMC 的 P-U 曲线（功率由 MMC_1 向 MMC_2 传输）

不难发现，引发上述问题的根本原因在于 MMC_2 吸收或发出的功率超过了不对称故障下 MMC_1 的功率限额。为解决这一问题，需要对 MMC_2 的控制策略加以改进，使其能够自动识别定电压站 MMC_1 的异常，并主动降低 MMC_2 的功率给定，以便与故障后 MMC_1 的功率限额匹配。基于上述思想，可将交流功率控制环的给定值 P^* 设置为关于直流电压的分段函数，得到 MMC_2 的改进型功率分段控制策略。图 8.10 展示了当功率从 MMC_1 向 MMC_2 传输时，功率分段控制策略下背靠背系统的 P-U 特性曲线。MMC_2 通过检测端口直流电压，并根据图 8.10(b) 所示的曲线设置功率给定 P^*。图中 A 点为背靠背系统正常运行时的初始工作点，此时 MMC_2 按照定功率方式运行，有 $P^* = P_A$，系统电压稳定于 U_{dcA}。若 MMC_1 发生交流侧故障，其输出功率被限制为 $-P_{max}$，使得直流电压不断下降。当直流电压低于 MMC_2 预先设定的阈值电压 U_{dc-} 后，主动降低 MMC_2 吸收功率的给定值，直至与 MMC_1 发出的功率相匹配，即满足 $P^* = P_B = P_{max}$，最终系统直流电压稳定于 U_{dcB}。同理，在功率从 MMC_2 向 MMC_1 传输时，系统的 P-U 特性曲线如图 8.11 所示，当 MMC_1 的交流侧故障使直流电压超过阈值 U_{dc+} 后，降低 MMC_2 发出功率的给定值，避免系统过电压。

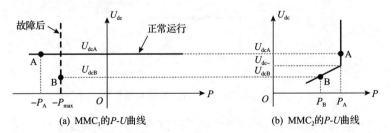

(a) MMC_1 的 P-U 曲线　　　　　　　(b) MMC_2 的 P-U 曲线

图 8.10　改进后背靠背系统 MMC 的 P-U 曲线（功率由 MMC_1 向 MMC_2 传输）

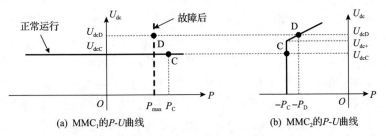

(a) MMC₁的P-U曲线　　　　　　　(b) MMC₂的P-U曲线

图 8.11　改进后背靠背系统 MMC 的 $P\text{-}U$ 曲线（功率由 MMC₂ 向 MMC₁ 传输）

为了验证上述策略的控制效果，本节给出了背靠背系统在功率分段控制策略下的仿真波形，仿真中 MMC 的参数与表 8.1 相同。

图 8.12 展示了功率由 MMC₁ 向 MMC₂ 传输时的波形，其中 u_{ac1}、i_{ac1} 和 u_{ac2}、i_{ac2} 分别表示 MMC₁ 与 MMC₂ 的交流电压、电流，u_{dc}、i_{dc} 分别为直流侧的电压和电流。系统正常运行 0.1s 后，MMC₁ 的交流侧发生 a 相接地故障，使之从交流侧转移至直流侧的功率减小，直流电压因此开始跌落。t_1 时刻后，直流电压低于功率分段控制的设定阈值 U_{dc-}（=390kV），MMC₂ 的功率给定 P^* 随之降低，直

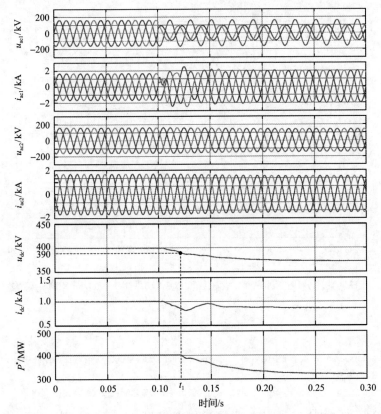

图 8.12　功率分段控制下背靠背系统波形图（功率由 MMC₁ 向 MMC₂ 传输）

至等于 MMC$_1$ 的最大功率限额 320MW(对应交流电流限幅为 2kA)后达到功率平衡,最终使直流电压稳定在 372kV 附近。类似地,图 8.13 给出了功率从 MMC$_2$ 向 MMC$_1$ 传输时的波形。在 0.1s 发生 a 相接地故障后,MMC$_1$ 由于无法消纳 MMC$_2$ 发出的功率而使得直流电压被逐渐抬升。当电压超过阈值电压 U_{dc+}(=410kV)后,MMC$_2$ 在功率分段控制的作用下主动降低功率给定值,最终使背靠背系统的直流电压稳定于 417kV,避免了系统过压。仿真结果表明功率分段控制策略能够有效提升不对称故障下背靠背系统的功率传输可靠性。

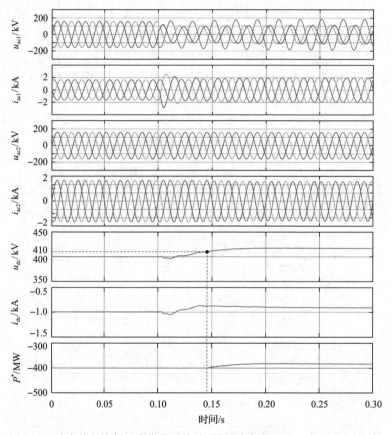

图 8.13　功率分段控制下背靠背系统波形图(功率由 MMC$_2$ 向 MMC$_1$ 传输)

参 考 文 献

[1] Taylor C W, Mittelstadt W A, Lee T N, et al. Single-pole switching for stability and reliability[J]. IEEE Transactions on Power Systems, 1986, 1(2): 25-36.

[2] 何仰赞, 温增银, 等. 电力系统分析[M]. 3 版. 武汉: 华中科技大学出版社, 2002: 4-208.

[3] Fortescue C L. Method of symmetrical coordinates applied to the solution of polyphase networks[J]. Transactions of the AIEE, 1918, 37: 1027-1140.

[4] 王兆安, 李民, 卓放. 三相电路瞬时无功功率理论的研究[J]. 电机技术学报, 1992(3): 55-59,39.

[5] Remus T, Marco L, Pedro R. 光伏与风力发电系统并网变换器[M]. 周克亮, 王政, 徐青山, 等译. 北京: 机械工业出版社, 2012: 215-225.

[6] Kaura V, Blasco V. Operation of a phase locked loop system under distorted utility condition[J]. IEEE Transactions on Industry Applications, 1997, 33: 58-63.

[7] Hong-Seok S, Kwanghee N. Dual current control scheme for PWM converter under unbalanced input voltage condition[J]. IEEE Transactions on Industrial Electronics, 1999, 46(5): 953-959.

[8] Chang Y R, Cai X, Zhang J W, et al. Bifurcate modular multilevel converter for low-modulation-ratio applications[J]. IET Power Electronics, 2016, 9(2): 145-154.

[9] Rioual P, Pouliquen H, Louis J P. Regulation of a PWM rectifier in the unbalanced network state using a generalized model[J]. IEEE Transactions on Power Electronics, 1996, 11(3): 495-502.

第9章　MMC 电磁暂态模型及其仿真技术

任何关于电力电子设备及其控制策略的研究都需要经过准确可靠的验证后才能应用于工程实践，而电路仿真是最为灵活、使用最为广泛的验证手段。对于 MMC 这样的电路结构复杂、元件数量庞大的设备而言，建立能够精确体现其全部动态细节的模型，将面临仿真的维数灾问题。为了提升 MMC 的仿真速度，往往需要根据实际关注的环节对仿真模型做出适当的简化，提高仿真效率。目前关于 MMC 的仿真模型按照其复杂程度可以分为详细模型、桥臂平均模型及换流器平均模型三类。这些仿真模型分别对应着不同的简化条件，实际应用时可根据研究目的进行合理的选择。

9.1　MMC 的详细模型

详细模型(detailed model，DM)包含了 MMC 每一个子模块的电路结构，能够准确反映 MMC 各个子模块的电压、电流特性。因此详细模型多用于需要准确分析子模块内部动态过程的场合，如 MMC 子模块故障、MMC 子模块电容电压平衡控制等相关研究。同时，由于详细模型具有较高的准确性，它也常常用于对比验证其他简化的 MMC 仿真模型。详细模型可进一步细分为器件级模型、基于分解算法的详细模型、基于开关电阻等效的详细模型及戴维南等效详细模型四种。

9.1.1　MMC 器件级模型

MMC 器件级模型是最为全面详细的仿真模型，模型中包含了 MMC 电路中所有的电气元件，每个子模块的半导体开关器件都采用详细元件(如 IGBT)进行搭建[1]。这种模型最大限度地保留了实际 MMC 所有开关动作的暂态信息，因此只要开关器件自身的数学模型足够精确，就能以非常高的精度准确反映 MMC 的各种特性，如子模块开关特性、环流谐波特性、电容电压波动、开关损耗、电路输入输出特性等。然而实际工程中仅单台 MMC 即含有成百上千个储能元件和开关器件，其模型将十分复杂，对应着极其庞大的时变非线性高阶微分方程组，使得仿真解算过程极为耗时。因此，MMC 器件级模型仅仅在需要分析开关器件应力和子模块内部的电压、电流特性时才会使用。

9.1.2　基于分解算法的 MMC 详细模型

为了解决器件级模型阶数高、解算困难的问题，华北电力大学的许建中[2]提出一种巧妙的分解算法来加快详细模型的计算速度。基于分解算法的 MMC 详细模型将 MMC 的每个桥臂分解为一系列由受控电流源和子模块相串联的独立单元，如图 9.1 所示。

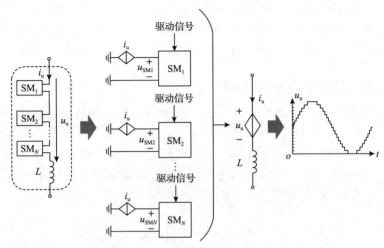

图 9.1　基于分解算法的 MMC 详细模型

由于同一个桥臂中所有子模块流过相同的桥臂电流，因此每个子模块的电路端口可连接一个电流源进行等效。各子模块根据桥臂电流分别计算出各自的电容电压和输出电压后，再将桥臂中所有子模块的输出电压叠加即可求得整个桥臂的输出电压。该方法本质上是采用了"分而治之"的思想，通过将整个 MMC 模型分解为一个个小的子电路来简化计算。这一过程从数学角度看相当于将 MMC 原本庞大的高阶微分方程组分解成多个小型的低阶微分方程组，分别进行求解，再将计算结果进行合成，达到加快仿真速度的效果。由于该方法仅仅是将运算过程进行了分解，并没有进行近似和简化，因此该模型仍然精确保留了 MMC 所有的内部特性。

9.1.3　基于开关电阻等效的 MMC 详细模型

在实际使用中，分解算法对仿真的加速效果往往仍不能达到预期的仿真速度，因此不得不继续对模型进行简化。MMC 仿真模型之所以复杂，一个重要的原因在于大量开关器件的动作会导致模型结构不断地发生变化，这意味着整个电路中一旦有一个开关器件发生动作，就要对新的电路结构重新列写电压、电流方程，运算量非常庞大。为此文献[3]采用了基于开关电阻等效的 MMC 详细模型，其核心思想是将每个开关器件采用电阻进行等效，利用该电阻的阻值变化来模拟开关器件的导通、关断动作。例如，当开关器件导通时电阻取值为该半导体器件的导通电阻(通常为毫欧级别)，而当开关器件关断时则将电阻取为其关断等效电阻(通常为兆欧级别)。这种将开关等效为可变电阻的方式能够保证电路拓扑固定不变，开关动作仅仅影响模型中的电阻值而不会影响到模型的整体结构，从而简化了模型解算过程，这在很大程度上加快了计算速度。

基于开关电阻等效的模型忽略了开关器件本身的动态特征，因此不能反映开关的开关损耗、反向恢复过程等其他器件特性。但是该模型仍能够准确体现子模块内部的电压、电流变化，并且可以独立地更改其中任意子模块的电路结构。

9.1.4 MMC 的戴维南等效详细模型

MMC 的戴维南等效详细模型[3-6]是对基于开关电阻等效模型的进一步简化，如图 9.2 所示。该模型除了将子模块的开关器件采用开关电阻等效，还将 MMC 的每个桥臂等效为一个戴维南电路，大幅度简化了模型结构。该等效模型的关键在于将子模块中的电容元件等效为电压源与电阻相串联的支路。对于任意一个电容元件，其元件方程可列写为

$$u_C(t) = \frac{1}{C_{\mathrm{SM}}} \int_0^t i_C(t)\mathrm{d}t \tag{9.1}$$

其中，$u_C(t)$ 为电容两端的电压；$i_C(t)$ 为电容电流。

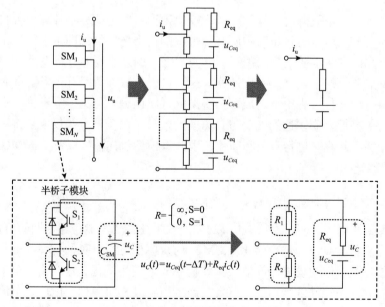

图 9.2　戴维南等效详细模型的结构

仿真模型在计算机中均以离散方程的形式进行解算，若取离散步长为ΔT，则该电容的元件方程可通过梯形积分法离散为

$$u_C(t) = \frac{1}{C_{SM}} \int_0^t i_C(t)\mathrm{d}t = \underbrace{u_C(t-\Delta T) + \frac{\Delta T}{2C_{SM}} i_C(t-\Delta T)}_{u_{Ceq}(t-\Delta T)} + \underbrace{\frac{\Delta T}{2C_{SM}} i_C(t)}_{R_{eq}i_C(t)} \quad (9.2)$$

经过上述离散化处理后，电容元件方程可以等效为一个戴维南支路，其等效电阻 R_{eq} 仅与离散仿真步长和电容值有关，而等效电压源 $u_{Ceq}(t-\Delta T)$ 则可以通过上一时刻的电容充电电流和电容电压计算得到。按照这一思路，MMC 每个子模块乃至整个桥臂都能够转化为戴维南等效电路，使 MMC 的桥臂可以采用一个方程进行描述，简化了模型的计算过程。可以看到戴维南等效模型中仍然包含着各个子模块的电容电压信息，因此也属于详细模型的范畴。但与 9.1.3 节的模型相比，戴维南等效模型将所有子模块进行了集中处理，因此子模块内部的结构固定，不适用于子模块开关故障、电容故障等会改变子模块拓扑结构的研究。

9.2　MMC 桥臂平均模型

尽管 MMC 的详细模型具有较高的仿真精度，但需要体现出全部子模块的电容电压，导致模型中变量数目极为庞大，仿真速度总体较慢。实际上在采用电容电压平衡方法时，MMC 通常情况下各桥臂内的子模块电容电压相差无几，因此可以忽略桥臂内不同子模块之间的差异，近似认为同一桥臂中各个子模块的状态完全一致，重点研究桥臂与整机的运行特性。MMC 桥臂平均模型正是基于这一思想，将一个桥臂内的 N 个子模块等效为一个平均子模块，显著降低模型的变量数目[7-9]。

9.2.1　MMC 桥臂平均模型的基本原理

图 9.3 给出了将 MMC 的一个桥臂(以上桥臂为例，其余桥臂处理方法相同)简化为平均模型的过程。假设 MMC 桥臂中所有子模块完全平衡，即电容电压、电流均相等，此时有

$$u_{Cu}(k) = u_{Cu} \quad (9.3)$$

$$i_{Cu}(k) = i_{Cu} \quad (9.4)$$

其中，$k=1, 2, \cdots, N$。

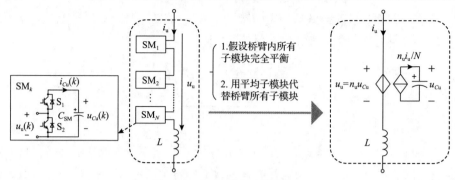

图 9.3　MMC 桥臂平均示意图

　　由于子模块完全相同，因此可以利用一个平均子模块来代替一个桥臂内所有子模块的状态，如图 9.3 右侧所示。该平均子模块的电容充电电流通过一个受控电流源进行模拟，使其满足如下微分方程：

$$i_{Cu} = \frac{n_u}{N} i_u = C_{SM} \frac{\mathrm{d}u_{Cu}}{\mathrm{d}t} \tag{9.5}$$

其中，n_u/N 为该桥臂子模块的投入比，表示当前时刻有 n_u/N 的桥臂电流为平均子模块电容进行充电，准确地反映了子模块的电容电压波动。在此基础上，MMC 的桥臂输出电压可以用一个受控电压源进行等效，桥臂输出电压等于电容电压 u_{Cu} 与当前子模块投入数量 n_u 的乘积，即

$$u_u = n_u u_{Cu} \tag{9.6}$$

　　式(9.5)、式(9.6)共同构成了 MMC 一个桥臂的平均模型。将全部六个桥臂进行平均化处理并与桥臂电感相连后，即可得到完整的 MMC 桥臂平均模型，如图 9.4 所示。

　　将同一桥臂中的所有子模块进行平均等效的做法大大降低了模型中的变量数目，对仿真速度的提升有着非常显著的效果。由于桥臂平均模型忽略了不同子模块之间的差异，因此无法用于子模块电容电压平衡、子模块故障相关层面的研究。然而，该模型保留了 MMC 的桥臂结构，能够准确反映换流器内部的环流特性，因此它可以用于研究环流控制、相间及桥臂间能量平衡控制、交/直流侧输出控制等控制策略，满足绝大部分情况下 MMC 的研究需求。

9.2.2　MMC 桥臂平均模型仿真实例

　　鉴于 MMC 桥臂平均模型具有较强的实用性，本节将详细展示桥臂平均模型的搭建过程，为读者使用该模型提供参考。

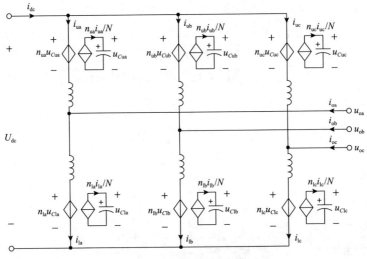

图 9.4　MMC 桥臂平均模型

　　图 9.4 所示的桥臂平均模型以每个桥臂投入的子模块数量为输入变量,并由此控制 MMC 的桥臂输出电压。子模块投入数量一般通过调制环节获得,图 9.5 给出了两种常见调制环节的仿真模型,仿真时可任选其一。图 9.5(a)为 PSC-PWM 过程,桥臂的调制波与多条三角载波做比较,将比较结果求和叠加后即可得到该桥臂需要投入的子模块数目。图 9.5(b)对应最近电平逼近调制过程,调制波直接经过取整模块来计算所需投入的子模块数目。这里的调制波均采用信号源直接生成,属于开环控制。对于闭环运行的 MMC,调制波由相应的控制系统生成。由于本节仅介绍 MMC 桥臂平均模型的搭建过程,因此对于控制系统的仿真模型不做赘述。

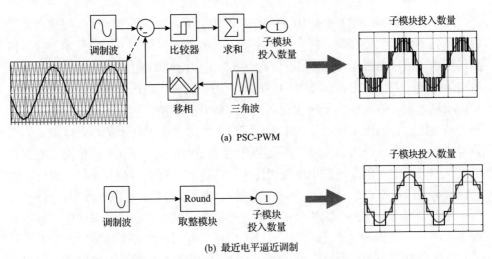

(a) PSC-PWM

(b) 最近电平逼近调制

图 9.5　MMC 桥臂平均模型的调制环节及其波形示意图

MMC桥臂平均模型的主电路可参考图9.4所示的电路结构和信号传递关系搭建。由于六个桥臂具有完全相同的电路结构，因此仅需要搭建其中一个桥臂的仿真模型，复制后即可组合为完整的 MMC。每个桥臂包含了桥臂电感、等效寄生电阻、平均子模块电容、受控电压源及受控电流源等元件，如图 9.6 所示。

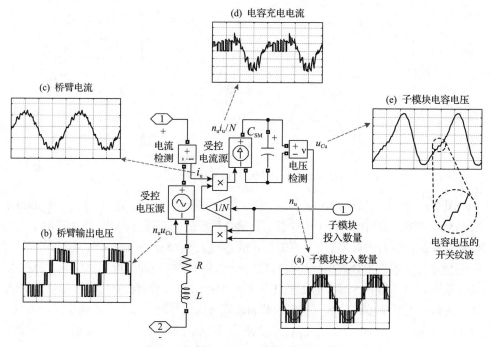

图 9.6   MMC 桥臂平均模型仿真实例

图 9.6 以 MMC 中某个采用 PSC-PWM 的上桥臂为例，展示了所搭建模型中各个位置的信号波形图。该桥臂子模块投入数量为 n_u，如图 9.6(a)所示，将与检测得到的子模块电容电压 u_{Cu} 相乘，进而可求出该桥臂的输出电压 $n_u u_{Cu}$ 并通过受控电压源施加到桥臂上，如图 9.6(b)所示。图中的输出电压既包含了电容电压波动的信息，也能够反映出子模块投切所产生的开关谐波，因此也可以用于 MMC 的谐波分析。在输出电压的作用下，桥臂产生如图 9.6(c)所示的桥臂电流 i_u，而该电流则与子模块投入比 n_u/N 相乘得到电容的充电电流。图 9.6(d)给出了电容充电电流的波形，可以发现充电电流相比于桥臂电流含有更多的开关频率成分，这一现象与实际情况一致，因为实际子模块的投切过程将对充电电流波形进行斩波。这一充电电流通过受控电流源向子模块电容充电，最终获得的子模块电容电压波形不仅能展现出低频波动，还能准确反映出充电电流中的开关谐波对电容电压开关纹波的影响，如图 9.6(e)所示。整个 MMC 桥臂平均模型通过调节参数 N 即可

灵活地改变等效子模块的数量，且模型所包含的储能元件数量不会随着子模块数量的增加而发生变化，有效降低了模型的复杂度。

为了验证桥臂平均模型的准确性，图 9.7 在子模块数量 $N=4$ 的情况下对比了 MMC 桥臂平均模型和详细模型的波形，仿真参数见表 9.1。仿真中对 MMC 交流电流采用 dq 坐标系下的 PI 控制，并在 0.05s 处将电流幅值的给定由 8A 突增到 16A。可见，无论是稳态运行还是暂态过程，桥臂平均模型得到的仿真结果均与详细模型完全一致。图 9.8 进一步给出了 MMC 交流侧输出电压和电流的局部放大图，可见详细模型中所包含的开关纹波都能在桥臂平均模型中准确反映出来，证明了桥臂平均模型在外电压、电流和谐波特性等方面完全可以媲美详细模型。两者唯一的差异体现于电容电压波形中，平均化处理导致桥臂平均模型无法体现各个子模块的真实电容电压，只能反映桥臂中各子模块电容电压的平均值，如图 9.9 所示。但实际上，MMC 正常运行时通常都会加入电容电压平衡控制(如基于排序的电容电压平衡策略)，这使得同一个桥臂内部各个子模块的电容电压之间基本一致，尤其是在研究 MMC 的系统级控制时，平均化带来的误差一般情况下可以忽略。

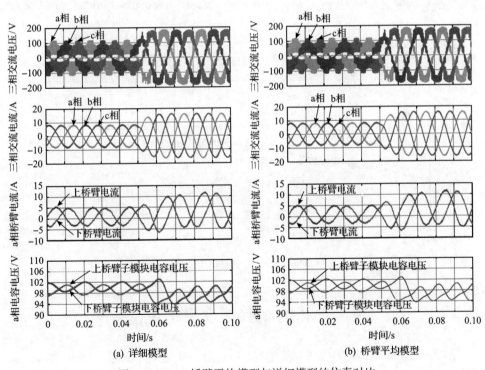

(a) 详细模型　　　　　(b) 桥臂平均模型

图 9.7　MMC 桥臂平均模型与详细模型的仿真对比

表 9.1　仿真参数

仿真参数	数值
直流电压	$U_{dc}=400\text{V}$
桥臂子模块数量	$N=4$
子模块电容容量	$C_{SM}=3300\mu\text{F}$
桥臂电感值	$L=4\text{mH}$
负载电阻	$R_{Load}=10\Omega$
负载电感	$L_{Load}=4\text{mH}$

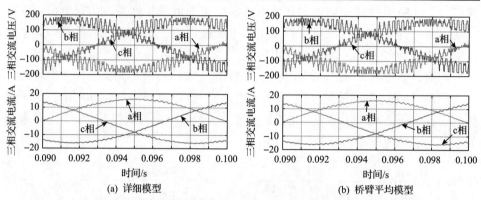

(a) 详细模型　　　　　　　　　　　　(b) 桥臂平均模型

图 9.8　MMC 交流电压、电流中开关频率纹波的局部对比

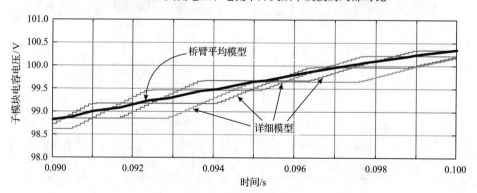

图 9.9　MMC 子模块电容电压的局部对比

9.3　MMC 的换流器平均模型

对于多端 MMC-HVDC 或直流电网，研究重点关注在 MMC 外特性(如交、直流端口的电压和功率的控制)，此时电容电压波动和内部环流等特征成为次要因素。为此，可以对 MMC 的模型进一步做出简化，这类模型不仅忽略了电容电压

的波动，将电容电压视为定值，还忽略了 MMC 内部的桥臂结构，直接利用交、直流两侧的能量守恒关系构建 MMC 交、直流回路的等效电路，专注于反映 MMC 的外特性。由于这类模型无法体现 MMC 电容电压和环流中的波动成分，相当于对换流器整体进行了平均化处理，因此这类模型称为 MMC 的换流器平均模型[10]。

图 9.10 给出了 MMC 的换流器平均模型的基本结构。该模型除了能够描述 MMC 的外部输出特性，还包含了一个等效电容 C_{eq}，MMC 交、直流两侧之间所传递的能量均需要通过该电容的充放电来实现，而电容电压 U_{eq} 则反映了 MMC 内部所存储的能量。这种储能特性是 MMC 与传统两电平换流器的关键区别。前面多次提到的 MMC 解耦控制策略正是基于这一特征实现的：电容能够缓冲 MMC 交、直流侧之间的功率变化，从而交、直流两侧的控制近似独立，实现解耦。当在系统层面研究多台换流器的互联控制且不关注 MMC 的内部谐波时，换流器平均模型能够在保留 MMC 储能特点的基础上最大限度地简化仿真。

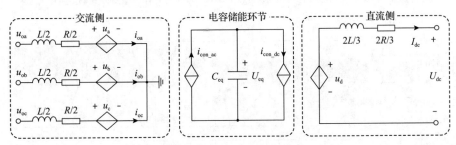

图 9.10　MMC 的换流器平均模型

图 9.10 中各个控制量满足功率守恒关系：

$$P_{ac} = \sum_{j=a,b,c} u_j i_{oj} = U_{eq} i_{con\_ac} \tag{9.7}$$

$$P_{dc} = u_d I_{dc} = U_{eq} i_{con\_dc} \tag{9.8}$$

其中，i_{con_ac} 和 i_{con_dc} 分别为 MMC 等效电容从交、直流两侧吸收的充电电流；P_{ac}、P_{dc} 分别为 MMC 交流、直流侧功率。交、直流两侧的输出电压 $u_j(j=a, b, c)$ 和 u_d 则分别由 MMC 控制产生的调制波 u_{lj_ref} 和 u_{uj_ref} 决定：

$$\begin{cases} u_j = \dfrac{u_{lj\_ref} - u_{uj\_ref}}{2} U_{eq} \\[3mm] u_d = \dfrac{u_{lj\_ref} + u_{uj\_ref}}{2} U_{eq} \end{cases} \tag{9.9}$$

根据能量守恒，换流器平均模型中的电容储能应等于真实 MMC 内部所有电容的能量，于是模型中的等效电容 C_{eq} 满足如下关系：

$$6N\frac{1}{2}C_{SM}u_C^2 = \frac{1}{2}C_{eq}U_{eq}^2 \tag{9.10}$$

其中，u_C 和 C_{SM} 分别为每个子模块的电容电压和电容值。MMC 处于稳态时，u_C 的平均值近似等于 U_{eq}/N，因此可求出等效电容的容值为

$$C_{eq} = \frac{6C_{SM}}{N} \tag{9.11}$$

图 9.11 对比了 MMC 的换流器平均模型与详细模型的交流侧输出电压、电流及电容电压的稳态、暂态仿真波形。仿真过程仍然采用表 9.1 的参数，并在 0.05s 处将电流幅值的给定由 8A 突增到 16A。可见换流器平均模型的仿真结果不再包含开关动作和谐波，但仍可准确刻画出 MMC 外特性和储能的变化趋势。其中，虚线表示换流器平均模型的波形。

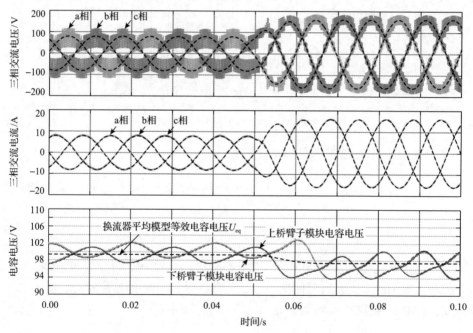

图 9.11　换流器平均模型与详细模型的仿真对比

9.4　实时仿真与半实物仿真技术

前面所介绍的各类 MMC 电磁暂态仿真模型本质上都是通过不同程度的数学

简化来加快仿真速度。这也反映了模型的仿真速度与仿真精度相互制约，提高仿真速度就不得不以降低仿真精度为代价。因此，为了突破仿真速度和精度的制约关系，人们转而开始从硬件入手，通过采用更快速的硬件设备来进行仿真运算，从而在保证精度的基础上提高仿真速度。

目前的仿真软件大多基于个人计算机设计，只能通过单个中央处理器(central processing unit, CPU)的串行运算来求解庞大的模型方程。即使有些计算机的 CPU 具备多个内核，这些仿真软件也无法将模型自动拆分到各个内核中，导致仿真运算耗时长、难以满足工业需求。针对传统仿真设备的问题，一种基于并行运算的实时数字仿真器应运而生。这种实时数字仿真器不仅具有性能强大的高速多核 CPU，而且配备了多个高速的 FPGA 芯片，利用 FPGA 的并行运算能力大幅提升仿真速度。在此基础上，仿真软件也做出了相应的改进，可以将仿真模型按照仿真步长划分为不同的区块：精度要求不高的低速模型下载到 CPU 并自动划分到多个内核中，而包含大量开关动作的高速模型则被分配到 FPGA 中。对于更加复杂的仿真模型，如大规模电力系统的仿真，还可以通过将多台实时数字仿真器并联运行来实现。通过这种方法，模型的计算速度实现了质的飞跃，仿真步长甚至能达到纳秒级别，以至于仿真计算的时间刻度可以等于现实世界的时间刻度，实现实时仿真(real-time simulation)。这种实时仿真技术一经推出，立刻受到了各个领域的广泛关注，目前市场中已经出现了 RT-LAB、RTDS、dSPACE 等多种品牌的商用实时数字仿真器。相比传统的离线仿真，实时仿真大幅缩短了科研周期，提高了开发效率，尤其在包含 MMC 这种复杂拓扑的电力电子化电力系统等领域具有重要价值。

数字仿真在传统电网的仿真研究中已非常成熟，其仿真规模、功率等级与系统结构都可以灵活地修改，具有调试方便、无须硬件维护、成本低等优点。然而，对于部分未知物理现象和高速的动态过程(如电力电子器件的高速开关动作)及电力电子化系统中的多时间尺度特征，其数字模型仍不够准确，难以准确地反映真实的物理过程，因此经过仿真研究之后，通常必须再进行硬件实验验证。相比于数字仿真，通过物理器件搭建的实验平台能更准确地反映电力电子设备的开关动态过程，但该方案成本较为高昂，且灵活性差，对于稍复杂的系统其调试将极为困难。特别对于搭建柔性直流输电系统这样的高电压、大功率、结构复杂的实验平台，需要投入大量人力物力，且搭建出的系统规模受限、调试维护过程非常困难。为此，人们将软件仿真的便捷性与硬件实验的真实性相互融合，产生了半实物仿真的概念。

半实物仿真又称为数字-物理混合仿真，是在实时仿真基础上兴起的一种新型仿真技术[11,12]。半实物仿真系统由两部分组成，一部分是实时数字仿真器，另一部分则是真实的物理实验设备。其中，将规模庞大、难以用硬件搭建的部分用实时数字仿真器进行模拟，而对于重点研究或结构复杂、难以精确建模的部分采用真实的物理实验设备实现，并通过数字-物理接口与实时数字仿真器相连，形成既有虚拟数字仿真又有真实物理设备的半实物仿真系统。由于需要实现真实设备和数字模型的互联，数字侧必须采用实时仿真才能保证与物理设备处于相同的时间刻度，因此实时性是半实物仿真的基本特征。根据被测物理设备的不同，可以将半实物仿真分为硬件在环仿真(hardware in the loop simulation，HIL)、快速控制原型(rapid control prototype，RCP)与功率硬件在环仿真(power hardware in the loop simulation，PHIL)三类，如图 9.12 所示。

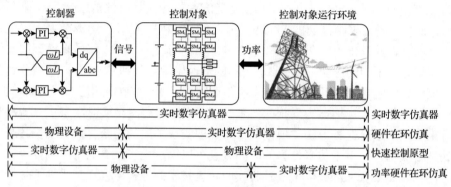

图 9.12　实时仿真与半实物仿真技术的分类

HIL 采用实际的工业控制器作为物理设备，而被控装置以模型的形式运行于实时数字仿真器中，物理控制器与实时数字仿真器之间的接口直接传递控制信号。HIL 主要用于被控对象难以获取或极端运行环境等场合，如航空、交通、军事等领域，也普遍用于测试 MMC 的控制系统，避免了对实际对象直接操作而带来的安全问题，大大降低了测试成本。

RCP 与 HIL 正好相反，被控对象为真实的物理设备(如 MMC)，而将实时数字仿真器作为控制器来使用。由于不少品牌的实时数字仿真器都兼容市面上广泛使用的离线仿真软件(如 MATLAB/Simulink、PLECS 等)，能够自动将这些软件中搭建的控制器模型分割转化为实时模型后下载到实时数字仿真器中。RCP 正是利用这一特点构建控制系统，相比传统基于单片机、DSP 控制器的开发调试过程，可更为快速地验证控制功能。

与 HIL 和 RCP 仅在数字、物理侧之间交换控制信号不同，PHIL 的数字侧与物理侧设备间存在真实量级的功率交换。在电力电子领域，该方式主要通过在数字侧模拟不同的电网、设备或负载，来测试物理侧样机接入不同运行环境下的稳态、动态性能与控制效果。例如，可以采用实时数字仿真器模拟包含风电、光伏等新能源电站在内的复杂电力系统，同时在物理侧连接一台换流器样机(如MMC)，从而研究该换流器接入新能源电网后的运行特征。由于实时数字仿真器不能提供或吸收真实的功率，因此 PHIL 中的实时数字仿真器与物理设备之间需要设置特殊的数字-物理接口[13]，如图 9.13 所示。实时数字仿真器计算得到的端口电压信号经 D/A 转化后控制功率放大器进行放大，以真实量级的电压、电流驱动物理侧设备；同时还需要利用传感器和 A/D 采样芯片将物理侧的电流信号实时反馈到实时数字仿真器中，为仿真模型的计算提供数据，最终实现数字、物理两侧的信息与功率交换。通过该接口，PHIL 能利用数字模型灵活模拟待测物理设备运行的复杂环境，省去了测试平台的搭建过程，为物理侧设备的研究调试带来极大的便利，是进行电力电子化电力系统研究和工程设计验证的重要手段。

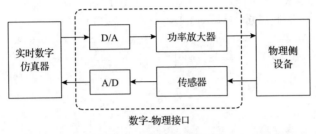

图 9.13　PHIL 的结构图

实时仿真与半实物仿真作为一种先进的仿真技术在电气领域备受关注，通过数字模型与物理设备的不同组合可以实现多种极具实用价值的仿真方法。目前其中一些仿真方法尚处于发展阶段，有待于在未来不断改进，逐步成为验证科研理论的有效方法。

参 考 文 献

[1] CIGRE Technical Brochure 604. Guide for the development of models for HVDC converters in a HVDC grid[EB/OL]. (2014-12-01)[2020-12-20]. https://e-cigre.org/publication/604-guide-for-the-development-of-models-for-hvdc-converters-in-a-hvdc- grid.

[2] Xu J Z, Zhao C Y, Liu W J, et al. Accelerated model of modular multilevel converters in PSCAD/EMTDC[J]. IEEE Transactions on Power Delivery, 2013, 28(1): 129-136.

[3] Gnanarathna U N, Gole A M, Jayasinghe R P. Efficient modeling of modular multilevel HVDC converters (MMC) on electromagnetic transient simulation programs[J]. IEEE Transactions on Power Delivery, 2011, 26(1): 316-324.

[4] Beddard A, Barnes M, Preece R. Comparison of detailed modeling techniques for MMC employed on VSC-HVDC schemes[J]. IEEE Transactions on Power Delivery, 2015, 30(2): 579-589.

[5] Ajaei F B, Iravani R. Enhanced equivalent model of the modular multilevel converter[J]. IEEE Transactions on Power Delivery, 2015, 30(2): 666-673.

[6] Adam G P, Williams B W. Half- and full-bridge modular multilevel converter models for simulations of full-scale HVDC links and multiterminal DC grids[J]. IEEE Journal of Emerging & Selected Topics in Power Electronics, 2014, 2(4): 1089-1108.

[7] Rohner S, Weber J, Bernet S. Continuous model of modular multilevel converter with experimental verification[C]// IEEE Energy Conversion Congress and Exposition, Phoenix, 2011: 4021-4028.

[8] Ahmed N, Angquist L, Norrga S, et al. A computationally efficient continuous model for the modular multilevel converter[J]. IEEE Journal of Emerging & Selected Topics in Power Electronics, 2014, 2(4): 1139-1148.

[9] Adam G P, Li P, Gowaid I A, et al. Generalized switching function model of modular multilevel converter[C]// IEEE International Conference on Industrial Technology (ICIT), Seville, 2015: 2702-2707.

[10] 石绍磊. 模块化多电平换流器的环流抑制与建模[D]. 哈尔滨: 哈尔滨工业大学, 2017.

[11] Mao C X, Leng F, Li J L. A 400-V/50-kVA digital-physical hybrid real-time simulation platform for power systems[J]. IEEE Transactions on Industrial Electronics, 2018, 65(5): 3666-3676.

[12] Marks N D, Kong W Y, Birt D S. Stability of a switched mode power amplifier interface for power hardware-in-the-loop[J]. IEEE Transactions on Industrial Electronics, 2018, 65(11): 8445-8454.

[13] Li B B, Xu Z G, Wang S B, et al. Interface algorithm design for power hardware-in-the-loop emulation of MMC within HVDC systems[J]. IEEE Transactions on Industrial Electronics.

第 10 章　MMC 谐波线性化建模方法

第 9 章介绍的仿真模型是验证 MMC 相关研究成果的有力工具，但仅依靠特定工况下的时域仿真无法获得 MMC 的解析模型或传递函数，还不能从本质原理上揭示 MMC 的运行特性。为此本章将着重介绍一种适用于 MMC 的建模分析方法，以全面考虑 MMC 内部的频率耦合特性，不仅能够精准反映 MMC 的内部谐波，还可以用于研究 MMC 的端口阻抗特性、控制传递函数等，为 MMC 的稳定性、动态分析和控制器参数设计提供理论依据。

10.1　MMC 的谐波耦合特性及其线性化建模方法

MMC 的广泛应用催生了大量与之相关的控制策略，然而 MMC 结构的复杂性导致这些控制器的参数大多依靠经验试凑。另外，若干 MMC 柔性直流输电工程中也发生了一定程度的宽频振荡问题。为了提升 MMC 的动态控制性能、增强 MMC 的稳定性，迫切需要建立一套数学模型，在准确揭示 MMC 运行特点的同时，为 MMC 内部各控制器的参数设计提供一定的理论指导。

时变性与非线性是电力电子设备建模、分析过程中所面临的共性问题，MMC 也不例外。时变性体现在 MMC 子模块中开关器件的动作随时间不断变化，导致模型对应着一个变系数微分方程组，难以分析。而非线性则体现在电力电子设备进行闭环控制时，状态变量会通过反馈控制器影响微分方程组的系数，使多个状态变量相互耦合。此外，当系统中采用非线性的控制策略时，也会引入非线性因素。尽管对于这种非线性时变系统的稳定性可以直接通过自动控制理论中的李雅普诺夫第二法构建能量函数来判断，但李雅普诺夫能量函数的建立尚无通用方式且推导过程较为复杂，在拓扑结构复杂多样的电力电子领域的使用十分有限。除此之外，李雅普诺夫第二法仅能针对系统的稳定性进行分析，而无法体现系统的稳态、动态特性。因此，目前对电力电子设备广泛采用的方法是先针对系统的时变性进行定常化，然后再针对系统的非线性进行小信号线性化，最后采用较为成熟的线性系统理论对模型加以分析。

对于不同类型的换流器，其内部所包含的时变成分有所差异，对这些换流器采取的定常化措施也不尽相同。根据时变成分可以将目前电力电子换流器的线性化建模过程分成直流拓扑、单谐波拓扑和多谐波拓扑三类，如图 10.1 所示。

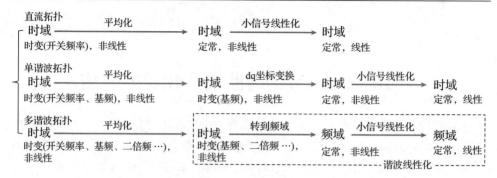

图 10.1　不同电力电子设备的线性化建模过程

　　对于直接进行 DC/DC 斩波变换的直流拓扑，当开关频率远高于系统带宽时，可以忽略开关动作，在一个开关周期内对换流器进行平均，建立设备的平均模型[1]。经过平均化处理后模型成为定常系统，其状态变量在稳态运行时均为直流量，因此可以在该直流工作点附近利用小信号线性化方法获得线性模型。然而对于一般的 DC/AC 换流器(如传统的两电平、三电平换流器和级联 H 桥型换流器等)而言，即使忽略开关谐波得到平均模型，系统在稳态运行时也仍然存在交流电流、电压等基频的时变成分，属于单谐波拓扑。这类拓扑在稳定运行时没有稳定的直流工作点，为此，一种广泛采用的方法是将换流器的平均模型转化到 dq 坐标系下。经过坐标变换后，换流器的基频成分在 dq 坐标系下转化为直流量，从而实现对单谐波换流器的定常化。模型的小信号线性化可以在 dq 坐标系中的定常模型基础上进行[2]。

　　对于 MMC 而言，情况将更为复杂。正如 4.1 节所述，MMC 具有复杂的谐波特性，其内部电容电压、电感电流和调制波中的交流成分反复耦合，导致 MMC 内部不仅包含直流和基频成分，理论上还将存在无穷次谐波成分，因此 MMC 属于一种多谐波拓扑。MMC 内部特有的环流谐波和电容电压波动问题均是由此耦合现象产生。即使将 MMC 模型转化到 dq 坐标系，也仅能令基频成分转化为直流，而其他频率的谐波则由于与 dq 坐标旋转频率不同而依然呈现时变状态，无法真正实现模型的定常化。为应对该问题，一种思路是忽略 MMC 内部变量中基频以上的谐波成分，将 MMC 按照传统两电平换流器的建模方式进行处理。然而 MMC 的内部谐波会显著影响其动态过程，这种忽略谐波所得到的近似模型将与实际的 MMC 之间产生较为显著的偏差，很难准确、定量地分析 MMC。

　　为了保证 MMC 建模的准确性，必须将 MMC 中的主要谐波成分包含在内。为此人们将一种谐波线性化方法引入 MMC 的建模过程[3-5]。该方法通过傅里叶变换将换流器的时域状态空间表达式转化到频域中，使得时变的谐波表示为不随时间变化的傅里叶系数，由此实现模型的定常化。进一步地，小信号线性化可以在这个由傅里叶系数构成的定常模型上进行。由于时域方程转化到频域之后具有类似于状态空间表达式的结构，只是将状态变量表示为各次谐波的傅里叶系数形式，因此这种建模方法也称为谐波状态空间(harmonic state space，HSS)[6-8]。由于 HSS 中的模型直接以时域状态空间表达式为基础，因此凡是能够建立状态空间表达式的换流器均可被转化到 HSS 中，具有很好的通用性。

10.2　基于 HSS 的 MMC 稳态模型

本节从 HSS 的基本原理入手，详细展示时域模型转化到 HSS 中进行定常化的过程，并在此基础上推导基于 HSS 的 MMC 稳态模型。该模型能够全面地反映 MMC 内部多频率成分交互作用的特点，有助于深入理解 MMC 谐波耦合特性和求取 MMC 的各次内部谐波。

10.2.1　HSS 基本原理

当换流器运行达到稳态时，其内部各个状态变量的时域响应都具有周期性的特点。一个周期信号的各次谐波在时域中表示为随时间 t 变化的函数，而在频域中则可表示为各次频率成分的幅值和相角，这些幅值和相角都是不随时间变化的常数。HSS 理论正是利用了频域变换的这一特点，将时域模型的所有变量都转化到频域中，从而变量的稳态值均可采用常数表示，实现了多谐波换流器时变模型的定常化。

采用状态空间表达式不仅可以反映连续系统的输入输出特性，更能完整地体现系统内部的所有特征，是一种全面描述系统状态的数学工具。因此，HSS 理论以状态空间表达式作为建模基础，其基本结构如下：

$$\begin{cases} \dot{x}(t) = A(t)x(t) + B(t)u(t) \\ y(t) = C(t)x(t) + D(t)u(t) \end{cases} \tag{10.1}$$

其中，$x(t)$、$u(t)$、$y(t)$ 分别为状态变量、输入变量和输出变量构成的列向量；$A(t)$、$B(t)$、$C(t)$ 和 $D(t)$ 分别为系统矩阵、输入矩阵、输出矩阵和前馈矩阵。由信号分析的相关理论可知，任何时间连续的周期函数都可以通过傅里叶级数转化到频域。因此状态变量向量中的任意一个状态变量 $x(t)$ 可展开为

$$x(t) = X_0 + \sum_{n=1}^{\infty} X_n \cos(n\omega_1 t + \theta_n) \tag{10.2}$$

其中，n 为谐波次数；X_n 与 θ_n 分别为第 n 次谐波的幅值及初相角；X_0 为直流成分的幅值；ω_1 为系统的基频角频率。为了避免三角函数运算增加模型推导的复杂度，HSS 理论采用下述欧拉公式将三角函数转化为复指数函数：

$$\cos\theta = \frac{\mathrm{e}^{\mathrm{j}\theta} + \mathrm{e}^{-\mathrm{j}\theta}}{2} \tag{10.3}$$

将欧拉公式代入式(10.2)后对其进行简化变形,可得傅里叶级数的指数表达式:

$$x(t) = X_0 + \sum_{n=1}^{\infty} \frac{X_n \mathrm{e}^{\mathrm{j}(n\omega_1 t + \theta_n)} + X_n \mathrm{e}^{-\mathrm{j}(n\omega_1 t + \theta_n)}}{2} = \sum_{n \in \mathbf{Z}} x_n \mathrm{e}^{\mathrm{j}n\omega_1 t} \tag{10.4}$$

其中

$$x_n = \begin{cases} X_0, & n = 0 \\[2mm] \dfrac{X_n \mathrm{e}^{\mathrm{j}\theta_n}}{2}, & n > 0 \\[2mm] \dfrac{X_n \mathrm{e}^{-\mathrm{j}\theta_n}}{2}, & n < 0 \end{cases}$$

x_n 为各次频率成分所对应的复傅里叶系数。由式(10.4)可见,一个三角函数信号可以分解为两个互为共轭、旋转方向相反的正负序空间向量之和,旋转方向的正负可由 n 的符号体现,该几何意义如图 10.2 所示。

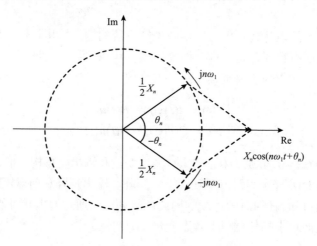

图 10.2　三角函数信号的分解示意图

对状态方程中的每一个状态变量都进行类似的处理,则式(10.1)中的状态变量向量可以写为

$$\boldsymbol{x}(t) = \sum_{n \in \mathbf{Z}} \boldsymbol{x}_n \mathrm{e}^{\mathrm{j}n\omega_1 t} \tag{10.5}$$

其中，x_n 为所有状态变量第 n 次谐波的傅里叶系数所构成的分块列向量。进一步，可求取状态变量的导数：

$$\dot{x}(t) = \sum_{n\in Z} jn\omega_1 x_n e^{jn\omega_1 t} \tag{10.6}$$

同理，状态空间表达式中的输入向量 $u(t)$ 和系数矩阵 $A(t)$ 与 $B(t)$ 可以改写为

$$u(t) = \sum_{n\in Z} u_n e^{jn\omega_1 t} \tag{10.7}$$

$$A(t) = \sum_{n\in Z} A_n e^{jn\omega_1 t} \tag{10.8}$$

$$B(t) = \sum_{n\in Z} B_n e^{jn\omega_1 t} \tag{10.9}$$

其中，u_n、A_n、B_n 分别表示输入变量、系统矩阵、输入矩阵第 n 次谐波的傅里叶系数构成的向量及矩阵。

将式 (10.5)～式 (10.9) 代入时域状态方程 [式 (10.1)] 中，有

$$\begin{aligned}\sum_{n\in Z} jn\omega_1 x_n e^{jn\omega_1 t} &= \sum_{n\in Z} A_n e^{jn\omega_1 t} \sum_{m\in Z} x_m e^{jm\omega_1 t} + \sum_{n\in Z} B_n e^{jn\omega_1 t} \sum_{m\in Z} u_m e^{jm\omega_1 t}\\ &= \sum_{n,m\in Z} A_n x_m e^{j(n+m)\omega_1 t} + \sum_{n,m\in Z} B_n u_m e^{j(n+m)\omega_1 t}\\ &= \sum_{n',m\in Z} A_{n'-m} x_m e^{jn'\omega_1 t} + \sum_{n',m\in Z} B_{n'-m} u_m e^{jn'\omega_1 t}\end{aligned} \tag{10.10}$$

其中，$n'=n+m$。

式 (10.10) 描述了模型内部不同频率成分之间的耦合关系，可以看出状态变量的某一频率成分会受到其他各次频率成分的影响。根据谐波平衡原理：等式两边同一频率成分的系数应相等，因此，针对方程两边的第 n 次谐波，有

$$jn\omega_1 x_n e^{jn\omega_1 t} = \sum_{m\in Z} A_{n-m} x_m e^{jn\omega_1 t} + \sum_{m\in Z} B_{n-m} u_m e^{jn\omega_1 t} \tag{10.11}$$

进一步约分消去指数项可得

$$jn\omega_1 x_n = \sum_{m\in Z} A_{n-m} x_m + \sum_{m\in Z} B_{n-m} u_m \tag{10.12}$$

式 (10.12) 为谐波状态空间中第 n 次谐波的状态方程。若将各次谐波的状态方程联立，可建立基于 HSS 的稳态模型，并用矩阵表示为

$$NX = AX + BU \tag{10.13}$$

其中

$$X = \left[\cdots, X_{-2}, X_{-1}, X_0, X_1, X_2, \cdots\right]^{\mathrm{T}}$$

$$U = \left[\cdots, U_{-2}, U_{-1}, U_0, U_1, U_2, \cdots\right]^{\mathrm{T}}$$

$$A = \begin{bmatrix} \ddots & \vdots & \vdots & \vdots & \vdots & \vdots & \cdot \\ \cdots & A_0 & A_{-1} & A_{-2} & A_{-3} & A_{-4} & \cdots \\ \cdots & A_1 & A_0 & A_{-1} & A_{-2} & A_{-3} & \cdots \\ \cdots & A_2 & A_1 & A_0 & A_{-1} & A_{-2} & \cdots \\ \cdots & A_3 & A_2 & A_1 & A_0 & A_{-1} & \cdots \\ \cdots & A_4 & A_3 & A_2 & A_1 & A_0 & \cdots \\ \cdot & \vdots & \vdots & \vdots & \vdots & \vdots & \ddots \end{bmatrix}, B = \begin{bmatrix} \ddots & \vdots & \vdots & \vdots & \vdots & \vdots & \cdot \\ \cdots & B_0 & B_{-1} & B_{-2} & B_{-3} & B_{-4} & \cdots \\ \cdots & B_1 & B_0 & B_{-1} & B_{-2} & B_{-3} & \cdots \\ \cdots & B_2 & B_1 & B_0 & B_{-1} & B_{-2} & \cdots \\ \cdots & B_3 & B_2 & B_1 & B_0 & B_{-1} & \cdots \\ \cdots & B_4 & B_3 & B_2 & B_1 & B_0 & \cdots \\ \cdot & \vdots & \vdots & \vdots & \vdots & \vdots & \ddots \end{bmatrix}$$

$$N = \mathrm{diag}[\cdots, -\mathrm{j}2\omega_1 I, -\mathrm{j}\omega_1 I, O, \mathrm{j}\omega_1 I, \mathrm{j}2\omega_1 I, \cdots]$$

其中，I、O 分别为单位矩阵与零矩阵；A、B 矩阵为特普利茨(Toeplitz)矩阵，又称 T 型矩阵；矩阵元素的下标表示谐波次数，如 A_0 表示仅保留时域系数矩阵 $A(t)$ 中的常数成分后所构成的矩阵，A_1 与 A_{-1} 则分别表示仅保留 $A(t)$ 中基频正、负序成分后所构成的矩阵。

同理，状态空间表达式的输出方程也可以类似地转化到谐波状态空间，其矩阵方程为

$$Y = CX + DU \tag{10.14}$$

其中

$$X = \left[\cdots, X_{-2}, X_{-1}, X_0, X_1, X_2, \cdots\right]^{\mathrm{T}}$$

$$U = \left[\cdots, U_{-2}, U_{-1}, U_0, U_1, U_2, \cdots\right]^{\mathrm{T}}$$

$$C = \begin{bmatrix} \ddots & \vdots & \vdots & \vdots & \vdots & \vdots & \cdot \\ \cdots & C_0 & C_{-1} & C_{-2} & C_{-3} & C_{-4} & \cdots \\ \cdots & C_1 & C_0 & C_{-1} & C_{-2} & C_{-3} & \cdots \\ \cdots & C_2 & C_1 & C_0 & C_{-1} & C_{-2} & \cdots \\ \cdots & C_3 & C_2 & C_1 & C_0 & C_{-1} & \cdots \\ \cdots & C_4 & C_3 & C_2 & C_1 & C_0 & \cdots \\ \cdot & \vdots & \vdots & \vdots & \vdots & \vdots & \ddots \end{bmatrix}, D = \begin{bmatrix} \ddots & \vdots & \vdots & \vdots & \vdots & \vdots & \cdot \\ \cdots & D_0 & D_{-1} & D_{-2} & D_{-3} & D_{-4} & \cdots \\ \cdots & D_1 & D_0 & D_{-1} & D_{-2} & D_{-3} & \cdots \\ \cdots & D_2 & D_1 & D_0 & D_{-1} & D_{-2} & \cdots \\ \cdots & D_3 & D_2 & D_1 & D_0 & D_{-1} & \cdots \\ \cdots & D_4 & D_3 & D_2 & D_1 & D_0 & \cdots \\ \cdot & \vdots & \vdots & \vdots & \vdots & \vdots & \ddots \end{bmatrix}$$

利用 HSS 理论，系统的时域状态空间表达式被转化到频域下，无论是系数矩

阵、状态变量，还是输入变量均能采用复傅里叶系数（复常数）进行表示，实现时变模型的定常化。可以看到，这种建模方法包含了换流器中任意次数的谐波，因此能够以较高的精度描述 MMC 这样含有复杂谐波成分的拓扑。

10.2.2　HSS 下的 MMC 稳态模型

为了在 HSS 中建立 MMC 的稳态模型，首先需要列写其状态方程。根据 MMC 的基本电路结构，可得一相电路的状态方程：

$$\frac{\mathrm{d}}{\mathrm{d}t}\begin{bmatrix} i_c \\ i_o \\ u_{Cl} \\ u_{Cu} \end{bmatrix} = \begin{bmatrix} 0 & 0 & -\dfrac{Nu_{l\_ref}}{2L} & -\dfrac{Nu_{u\_ref}}{2L} \\ 0 & 0 & \dfrac{Nu_{l\_ref}}{L} & -\dfrac{Nu_{u\_ref}}{L} \\ \dfrac{u_{l\_ref}}{C_{SM}} & -\dfrac{u_{l\_ref}}{C_{SM}} & 0 & 0 \\ \dfrac{u_{u\_ref}}{C_{SM}} & \dfrac{u_{u\_ref}}{C_{SM}} & 0 & 0 \end{bmatrix}\begin{bmatrix} i_c \\ i_o \\ u_{Cl} \\ u_{Cu} \end{bmatrix} + \begin{bmatrix} \dfrac{1}{2L} & 0 \\ 0 & -\dfrac{2}{L} \\ 0 & 0 \\ 0 & 0 \end{bmatrix}\begin{bmatrix} U_{dc} \\ u_o \end{bmatrix} \quad (10.15)$$

确定 MMC 的时域状态方程之后，即可按照式(10.13)将 MMC 的稳态模型转化到 HSS 中。尽管 HSS 下建立的模型能包含换流器中的任意次谐波，但通过式(10.13)、式(10.14)可以看到：模型中矩阵的维数将会随着包含谐波次数的增加而升高，造成模型越来越复杂。在实际使用 HSS 建模时需要根据分析精度的需要合理地选择模型中包含的谐波次数。由于换流器的谐波幅值通常都会随着次数的增加而降低，因此在 MMC 的 HSS 建模过程中一般只选择几个占主导地位的低次谐波，以便在模型复杂度和准确性之间进行折中。下文为了分析方便，仅考虑前两次谐波，在实际建模中可包含更多次谐波。考虑前两次谐波时，MMC 模型在 HSS 中可以列写为

$$NX = AX + BU \quad (10.16)$$

其中，各个状态变量根据频率成分的不同分别拆分为以下分块向量：

$$X = \begin{bmatrix} X_{-2}, X_{-1}, X_0, X_1, X_2 \end{bmatrix}^T$$

$$X_0 = \begin{bmatrix} i_{c,0}, i_{o,0}, u_{Cl,0}, u_{Cu,0} \end{bmatrix}, \quad X_{\pm1} = \begin{bmatrix} i_{c,\pm1}, i_{o,\pm1}, u_{Cl,\pm1}, u_{Cu,\pm1} \end{bmatrix}$$

$$X_{\pm2} = \begin{bmatrix} i_{c,\pm2}, i_{o,\pm2}, u_{Cl,\pm2}, u_{Cu,\pm2} \end{bmatrix}$$

其中，变量下标的数字表示谐波成分，例如，$u_{Cu,-2}$ 表示上桥臂子模块电容电压（u_{Cu}）的二倍频负序成分。

对于输入向量同样可拆分为

$$U = \left[U_{-2}, U_{-1}, U_0, U_1, U_2 \right]^{\mathrm{T}}$$

$$U_0 = \left[U_{\mathrm{dc}}, 0 \right], \quad U_{\pm 1} = \left[0, 0.5U_\mathrm{o} \right], \quad U_{\pm 2} = O_{1 \times 2}$$

系数矩阵可写为

$$A = \begin{bmatrix} A_0 & A_{-1} & A_{-2} & & \\ A_1 & A_0 & A_{-1} & A_{-2} & \\ A_2 & A_1 & A_0 & A_{-1} & A_{-2} \\ & A_2 & A_1 & A_0 & A_{-1} \\ & & A_2 & A_1 & A_0 \end{bmatrix}, \quad B = \begin{bmatrix} B_0 & B_{-1} & B_{-2} & & \\ B_1 & B_0 & B_{-1} & B_{-2} & \\ B_2 & B_1 & B_0 & B_{-1} & B_{-2} \\ & B_2 & B_1 & B_0 & B_{-1} \\ & & B_2 & B_1 & B_0 \end{bmatrix}$$

$$A_0 = \begin{bmatrix} 0 & 0 & -\dfrac{N}{2L} \times \dfrac{1}{2} & -\dfrac{N}{2L} \times \dfrac{1}{2} \\ 0 & 0 & \dfrac{N}{L} \times \dfrac{1}{2} & -\dfrac{N}{L} \times \dfrac{1}{2} \\ \dfrac{1}{C_{\mathrm{SM}}} \times \dfrac{1}{2} & -\dfrac{1}{C_{\mathrm{SM}}} \times \dfrac{1}{2} & 0 & 0 \\ \dfrac{1}{C_{\mathrm{SM}}} \times \dfrac{1}{2} & \dfrac{1}{C_{\mathrm{SM}}} \times \dfrac{1}{2} & 0 & 0 \end{bmatrix}$$

$$A_{\pm 1} = \begin{bmatrix} 0 & 0 & -\dfrac{N}{2L} \times \dfrac{M_{\pm 1}\mathrm{e}^{\pm \mathrm{j}\theta_{\pm 1}}}{2} & -\dfrac{N}{2L} \times \dfrac{-M_{\pm 1}\mathrm{e}^{\pm \mathrm{j}\theta_{\pm 1}}}{2} \\ 0 & 0 & \dfrac{N}{L} \times \dfrac{M_{\pm 1}\mathrm{e}^{\pm \mathrm{j}\theta_{\pm 1}}}{2} & -\dfrac{N}{L} \times \dfrac{-M_{\pm 1}\mathrm{e}^{\pm \mathrm{j}\theta_{\pm 1}}}{2} \\ \dfrac{1}{C_{\mathrm{SM}}} \times \dfrac{M_{\pm 1}\mathrm{e}^{\pm \mathrm{j}\theta_{\pm 1}}}{2} & -\dfrac{1}{C_{\mathrm{SM}}} \times \dfrac{M_{\pm 1}\mathrm{e}^{\pm \mathrm{j}\theta_{\pm 1}}}{2} & 0 & 0 \\ \dfrac{1}{C_{\mathrm{SM}}} \times \dfrac{-M_{\pm 1}\mathrm{e}^{\pm \mathrm{j}\theta_{\pm 1}}}{2} & \dfrac{1}{C_{\mathrm{SM}}} \times \dfrac{-M_{\pm 1}\mathrm{e}^{\pm \mathrm{j}\theta_{\pm 1}}}{2} & 0 & 0 \end{bmatrix}$$

$$A_{\pm 2} = \begin{bmatrix} 0 & 0 & -\dfrac{N}{2L} \times \dfrac{M_{\pm 2}\mathrm{e}^{\pm \mathrm{j}\theta_{\pm 2}}}{2} & -\dfrac{N}{2L} \times \dfrac{M_{\pm 2}\mathrm{e}^{\pm \mathrm{j}\theta_{\pm 2}}}{2} \\ 0 & 0 & \dfrac{N}{L} \times \dfrac{M_{\pm 2}\mathrm{e}^{\pm \mathrm{j}\theta_{\pm 2}}}{2} & -\dfrac{N}{L} \times \dfrac{M_{\pm 2}\mathrm{e}^{\pm \mathrm{j}\theta_{\pm 2}}}{2} \\ \dfrac{1}{C_{\mathrm{SM}}} \times \dfrac{M_{\pm 2}\mathrm{e}^{\pm \mathrm{j}\theta_{\pm 2}}}{2} & -\dfrac{1}{C_{\mathrm{SM}}} \times \dfrac{M_{\pm 2}\mathrm{e}^{\pm \mathrm{j}\theta_{\pm 2}}}{2} & 0 & 0 \\ \dfrac{1}{C_{\mathrm{SM}}} \times \dfrac{M_{\pm 2}\mathrm{e}^{\pm \mathrm{j}\theta_{\pm 2}}}{2} & \dfrac{1}{C_{\mathrm{SM}}} \times \dfrac{M_{\pm 2}\mathrm{e}^{\pm \mathrm{j}\theta_{\pm 2}}}{2} & 0 & 0 \end{bmatrix}$$

$$\boldsymbol{B}_0 = \begin{bmatrix} \dfrac{1}{2L} & 0 \\ 0 & \dfrac{2}{L} \\ 0 & 0 \\ 0 & 0 \end{bmatrix}, \quad \boldsymbol{B}_{\pm 1} = \boldsymbol{B}_{\pm 2} = \boldsymbol{O}_{4\times 2}$$

$$N = \mathrm{diag}\left[-\mathrm{j}2\omega_1 \boldsymbol{I}_{4\times 4}, -\mathrm{j}\omega_1 \boldsymbol{I}_{4\times 4}, \boldsymbol{O}_{4\times 4}, \mathrm{j}\omega_1 \boldsymbol{I}_{4\times 4}, \mathrm{j}2\omega_1 \boldsymbol{I}_{4\times 4}\right]$$

由式(10.16)可见，系数矩阵 $\boldsymbol{A}$ 包含了 MMC 调制波 $u_{\mathrm{l\_ref}}$、$u_{\mathrm{u\_ref}}$ 的所有信息，其中 M_1、M_2 分别为调制波中基频、二倍频分量的幅值。若 MMC 未对二倍频环流进行控制，则调制波中将不存在二倍频成分，即有 $\boldsymbol{A}_{\pm 2}=\boldsymbol{O}_{4\times 4}$。观察系数矩阵 $\boldsymbol{A}$ 可以发现，MMC 的谐波耦合现象正是由非对角线上的块矩阵引起的。MMC 在某一频率下的状态变量将通过这些非对角矩阵发生移频，进而产生新的频率成分，如式(10.16)中直流成分的关系式可以写为

$$\boldsymbol{O}_{4\times 4}=\boldsymbol{A}_2 \boldsymbol{X}_{-2} + \boldsymbol{A}_1 \boldsymbol{X}_{-1} + \boldsymbol{A}_0 \boldsymbol{X}_0 + \boldsymbol{A}_{-1} \boldsymbol{X}_1 + \boldsymbol{A}_{-2} \boldsymbol{X}_2 + \boldsymbol{B}_0 \boldsymbol{U}_0 \tag{10.17}$$

式(10.17)中不仅包含调制波、状态变量及输入电压的直流成分（$\boldsymbol{A}_0 \boldsymbol{X}_0$、$\boldsymbol{B}_0 \boldsymbol{U}_0$），也包含了基频、二倍频变量的乘积项（$\boldsymbol{A}_{-1} \boldsymbol{X}_1$、$\boldsymbol{A}_1 \boldsymbol{X}_{-1}$、$\boldsymbol{A}_{-2} \boldsymbol{X}_2$、$\boldsymbol{A}_2 \boldsymbol{X}_{-2}$），而且当模型中考虑其他高次谐波时，式(10.17)中还会出现更多成分。这意味着 MMC 内部的各个频率成分都会对电压和电流的直流分量产生影响，反映出 MMC 的频率耦合特性。值得一提的是，有些文献中常常认为在不计损耗的情况下 MMC 子模块电容电压的直流成分自动等于直流电压的 $1/N$，这种观点忽略了各次谐波对直流分量的贡献，因此不够准确。实际上，MMC 正常运行时如果不对子模块电容电压进行闭环控制，电容电压将会略微偏离 U_{dc}/N，如图 10.3 所示。当电容电压低于额定值时意味着 MMC 需要更大的调制比才能保证足够的输出电压，这可能引起

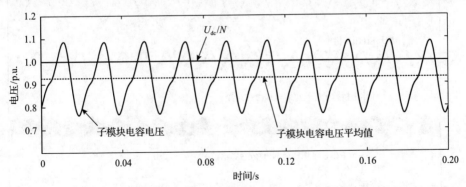

图 10.3　MMC 开环运行下子模块电容电压与直流电压波形对比

控制器发生过调制。反之，若电容电压高于额定值则对电容器的绝缘带来更大压力，降低了器件寿命和可靠性。基于 HSS 的 MMC 稳态模型能够从理论上阐述这些现象的本质。

　　除了从公式中反映 MMC 内部的谐波耦合关系，HSS 下的稳态模型还能用于计算 MMC 的稳态时域波形。根据式(10.16)，在已知 MMC 端口电压的情况下可以唯一地解出能够表征稳态工作点的状态向量 X，得到 MMC 内部所有状态变量(上、下桥臂的电感电流和电容电压)中各次谐波的幅值和相角。这些频域下的幅值和相角能够通过式(10.5)重新转化回时域，从而获得 MMC 稳态运行的时域波形。

　　为验证 MMC 稳态模型的准确性，本书根据表 10.1 的参数搭建了实验平台，并与模型求解得到的稳态波形进行对比，对比结果如图 10.4 所示。图中虚线为 HSS 模型考虑到 MMC 前 3 次谐波时的计算结果，实线则为实验波形。实验波形与 HSS 计算结果高度吻合，表明了 HSS 模型能够准确反映 MMC 内部的谐波耦合特性。

表 10.1　实验参数

实验参数	数值
直流电压	$U_{dc}=350\text{V}$
桥臂子模块数量	$N=7$
子模块电容容量	$C_{SM}=1000\mu\text{F}$
桥臂电感值	$L=4.45\text{mH}$
桥臂电阻	$R=2.49\Omega$
三角载波频率	$f_c=1000\text{Hz}$

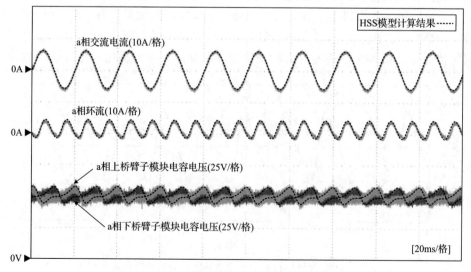

图 10.4　MMC 的实验波形与 HSS 模型计算结果对比

10.3　基于 HSS 的 MMC 小信号线性模型及其应用

10.3.1　MMC 模型的线性化

HSS 实现了对 MMC 时变模型的定常化，为了进一步获取其线性模型，还需要采用小信号线性化方法加以处理。小信号线性化的基本思想是：在稳态工作点处向模型中所有的变量加入一个微小扰动，忽略扰动项的 2 次及更高次部分，仅保留其线性部分，即可对模型实现近似线性化。根据以上思想，向式(10.1)所示的时域状态方程加入微小扰动，有

$$\dot{x}(t) + \Delta\dot{x}(t) = \left[A(t) + \Delta A(t)\right]\left[x(t) + \Delta x(t)\right] + \left[B(t) + \Delta B(t)\right]\left[u(t) + \Delta u(t)\right] \quad (10.18)$$

其中，符号"Δ"表示小扰动信号。考虑到 $B(t)$ 在 MMC 中是常系数矩阵，因此扰动项为 0，即$\Delta B(t)=0$。忽略式(10.18)中扰动项的 2 次部分后，得到线性化的时域状态方程：

$$\Delta\dot{x}(t) = \Delta A(t)x(t) + A(t)\Delta x(t) + B(t)\Delta u(t) \quad (10.19)$$

其中，$A(t)$、$B(t)$、$x(t)$ 均为加入扰动前系统稳定运行时所对应的矩阵，与稳态工作点有关，而$\Delta A(t)$、$\Delta x(t)$、$\Delta u(t)$ 则为扰动信号构成的矩阵。

为了将线性化的时域状态方程转化到谐波状态空间中，除按照式(10.5)～式(10.9)将稳态项转化到频域之外，还需要对注入的扰动以及 MMC 在扰动下产生的小信号响应进行傅里叶级数展开。根据 10.2 节对 MMC 谐波耦合现象的分析可知，MMC 运行时存在角频率为 $n\omega_1(n\in\mathbb{Z})$ 的内部谐波。当向系统注入角频率为 $\omega_p=p\omega_1(p\in\mathbb{R}_+，\mathbb{R}_+$表示正整数)的正弦扰动信号时，扰动频率也会与内部谐波频率发生耦合，导致系统中出现角频率为 $\omega_p+n\omega_1$ 的小信号响应(事实上，这些小信号之间也会发生频率耦合，但其幅值是扰动信号的高阶无穷小，因此忽略不计)。

基于上述假设，状态变量的扰动项可写为

$$\Delta x(t) = \sum_{n\in\mathbb{Z}}\left(x_{p+n}e^{j(p+n)\omega_1 t} + x_{-(p+n)}e^{-j(p+n)\omega_1 t}\right) \quad (10.20)$$

其中，$x_{\pm(p+n)}$ 为一对共轭的复傅里叶系数，代表 $\omega_p+n\omega_1$ 频率成分所等效的两个正、负序空间旋转向量。同理，输入变量、系数矩阵可写为

$$\Delta u(t) = \sum_{n\in\mathbb{Z}}\left(u_{p+n}e^{j(p+n)\omega_1 t} + u_{-(p+n)}e^{-j(p+n)\omega_1 t}\right) \quad (10.21)$$

$$\Delta A(t) = \sum_{n\in\mathbb{Z}}\left(A_{p+n}e^{j(p+n)\omega_1 t} + A_{-(p+n)}e^{-j(p+n)\omega_1 t}\right) \quad (10.22)$$

将式(10.5)~式(10.9)与式(10.20)~式(10.22)代入式(10.19)，分别提取等式两边在扰动角频率$\pm(p+n)\omega_1$下对应的两组方程并约去指数项后可得

$$\begin{cases} j(p+n)\omega_1 x_{p+n} = \sum_{m\in Z} A_{n-m} x_{p+m} + \sum_{m\in Z} A_{p+n-m} x_m + \sum_{m\in Z} B_{n-m} u_{p+m} \\ -j(p+n)\omega_1 x_{-(p+n)} = \sum_{m\in Z} A_{n-m} x_{-(p+m)} + \sum_{m\in Z} A_{-(p+n)-m} x_m + \sum_{m\in Z} B_{n-m} u_{-(p+m)} \end{cases}$$

$$(10.23)$$

不难发现式(10.23)中$(p+n)\omega_1$的正序与负序小信号方程之间互不影响，即关于x_{p+n}的方程中不存在$x_{-(p+n)}$，而关于$x_{-(p+n)}$的方程中也不存在x_{p+n}，因此两组方程可以独立求解。由于正序变量x_{p+n}中已经包含了一个频率成分的所有信息，负序变量$x_{-(p+n)}$与x_{p+n}互为共轭，因此可以仅保留x_{p+n}，删去$x_{-(p+n)}$对应的方程，使方程数量减少一半。将上述方程组整理为矩阵形式后，有

$$\Delta N \Delta X = \Delta A X + A \Delta X + B \Delta U \qquad (10.24)$$

其中

$$\Delta X = \left[\cdots, X_{p-2}, X_{p-1}, X_p, X_{p+1}, X_{p+2}, \cdots\right]^{\mathrm{T}}$$

$$\Delta U = \left[\cdots, U_{p-2}, U_{p-1}, U_p, U_{p+1}, U_{p+2}, \cdots\right]^{\mathrm{T}}$$

$$\Delta A = \begin{bmatrix} \ddots & \vdots & \vdots & \vdots & \vdots & \vdots & \iddots \\ \cdots & A_p & A_{p-1} & A_{p-2} & A_{p-3} & A_{p-4} & \cdots \\ \cdots & A_{p+1} & A_p & A_{p-1} & A_{p-2} & A_{p-3} & \cdots \\ \cdots & A_{p+2} & A_{p+1} & A_p & A_{p-1} & A_{p-2} & \cdots \\ \cdots & A_{p+3} & A_{p+2} & A_{p+1} & A_p & A_{p-1} & \cdots \\ \cdots & A_{p+4} & A_{p+3} & A_{p+2} & A_{p+1} & A_p & \cdots \\ \iddots & \vdots & \vdots & \vdots & \vdots & \vdots & \ddots \end{bmatrix}$$

$$\Delta N = \mathrm{diag}\left[\cdots, j(p-2)\omega_1 I, j(p-1)\omega_1 I, jp\omega_1 I, j(p+1)\omega_1 I, j(p+2)\omega_1 I, \cdots\right]$$

式(10.24)为 MMC 的小信号线性模型。将 MMC 的稳态工作点 X 代入模型后，对于任意一个给定的输入信号扰动ΔU，可求解出状态变量的小信号响应：

$$\Delta X = -(A - \Delta N)^{-1}(\Delta A X + B \Delta U) \qquad (10.25)$$

式(10.25)中的ΔA包含了 MMC 调制波信号的扰动成分，当 MMC 运行于开

环状态时，调制波由人为给定，不存在任何扰动，因此可以直接将 ΔA 矩阵置零。而当 MMC 闭环运行时，只需要将控制系统生成的调制波信号输入 ΔA 矩阵的对应位置即可，此处不再赘述。

10.3.2　MMC 小信号线性模型的应用

MMC 小信号线性模型的重要功能是求取传递函数，进而采用线性系统相关理论对 MMC 加以分析。因为基于 HSS 的 MMC 线性模型建立在频域中，所以直接将两个小信号响应相除即可获得两者之间的传递函数。本节将利用 MMC 小信号线性模型计算不同变量之间的传递函数，从频域角度揭示 MMC 在开环、闭环等不同情况下的特征差异。

MMC 与电网或其他外部设备相连接时，端口的电压和电流包含了 MMC 与所连对象相互作用的全部信息。因此 MMC 的等效阻抗(端口电流到电压的传递函数)在 MMC 的并网稳定性分析中具有重要作用。本书通过仿真扫频的方法描点绘制 MMC 的阻抗，并将其与 MMC 线性模型的计算结果进行对比，由此验证 MMC 线性模型在求取阻抗时的准确性。图 10.5 展示了开环运行时 MMC 的交流侧阻抗频率特性，其仿真参数见表 10.2。不难发现利用线性模型求出的 MMC 交流侧阻抗与仿真扫频结果完全匹配，验证了该模型的准确性。从图 10.5 中可以看到 MMC 阻抗曲线的中低频段内包含了大量谐振峰，其中既存在串联谐振也有并联谐振。这些谐振点附近的电压或电流谐波极易发生谐振而放大，对稳定性造成影响。事实上，这些谐振正是由 MMC 内部的频率耦合特性引起的。当把 MMC 内部的子模块电容设置为无穷大后(即相当于将电容视为恒定的电压源，不存在任何波动)，重新通过线性模型计算得到的阻抗曲线如图 10.5 的虚线所示。可见，无电容电压波动的阻抗曲线不存在任何谐振点，说明了 MMC 的内部谐波是其阻抗曲线产生谐振点的根本原因。为了进一步探究谐波对 MMC 线性模型准确性的影响，图 10.6 对比了模型在考虑不同阶次谐波时计算得到的交流侧阻抗。随着谐波次数的增加，模型的计算结果逐渐逼近仿真扫频结果。不难看出，为了保证 MMC 线性模型分析的准确性，建模过程中至少需要考虑到前 3 次谐波。

表 10.2　仿真参数

仿真参数	数值
直流电压	$U_{dc}=400\text{kV}$
桥臂子模块数量	$N=250$
子模块电容容量	$C_{SM}=6000\mu\text{F}$
桥臂电感值	$L=90\text{mH}$
桥臂电阻	$R=1\Omega$

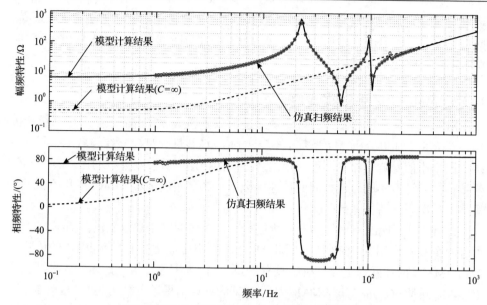

图 10.5　开环运行下的 MMC 交流侧阻抗频率特性

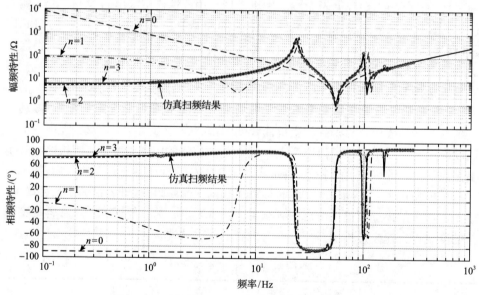

图 10.6　不同谐波次数与 MMC 模型准确性的关系

当 MMC 进行闭环控制时，MMC 线性模型仍能够准确地反映出阻抗特性的变化。图 10.7 展示了 MMC 采用 PR 控制器对交流输出电流进行控制时的交流阻抗(PR 控制器参数为：K_p=0.001；K_r=0.05；ω_1=100π rad/s)。与图 10.5 的开环阻抗相比，闭环阻抗曲线在 50Hz 处产生了一个明显的谐振峰。这是由于采用交流电流闭环控制后，MMC 对外等效为一个 50Hz 的电流源，而对于电流源来说内阻越大意味着电流控制效果越好。此外可以看到电流闭环后的阻抗整体上比开环的阻抗幅值更大，这也是电流控制增加了交流侧等效阻抗的结果。MMC 线性模型的计算结果与仿真扫频结果完全一致，验证了闭环控制下模型的准确性。

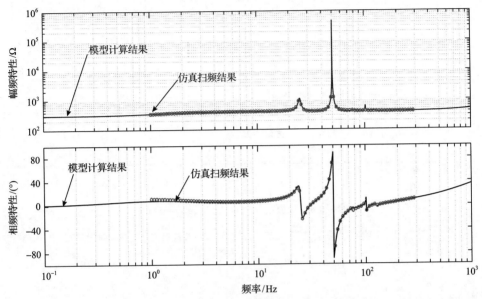

图 10.7   交流电流闭环控制下的 MMC 阻抗频率特性

MMC 线性模型不仅能用于求解等效阻抗，也能够用来获取控制回路的传递函数，用于 MMC 的动态性能分析和控制器参数设计等场合。图 10.8 给出了 MMC 在 PR 控制下交流电流的闭环传递函数 Bode 图。PR 控制器对 MMC 交流输出电流的控制作用可以清晰地反映在图中 50Hz 处的位置。该频率点的闭环传递函数无论是幅频特性还是相频特性均没有偏差，表明 50Hz 处的交流电流能够紧紧跟随给定信号而不受扰动的影响。类似地，也可以绘制出 MMC 环流抑制的闭环传递函数 Bode 图，如图 10.9 所示。此处采用基于二倍频负序坐标系的环流抑制策略(见 4.2 节)，由于环流波动在二倍频负序坐标系下被转化为直流成分，因此可以通过采用 PI 控制器实现环流波动的无静差抑制(其中 PI 控制器参数为 $K_p=0.005$；$K_i=0.5$)。由图 10.9 可见，闭环传递函数的低频段增益趋近于 1(0dB)，且相位偏移趋近于 0，意味着环流在二倍频负序坐标系下能够紧紧跟随参考信号，从而波动能够被有效抑制到零。

结合控制环路的闭环 Bode 图，复杂的 MMC 拓扑也可以像传统电力电子变换器一样采用经典线性控制理论从稳定裕度、系统带宽、响应速度等多个方面进行量化分析，为 MMC 的稳定性、动态性能分析和控制器参数设计提供了理论依据。

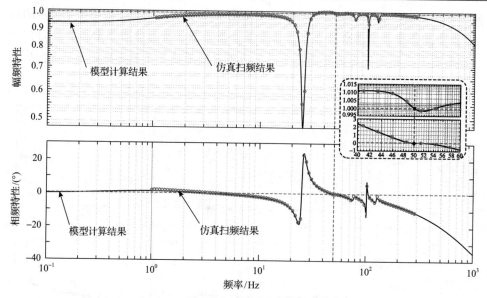

图 10.8　交流电流闭环传递函数 Bode 图

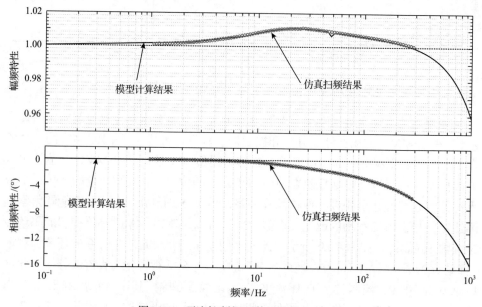

图 10.9　环流抑制闭环传递函数 Bode 图

参 考 文 献

[1] 马皓, 祁峰, 张霓. 基于混杂系统的 DC-DC 变换器建模与控制[J]. 中国电机工程学报, 2007(36): 92-96.

[2] Cespedes M, Sun J. Impedance modeling and analysis of grid-connected voltage-source converters[J]. IEEE Transactions on Power Electronics, 2013, 29(3): 1254-1261.

[3] Jamshidifar A, Jovcic D. Small signal dynamic DQ model of modular multilevel converter for system studies[C]// IEEE Power and Energy Society General Meeting (PESGM), Boston, 2016: 1.

[4] Sun J, Liu H C. Sequence impedance modeling of modular multilevel converters[J]. IEEE Journal of Emerging and Selected Topics in Power Electronics, 2017, 5(4): 1427-1443.

[5] 吕敬, 蔡旭. 风场柔直并网系统镇定器的频域分析与设计[J]. 中国电机工程学报, 2018, 38(14): 4074-4085, 4313.

[6] Mollerstedt E, Bernhardsson B. Out of control because of harmonics-an analysis of the harmonic response of an inverter locomotive[J]. IEEE Control Systems Magazine, 2000, 20(4): 70-81.

[7] 徐梓高. 基于谐波状态空间的模块化多电平换流器建模[D]. 哈尔滨: 哈尔滨工业大学, 2018.

[8] Xu Z G, Li B B, Wang S B, et al. Generalized single-phase harmonic state space modeling of the modular multilevel converter with zero-sequence voltage compensation[J]. IEEE Transactions on Industrial Electronics, 2019, 66(8): 6416-6426.

第 11 章　MMC 在柔性直流输电中的应用

柔性直流输电是指采用电压源型换流器的直流输电技术。MMC 拓扑的出现，极大地促进了柔性直流输电技术的发展，并使其在世界范围内得到了大规模的工程应用。本章将从柔性直流输电的主接线方式、柔性直流输电的功率控制范围、多端柔性直流输电系统的功率协调控制、混合直流输电技术及柔性直流输电直流短路故障保护几个方面，结合 MMC 的特点介绍其在柔性直流输电中的应用。

11.1　柔性直流输电的主接线方式

柔性直流输电根据其主接线方式，可以分为单极结构(monopolar)和双极结构(bipolar)两大类，如图 11.1 所示。单极结构是指在各换流站中仅含一个 MMC 电路，而双极结构接线方式中，各换流站有多个 MMC 电路在直流侧相串联。

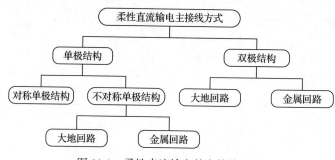

图 11.1　柔性直流输电的主接线方式

11.1.1　单极结构

1)不对称单极结构

柔性直流输电的不对称单极结构又分为大地回路和金属回路两种类型。当采用大地回路时，只需一根 HVDC 电缆/架空线，电流的回路由大地提供，如图 11.2(a)所示。这种结构的特点是能够节省昂贵的 HVDC 电缆/架空线，降低工程成本。此外，由于大地回路的电阻较小，传输损耗也较小。但较大的大地回路电流会对邻近的环境造成影响，如对沿途的建筑构件或地下管道产生腐蚀作用，所以大地回路不对称单极结构通常只适用于短距离、远离城区的输电场合。

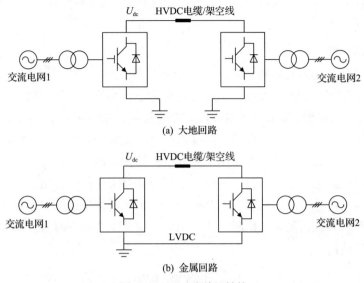

(a) 大地回路

(b) 金属回路

图 11.2　不对称单极结构

　　为了避免较大的入地电流，可以采用金属回路代替大地回路，如图 11.2(b) 所示。该金属回路上的电压主要是导体上流过电流而产生的压降，因此对地的绝缘应力很小，可采用低绝缘的金属回线，降低电缆成本。但需要注意的是，金属回路只能够在一端换流站接地或两端高阻接地。假如金属回路在两端换流站都直接接地，由于大地电阻远小于金属回路的电阻，那么输电电流仍将主要由大地流过，也就失去了采用金属回路的意义。

　　上述两种单极结构中，由于大地/金属回路的电位接近零电位，而电缆/架空线上的电压为直流电压 U_{dc}，因此称为不对称单极结构。值得注意的是，由于其直流电压的不对称性，不对称单极结构中换流变压器需要承受较高的直流偏置（$0.5U_{dc}$）。相比于普通交流变压器，该直流偏置显著提高了换流变压器的绝缘设计难度和工程造价。这是因为，目前高压大容量交流变压器基本采用油纸绝缘作为主绝缘，而油纸绝缘结构在交流电压和直流电压作用下电场分布差异很大[1]。当电压为交流时，绝缘结构内部的电场分布与材料的介电常数成反比，而油和纸的介电常数差距不到一个数量级，因此电场在油和纸中按一定比例相对均匀地分布。但当电压为直流时，绝缘结构内部的电场分布与材料的电导率成反比，而油和纸的电导率相差很大，其差距甚至能达到几个数量级，因此电场将主要分布在绝缘纸中，变压器油则几乎不承担电压应力。这时绝缘纸就成为绝缘结构中最薄弱的环节，很容易被击穿或产生沿面放电现象。因此，不对称单极结构的柔性直流输电工程中换流变压器必须采用特殊的绝缘设计来调节直流电场的分布，加强其绝缘强度。

2) 对称单极结构

图 11.3 所示为对称单极结构的主接线示意图，这一结构采用了两根正、负极性相反的 HVDC 电缆/架空线，因此称为对称单极结构。为了使两根直流线路呈现对称的正、负极性，需要在系统直流侧或交流侧采用一定的中间电位接地方式。在对称单极结构中，换流变压器不需要承受直流偏置，降低了其工程成本。目前绝大多数的柔性直流输电工程采用了对称单极结构。但需要注意的是，这种结构中两条直流线路无法独立运行，一旦一条直流线路发生故障，由于无法构成闭合的电流回路，传输的功率就不得不全部中断。虽然对称单极结构包含一对极性相反的线路，但两极之间彼此依附，缺一不可，因此工程中有时又将对称单极结构称为伪双极结构。

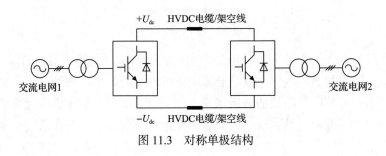

图 11.3　对称单极结构

11.1.2　双极结构

图 11.4 所示为双极结构主接线示意图。在这种结构中，各换流站含有两台在直流侧相串联的 MMC，并使用两根正、负极性相反的 HVDC 电缆/架空线。在这种结构中，可以构成如图 11.4(a) 所示的大地回路或图 11.4(b) 所示的金属回路接线方式。在正常运行情况下，双极结构的大地回路或金属回路几乎不流过电流，与对称单极结构的工作情况相同。但当其中某一极发生故障后，健全极仍然能够以单极不对称结构的方式继续运行，并保持传输 50% 的额定功率，可靠性更高，因此也称为真双极结构。

然而，与单极不对称结构相似，双极结构的换流变压器也需要承受 $0.5U_{\text{dc}}$ 的直流偏置，变压器较为复杂昂贵。因此，相比于对称单极结构，双极结构在输电线路容量极大(此时将换流站一分为二有助于降低制造与运输难度)或对可靠性有严格要求的场合中具有优势。

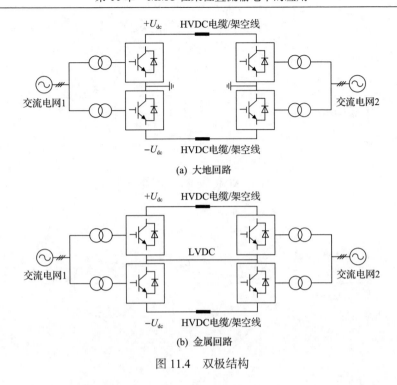

(a) 大地回路

(b) 金属回路

图 11.4　双极结构

11.2　柔性直流输电的功率控制范围分析

5.3 节已经介绍了 MMC 的外层控制策略,控制器需要根据 MMC 的应用场景,分别选择其中一种有功和无功类物理量作为控制对象。本节则进一步分析 MMC 在柔性直流输电中所能提供的有功功率和无功功率范围。

图 11.5 是 MMC 交流侧的等效电路图,$\dot{U}_{ac}$ 是 MMC 内部生成的交流电压,$\dot{U}_{o}$ 是换流变压器阀侧交流电压,$\dot{I}_{o}$ 是流入 MMC 的交流电流,$\dot{U}_{X}$ 是交流侧电感上的压降,即 $\dot{U}_{X}=\dot{U}_{o}-\dot{U}_{ac}$。图 11.6 所示为 MMC 交流侧各个变量的相量关系图,其中 δ 表示相位差,$\dot{I}_{od}$ 与 $\dot{I}_{oq}$ 分别为有功和无功电流分量。根据第 2 章中的介绍,MMC 交流侧电感除变压器漏感之外还包括自身的桥臂等效电感($0.5L$),这与传统的两电平换流器不同,使 MMC 不得不输出更高的电压来补偿该电感上的压降,在一定程度上缩减了 MMC 的交流输出电压范围。基于图 11.6,MMC 的单相有功功率和无功功率可表示为

$$P=\frac{1}{2}\hat{U}_{o}\hat{I}_{od}=\frac{\hat{U}_{o}\hat{U}_{ac}\sin\delta}{2X} \tag{11.1}$$

$$Q = \frac{1}{2}\hat{U}_o\hat{I}_{oq} = \hat{U}_o\frac{\hat{U}_{ac}\cos\delta - \hat{U}_o}{2X} \tag{11.2}$$

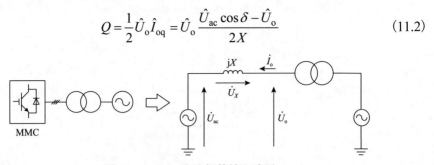

图 11.5 MMC 交流侧等效电路图

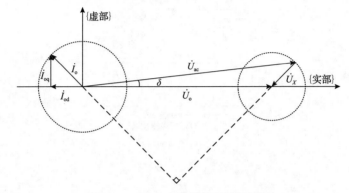

图 11.6 MMC 交流侧各变量相量图

通过控制 MMC 输出电压 $\dot{U}_{ac}$ 的幅值 $\hat{U}_{ac}$ 和相位 δ，能够灵活调控 MMC 与电网之间交换的有功、无功功率。

(1)若 $\dot{U}_{ac}$ 相位滞后于 $\dot{U}_o$，如图 11.7(a)所示，则 MMC 工作于整流状态，从交流电网吸收有功功率。

(2)若 $\dot{U}_{ac}$ 相位超前于 $\dot{U}_o$，如图 11.7(b)所示，则 MMC 工作于逆变状态，向交流电网提供有功功率。

(3)若 $\hat{U}_o > \hat{U}_{ac}\cos\delta$，如图 11.7(c)所示，则 MMC 呈现感性，从交流电网吸收无功功率。

(4)若 $\hat{U}_o < \hat{U}_{ac}\cos\delta$，如图 11.7(d)所示，则 MMC 呈现容性，向交流电网发出无功功率。

根据图 11.7(c)和(d)可知，MMC 吸收无功功率要比发出无功功率更为容易。这是因为当发出无功功率时，MMC 输出电压幅值 $\hat{U}_{ac}$ 要高于电网电压幅值 $\hat{U}_o$。但 MMC 输出电压又受到直流电压的限制，其相电压幅值不能超过直流电压的一半，因此 MMC 能够发出的无功功率受到电压能力的约束。另外，MMC 的运行功率范围还受到电流的约束，又称为热约束，原因是 MMC 能够承受的电流是有限的，要避免过流造成元器件过热损坏。

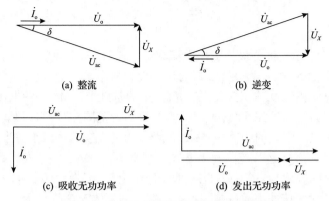

(a) 整流　　　　　　　　　　(b) 逆变

(c) 吸收无功功率　　　　　　(d) 发出无功功率

图 11.7　MMC 有功/无功功率方向原理图

在此基础上，对于任一电网电压幅值 $\hat{U}_{o}$，可以绘制出 MMC 最大可提供的有功功率和无功功率的范围，即 P-Q 平面曲线。图 11.8 描绘了 MMC 在 $\hat{U}_{o}$ 分别为 0.9p.u.、1.0p.u.及 1.1p.u.时对应的 P-Q 平面曲线。在稳态运行时，通过调节 MMC 输出电压的幅值和相位，可使其运行在 P-Q 平面曲线内的任意一点。

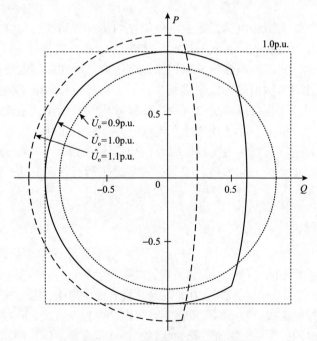

图 11.8　MMC 在 P-Q 平面的功率范围

当电网电压幅值 $\hat{U}_{o}$ 较小时，MMC 输出电压不会达到限幅，P-Q 平面曲线主要受到电流约束的影响，输出电流的有功和无功分量应满足如下关系：

$$\sqrt{\hat{I}_{od}^2 + \hat{I}_{oq}^2} \leqslant I_{\lim} \tag{11.3}$$

其中，$I_{\lim}$ 为 MMC 允许的最大输出电流幅值。式(11.3)对应的 $P\text{-}Q$ 运行范围是一个圆形，如图 11.8 中 $\hat{U}_o$ 为 0.9p.u.所对应的曲线所示。

当电网电压幅值 $\hat{U}_o$ 较大时，在电流约束的基础上，MMC 的电压约束也将起作用。例如，当 $\hat{U}_o$ 为 1.0p.u.时，MMC 的 $P\text{-}Q$ 运行范围在圆形右侧呈现一个缺口，表示由于输出电压限幅的制约，MMC 能够发出的无功功率减小。当 $\hat{U}_o$ 进一步增大至 1.1p.u.时，$P\text{-}Q$ 运行范围几乎变成一个半圆，MMC 能够发出的无功功率进一步降低。这看似是 MMC 的不足之处，实则不然，因为实际当电网电压较高时，系统中的无功功率正处于"过剩"状态，并不需要 MMC 提供无功功率。反之，当电网电压较低时，系统中的无功功率不足，恰好此时 MMC 的电压约束不起作用，可以提供足够的无功功率来支撑电网电压。因此，MMC 的 $P\text{-}Q$ 曲线特征能够较好地与电网的功率需求相吻合。

11.3　多端柔性直流输电系统的功率协调控制

在两端背靠背直流输电的基础上发展而来的具有三端及三端以上的直流输电系统，称为多端直流(multi-terminal DC，MTDC)输电。当各端均采用 MMC 时，即构成了多端柔性直流输电系统，可以实现多电源供电和多落点受电，灵活性更高。在多端柔性直流输电的基础上进一步扩展，构建带有网格结构的直流电网，则能够在某一线路发生故障后提供冗余，保证输电的可靠性，是柔性直流输电技术的发展趋势[2]。相比于背靠背柔性直流输电，多端柔性直流输电系统和直流电网中存在的主要挑战是直流电压控制以及多个换流站之间的功率协调分配。目前，多端柔性直流输电系统的功率协调控制方式主要包括三种：主从控制、电压裕度控制及下垂控制。

11.3.1　主从控制

在直流输电系统中，直流电压是衡量系统中功率是否平衡的物理量，类似于交流频率在交流系统中的角色。因此，当直流电压发生变化时，必须及时调节换流站吞吐功率的大小以维持电压稳定。在背靠背柔性直流输电中，通常一端换流站工作于定直流电压控制模式，另一端换流器工作于定功率控制模式。而对于多端柔性直流输电与直流电网，令一个换流站作为主站工作在定直流电压控制模式，而其他换流站作为从站工作在定功率控制模式，即称为主从控制。当系统中存在扰动或功率波动时，主换流站负责调节其功率大小来维持直流电压的稳定。若主换流站因故障而退出运行，则必须令其中一个从换流站切换到定直流电压控制模式，代为承担维持直流功率平衡的任务。主从控制原理图如图 11.9 所示，U_{dc_ref} 和 U_{dc} 分别为直流电压参考值和实际值，以四端直流输电系统为例，其中换流站 1 为主换流站，控制直流电压，换流站 2～4 为从换流站，工作于定功率控制方式。图中 A 为初始稳态工作点，若某一时刻换流站 3 功率由整流状态 P_{3A} 变化为逆变状态 P_{3B}，工作点变为 B，则换流站 1 作为主换流站需要承担全部的功率变化，而其他换流站的工作状态不变。但当主换流站发生故障退出运行时，换流站 2 切换为定直流电压控制模式，工作点变为 C，并补偿因主换流站退出运行而缺失的功率。综上，主从控制的优点是控制器结构简单容易实现，但缺点是从换流站切换为主换流站需要依赖通信，一旦通信系统出现故障则容易失控[3]。

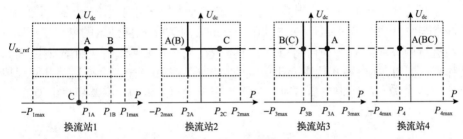

图 11.9　主从控制原理图

11.3.2　电压裕度控制

电压裕度控制方式是主从控制的拓展[4]，其实现原理是，将主从控制中的一个从换流站设定为备用主站，当其直流电压未超过设置的电压限制范围时，换流站工作在定功率控制模式。一旦直流电压超出阈值，换流站将自动切换为定直流电压控制模式，将直流电压限制在设置范围内，避免直流电压失控。电压裕度控制不依赖通信系统，其可靠性比主从控制更高，但控制器参数设计相对复杂，尤其当换流站个数较多时，可能存在的运行方式较多，需要在设计过程中充分考虑各种工况。在图 11.10 中，换流站 1 为主换流站，换流站 2 采用电压裕度控制方式，其余换流站为定功率控制方式。工作点 A 和 B 的情况与图 11.9 一致，但当主换流站发生故障退出运行后，直流电压失去控制开始下降，当直流电压降低至换流站 2 的阈值 U_{dcmin} 后，其运行方式将切换为定直流电压控制，工作点变为 C，使系统电压重新达到稳定。

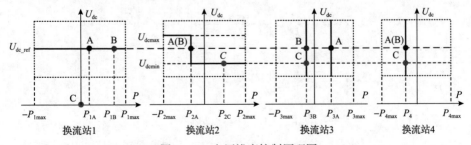

图 11.10　电压裕度控制原理图

11.3.3　下垂控制

在主从控制和电压裕度控制中,调节直流电压的换流站只有主换流站(或备用主站),因此主换流站需要有足够的功率输出能力来维持直流电网中的功率平衡。当直流电网规模较大时,仍然仅通过单一主换流站控制电压则对该换流站的容量要求过高。下垂控制则是借鉴了交流电网中基于功率-频率下垂特性的负荷分配方法,采用多个换流站共同来控制直流电压,可靠性更高。

下垂控制的原理如图 11.11 所示,换流站 1、2 和 3 采用下垂控制方式,换流站 4 采用定功率控制方式。当系统中的功率波动时,采用下垂控制的多个换流站共同参与维持功率平衡,各下垂控制换流站的输出功率按照预定的电压-功率下垂曲线进行调节。图中 A 为初始稳态工作点,在某一时刻换流站 4 功率发生变化,工作点变为 B,换流站 4 功率变化造成的功率差额将由其余三个换流站共同承担。当换流站 1 发生故障退出运行时,工作点变为 C,产生的功率差额将由换流站 2 和换流站 3 共同承担。

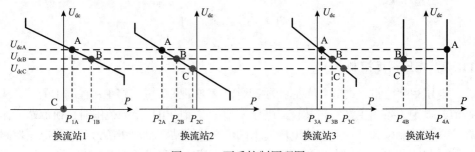

图 11.11　下垂控制原理图

下垂控制的控制框图如图 11.12 所示,其中,P_{ref} 和 P 分别为有功功率参考值和实际值,i^*_{odmax} 和 i^*_{odmin} 分别为有功电流分量参考 i^*_{od} 的上、下限幅值。当图中 $a=1$ 而 $b=0$ 时,下垂控制退化为定直流电压控制;当 $a=0$ 而 $b=1$ 时,下垂控制退化为定功率控制;若 a 和 b 均不为 0,则称 $k=-a/b$ 为下垂系数,各换流站根据自身容量大小设置一定的下垂系数。

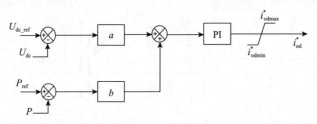

图 11.12　下垂控制框图

传统下垂控制中各换流站严格按照某一固定下垂系数来进行控制,导致各换流站之间的功率分配不够灵活，容易出现其中某一个换流站达到功率极限而失去调节能力的情况。针对该问题，可采用自适应下垂控制方法[5]，根据换流站的功率余量自动调整其下垂系数，充分利用每台参与下垂控制的换流站的功率容量。该自适应下垂控制的下垂系数设置方式为

$$k_i = \begin{cases} \dfrac{P_{i\max} - P_i}{\Delta U_{dcmax}}, & \Delta U_{dc} > U_{dm} \\ 保持, & -U_{dm} \leqslant \Delta U_{dc} \leqslant U_{dm} \\ \dfrac{P_{i\max} + P_i}{\Delta U_{dcmax}}, & \Delta U_{dc} < -U_{dm} \end{cases} \tag{11.4}$$

其中，ΔU_{dc} 为直流电压的变化量，定义为参考值和实际直流电压之间的差值；U_{dm} 为防止电压在小范围内波动时导致下垂系数频繁切换而设置的滞环阈值；$\Delta U_{dcmax} = \varepsilon U_{dc\_ref}$ 为直流电压容许的最大偏差，其中直流电压的波动范围 ε 一般选取为 5% 左右；$P_{i\max}$ 为第 i 个换流站的最大额定功率；P_i 为第 i 个换流站当前承担的有功功率。从式 (11.4) 可以看出，每个采用自适应下垂控制的换流站都最大限度地利用了自身的功率余量。当系统中功率发生较大变化时，功率余量较大的换流站将自动承担更多功率变化量，而功率余量较小的换流站的功率变化较小，从而避免了出现单一换流站过载的情况。该方法的控制实现方式如图 11.13 所示，其中 P_{i_ref} 为第 i 个换流站的有功功率参考信号；i^*_{iodmax} 和 i^*_{iodmin} 分别为第 i 个换流站的有功电流分量参考 i^*_{iod} 的上、下限幅值。

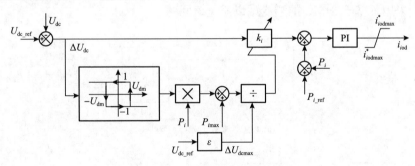

图 11.13　自适应下垂控制框图

11.4　混合直流输电技术

尽管 MMC 在柔性直流输电应用中展现出诸多优点，但与常规直流输电所采用的晶闸管型 LCC 相比，仍存在成本较高、换流阀体积重量大、损耗较大、输电容量较小的缺陷。为了充分发挥两种类型换流器的技术优势，可以将两者进行集成，取长补短，构成混合直流输电。

11.4.1　MMC 与 LCC 混合直流输电

采用 LCC 的常规直流输电因其技术成熟、容量大(我国昌吉—古泉±1100kV特高压直流输电工程输电容量高达 12000MW)、成本低、损耗小(小于 0.8%)等优点,特别适用于远距离大容量输电。但 LCC 采用半控型器件晶闸管构成换流阀,存在谐波含量高、无功功率消耗高、具有换相失败问题、不支持黑启动、多馈入造成交流系统强度减弱等缺点。这些缺点从技术上恰好可以被 MMC 弥补。因此将这两种换流器进行集成,形成 MMC 与 LCC 混合直流输电结构,有助于综合提升直流输电系统的经济性和稳定性。

1)换流站间混合结构

图 11.14 展示的是背靠背直流输电系统中,换流站间混合结构的两种情况。其中图 11.14(a)中整流站采用 LCC,逆变站采用 MMC。这种结构能够利用 MMC 的高可控性,加强对受端交流电网的支撑能力,提升系统的稳定性,适用于受端电网为弱交流系统或无源电网的情况。我国的昆柳龙工程即采用这一结构,送端云南昆北换流站为基于 LCC 的传统特高压直流换流站,容量为 8000MW,受端广东龙门换流站和广西柳北换流站为基于 MMC 的特高压柔性直流换流站,容量分别为 5000MW 和 3000MW。随着近年来基于 LCC 的常规直流馈入容量不断增加,广东、广西受端电网电压支撑能力较弱,在发生较大扰动时容易出现连续换相失败甚至换流站闭锁的问题,严重时可能引发交流电网失稳[6]。因此,昆柳龙工程在受端采用了基于 MMC 的逆变站以避免该问题。

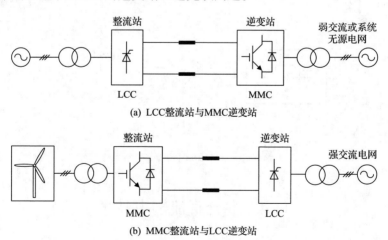

(a) LCC整流站与MMC逆变站

(b) MMC整流站与LCC逆变站

图 11.14　换流站间混合直流输电电路结构

图 11.14(b)则恰好相反,整流站采用了 MMC 而逆变站采用了 LCC。这种结构适用于风电场送出的场景,其送端连接风电场而受端为强交流电网,依靠 MMC

的可控性为风电场提供稳定的交流电压,并利用 LCC 的成本低、变换效率高的优点将能量传送至受端电网。

换流站间混合直流输电的控制方式与传统背靠背柔性直流输电的控制方式类似,一端控制直流电压,另一端控制有功功率。MMC 具备无功功率的控制自由度,可用于支撑所连接交流系统的电压,而 LCC 的无功功率与有功功率相耦合,还需要一定的无功补偿电路。需要补充说明的是,站间混合直流输电结构主要应用于潮流单向流动的场合。这是因为 MMC 作为电压源型换流器,其潮流方向反转依靠电流方向的改变,而 LCC 作为电流源型换流器,潮流反转需要改变电压极性,两者之间相互矛盾。为解决这一问题,可在潮流方向反转时将线路停运,通过隔离开关切换线路极性,但操作过程相对烦琐。

2) 换流站内混合结构

除了在换流站之间采用 MMC 与 LCC 构成混合直流输电结构,也可以在同一换流站内将 MMC 和 LCC 进行并联或串联,从而达到 MMC 和 LCC 优势互补的目的。

图 11.15(a)是在同一个换流站内 MMC 和 LCC 并联运行的情况。这种方案既可以利用 MMC 能够连接弱交流电网的优点,也没有浪费 MMC 的有功输出能力。MMC 和 LCC 的直流侧既可以并联运行也可以各自独立运行。我国云南鲁西背靠背直流工程采用的是 MMC 和 LCC 直流侧各自独立运行的方案,换流站中包括一个容量为 1000MW 的 MMC 背靠背结构和两个容量为 1000MW 的 LCC 背靠背结构。此外,值得说明的是,MMC 和 LCC 并联运行时,MMC 直流侧可以不引出线路,即 MMC 运行在 STATCOM 工作模式,并不传输有功功率,仅为 LCC 提供无功功率支撑,起到稳定电压的作用。但这会浪费 MMC 的有功输出能力,MMC 和 LCC 的容量之和大约是直流输电系统输送功率的 125%[7]。

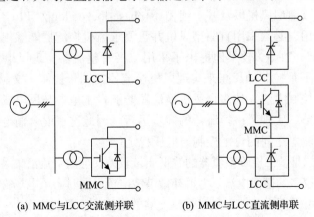

(a) MMC与LCC交流侧并联　　　(b) MMC与LCC直流侧串联

图 11.15　换流站内 MMC 与 LCC 混合结构

图 11.15(b)令 MMC 和 LCC 在直流侧进行串联，MMC 仍可同时提供有功与无功功率，装置的利用率更高。这种混合型结构的成本和损耗仅比 LCC 略高，经济性较好、可控性较高，并且具备连接风电场的能力。

11.4.2　MMC 与二极管整流器混合直流输电

随着风力发电技术的不断发展，大规模地开发海上风电是未来的必然趋势。基于 MMC 的海上风电平台是目前直流送出的主流方案，但 MMC 子模块数量多，成本较高且损耗较大，特别是其中子模块电容的重量与体积较大，海上平台的造价高昂。近年来，在海上平台上采用二极管整流器替代 MMC，并与岸上的 MMC 构成混合直流输电结构逐渐成为研究的热点，其结构如图 11.16 所示。

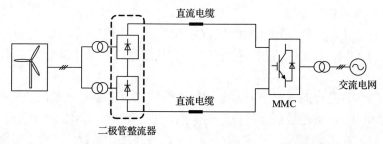

图 11.16　用于风电功率输送的二极管整流器与 MMC 混合直流输电

二极管整流器相比 MMC 而言，成本低、效率高、体积重量小、复杂性低。根据 Siemens 公司的相关报道，采用二极管整流器方案的海上风电换流站，其成本可降低 30%，损耗可减少 20%，体积可减少 80%，重量可减少 65%[8]。但是二极管整流器的缺点也非常明显。由于功率器件为不可控的二极管，其无法像 MMC 一样对风电场交流汇集母线提供无功支撑，不能为风电场提供稳定的交流电压。这使得传统的双馈型风机以及基于锁相环(phase-locked loop，PLL)的换流器控制策略将不再适用，必须采用直驱型风机并且要求风机换流器能够主动建立交流电压并彼此同步。文献[9]较早地提出了采用二极管整流器实现风电直流外送的方案，并借鉴了下垂控制的思想来实现风机换流器的同步控制。文献[10]则提出了分布式锁相环控制方法，使多台风机换流器能够自主地参与风电场交流汇集处频率和电压的调节，实现风机换流器的同步运行。因此这一混合输电结构的主要挑战在于风机换流器之间的自主控制与电压稳定。

值得注意的是，二极管整流器的波形质量较差，会向交流汇集系统以及直流输电线路上注入较多的谐波电流。为了补偿谐波电流，同时为风电场交流汇集系统提供无功支撑，可采用 MMC 和二极管整流器的直流侧串联的方案[11]，如图 11.17 所示。其中 MMC 作为辅助换流器，其交流侧与风电场汇集处相连，能够提供无功功率支撑，且 MMC 可以补偿二极管整流器产生的电流谐波。

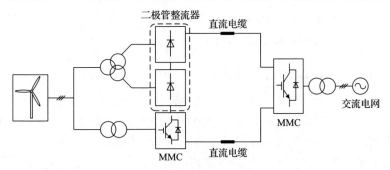

图 11.17　二极管整流器与 MMC 直流侧串联混合结构

　　此外，二极管整流器还存在一个明显的缺点，即在风机启动阶段，二极管整流器无法反向提供风机所需的启动功率，不得不从岸上额外引出一条中压启动电缆，工程造价较高[12]。为了解决启动问题，可采用二极管整流器和高变比 MMC 直流侧相并联的混合结构[13]，如图 11.18 所示，其中高变比 MMC 由低压小容量 MMC 和一组高压子模块串联组成。在风机启动阶段，直流电压主要由高压子模块串承担，MMC 仅承担较小的直流电压，从岸上吸收功率，建立风电场交流电压。在此过程中为保持高压子模块串中电容器的能量稳定，需要注入高频环流，将高压子模块串的能量通过高频交流回路转移到 MMC。因此在高压子模块串的输出电压和 MMC 的共模电压中均需引入高频电压分量(类似于 12 章中的电容电压波动抑制方法)。当风机完成启动后，二极管整流器开始工作，风电场进入正常

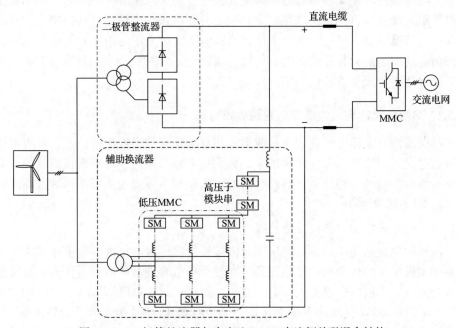

图 11.18　二极管整流器与高变比 MMC 直流侧并联混合结构

运行状态，MMC 则工作在 STATCOM 状态，起到补偿二极管整流器产生的谐波电流和风电场交流系统无功支撑的作用。

11.4.3　MMC 与 DC/DC 的混合直流输电

更进一步地，随着海上风电单机容量的不断增大，未来在海上风场采用中压直流汇集方案将有望提高系统效率，如图 11.19 所示，此时需要一级 DC/DC 变换器将中压直流(MVDC)提升为高压直流进行输电，连接岸上的 MMC 换流站。该 DC/DC 变换器应体积小、重量轻、效率高，同样需要采用模块化电力电子技术以有效地分担中压侧的大电流应力及高压侧的高电压应力[14]。

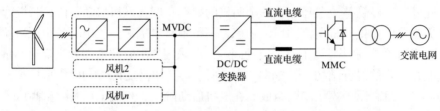

图 11.19　海上中压直流汇集 DC/DC 变换器与 MMC 混合结构

11.5　柔性直流输电直流短路故障保护

直流短路故障是柔性直流输电系统面临的主要技术挑战。一方面，由于直流线路的阻尼较低，直流短路故障电流呈现上升速度快、电流幅值高的特点，并且不存在自然过零点；另一方面，柔性直流输电系统中采用的 IGBT 等功率半导体器件耐受过流的能力较差，因此，柔性直流输电系统对直流短路故障保护的技术要求远远高于传统交流输电系统。

11.5.1　MMC 柔性直流输电直流短路故障特征

根据柔性直流输电系统的主接线形式和直流短路故障发生的位置，可将柔性直流输电直流短路故障分为四种情况，分别是对称单极结构的单极接地故障、对称单极结构的极间短路故障、双极结构的单极接地故障以及双极结构的极间短路故障，如图 11.20 所示。

1)对称单极结构的单极接地故障

在对称单极结构中，一旦发生了单极接地故障，故障极电压会迅速跌落。对于对称单极结构的传统两电平换流器，在发生单极接地故障后，直流侧的接地极电容会向故障点放电，直流极间电压减小。而对于对称单极结构的 MMC 而言，由于其子模块电容没有向故障点放电的回路，因此其直流侧极间电压保持不变[15]。而由于极间电压不变，故障极电压跌落后，健全极对地电压会上升至稳态的 2 倍。

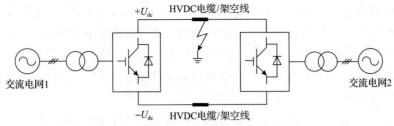

(a) 对称单极结构的单极接地故障

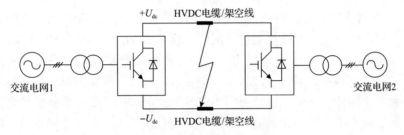

(b) 对称单极结构的极间短路故障

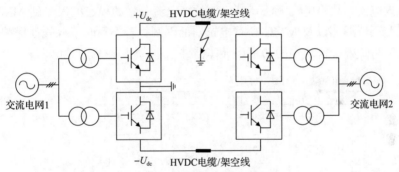

(c) 双极结构的单极接地故障

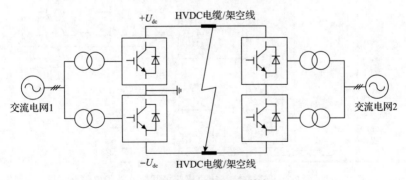

(d) 双极结构的极间短路故障

图 11.20　柔性直流输电直流短路故障类型

所以这种故障主要是造成了两极电位的偏移，产生的过电压会令避雷器动作，并且这种电压不平衡会被直流电压保护检测到，MMC 能够迅速闭锁保护。该故障一般会产生一定的暂态冲击电流，这主要是来源于直流电缆中寄生电容的放电，其电流幅值较小、持续时间短，故障保护相对容易。

2)对称单极结构的极间短路故障

对称单极 MMC 结构发生直流侧极间短路时的具体情况如图 11.21 所示，故障电流将主要包括两个分量：第一个分量是子模块电容和直流电缆电容的放电电流 I_{F_DC}。在故障发生的初始阶段，MMC 并未闭锁，此时处于投入状态的子模块电容和直流电缆寄生电容直接通过直流短路故障点放电，造成短路电流快速上升。这部分短路电流分量的上升速度主要受到桥臂电抗器和直流侧平波电抗器的限制。通常在几毫秒内，通过直流过流保护和直流母线欠压保护方法可以检测到该故障，并立刻闭锁 MMC，切断子模块电容的放电路径。第二个分量是交流侧向直流短路故障点注入的短路电流 I_{F_AC}。当 MMC 闭锁后，交流电网将通过各半桥子模块中 S_2 的反并联二极管构成一个二极管不控整流电路，持续地向直流短路故障点注入电流，故障电流无法切断。该故障电流分量的稳态值仅受到 MMC 连接的交流变压器漏感以及 MMC 桥臂电抗器的限制，若不及时采取其他保护措施，故障电流将烧毁子模块中的功率半导体器件。

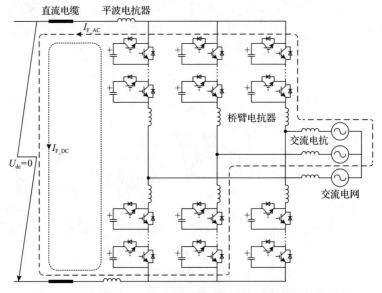

图 11.21　对称单极 MMC 结构直流侧极间短路故障电流路径图

综上，增大 MMC 交流电抗和桥臂电抗器能够限制直流短路电流的稳态值并减小短路电流上升速率，但如 11.2 节所述，增大交流电抗会降低换流器的 P-Q 运行范围。相比之下，增大直流侧平波电抗器可以有效限制直流短路故障电流的上升速率，为断路器等故障保护装置争取动作时间，且不影响换流站的 *P-Q* 运行范围。但平波电抗器会提高断路器在切断故障电流时产生的过电压，增加避雷器所需吸收的能量。

3）双极 MMC 结构的直流短路故障

双极结构中包含两个 MMC，因此其单极接地故障对于故障极而言等同于上述对称单极结构的极间短路故障，故障的机理与作用过程完全一致，而极间短路故障相当于两极 MMC 同时被短路，这里不再赘述。因此，对于双极 MMC 结构，无论是单极接地故障还是极间短路故障都会引发显著的故障电流，必须采取有效的故障保护方法加以阻断。

11.5.2　基于交流断路器的直流短路故障电流阻断方法

根据 11.5.1 节的介绍，MMC 无法通过闭锁换流器来切断交流电网经 IGBT 反并联二极管向直流短路故障点注入的短路电流。为了避免二极管因流过短路电流而过热损坏，在检测到直流短路故障后，不仅要立即闭锁 MMC，还要阻断交流侧注入的短路电流。现有的背靠背柔性直流输电工程中，多采用传统交流断路器的保护方法，即通过跳开交流断路器使 MMC 与交流电网断开，从而切断故障电流。

值得注意的是，交流断路器跳闸时间较长，通常需要数十毫秒，而这段时间内短路电流有可能损毁 IGBT 的反并联二极管。二极管耐受短路电流的能力可以用焦耳积分（I^2t）来衡量。图 11.22（a）展示了一个半桥 MMC 发生直流侧短路时六个桥臂电流的仿真结果，在 5ms 时发生了直流短路故障。可以看出六个桥臂电流的变化趋势不同，进一步计算每个桥臂的 I^2t，结果如图 11.22（b）所示。进而根据所选用 IGBT 的数据手册，可以得到其反并联二极管能够承受故障电流的最长时间。例如，对于 I^2t 为 400kA^2·s 的 IGBT，其反并联二极管大约能够承受短路电流 12ms。

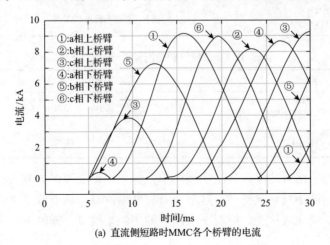

(a) 直流侧短路时MMC各个桥臂的电流

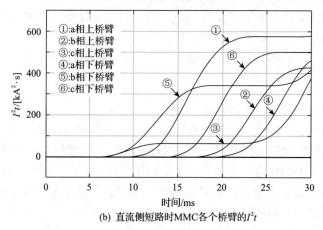

(b) 直流侧短路时MMC各个桥臂的I^2t

图 11.22　MMC 直流侧短路时各桥臂的电流和 I^2t

考虑到普通的 IGBT 反并联二极管的 I^2t 参数很难支撑数十毫秒的交流断路器断开时间，因此实际工程中常见的方法是给半桥子模块并联一个晶闸管，如图 2.2 所示，当 MMC 发生直流短路故障时令晶闸管触发开通。表 11.1 给出了典型 IGBT 反并联二极管与晶闸管的导通压降对比，可见晶闸管的导通压降通常明显小于二极管，因此故障电流将主要由晶闸管承受。而根据表 11.2，晶闸管的 I^2t 参数亦远远大于 IGBT 的反并联二极管，因此能够在交流断路器断开前承受短路电流而不至受损。另一种方法是采用压接封装的 IGBT，并通过特定的设计，提高反并联二极管的 I^2t 参数，使其能够耐受短路电流达数十毫秒，等待交流断路器断开[16]。

表 11.1　二极管和晶闸管导通压降对比

型号	运行条件	导通压降
FZ1500R33HE3 （反并联二极管 3.3kV/1.5kA）	正向直流电流 1000A，栅极电压 V_{GE} 为 0V，结温 125℃	典型值 2.75V
T3801N （晶闸管 3.3kV/4kA）	最大结温下，通态电流 4000A	典型值 1.3V

表 11.2　二极管和晶闸管 I^2t 参数对比

型号	运行条件	$I^2t/(kA^2 \cdot s)$
FZ1500R33HE3 （反并联二极管 3.3kV/1.5kA）	反向电压 0V，导通时间 10ms，结温 125℃	590
T3801N （晶闸管 3.3kV/4kA）	结温 125℃，导通时间 10ms	37850

采用交流断路器的保护方法实现简单，但采用该故障保护方法必须使直流系统全部停运，即不具备选择性。这对于背靠背柔性直流输电或者小规模的多端柔性直流输电来说尚可接受，但对于大规模的多端柔性直流输电系统或直流电网，

任一线路发生故障就将整个直流系统停运是不可接受的。

11.5.3　具备直流短路故障电流阻断能力的 MMC 拓扑

除依靠交流断路器之外，还可以对 MMC 拓扑进行改造使其具备直流短路故障电流阻断能力。

1）MMC 子模块改造

采用全桥子模块的 MMC 可以通过闭锁 IGBT 来阻断直流短路故障电流，全桥子模块闭锁时故障电流路径如图 11.23（a）所示，每个全桥子模块将提供 U_{dc}/N 的反向电压。图 11.23（b）展示了全桥 MMC 闭锁时的故障电流路径，此时路径中的全桥子模块数量为 2N，因此提供的反向电压可达 2U_{dc}，明显超出了交流电网线电压的幅值（约 0.866U_{dc}），因此故障电流将在反向电压的作用下快速衰减到零。为了降低成本和损耗，实际应用中亦可将半桥子模块（HBSM）与全桥子模块（FBSM）按一定比例构成半桥/全桥混合式 MMC，如图 11.24 所示。文献[17]详细分析了半桥/全桥混合式 MMC 中，全桥子模块与半桥子模块数目比例的设计方法。

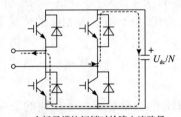

(a) 全桥子模块闭锁时故障电流路径

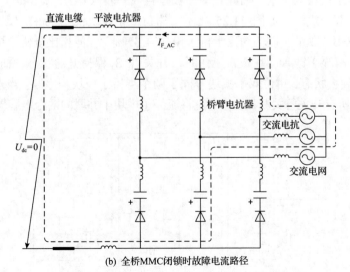

(b) 全桥MMC闭锁时故障电流路径

图 11.23　采用全桥子模块的 MMC 闭锁时等效电路

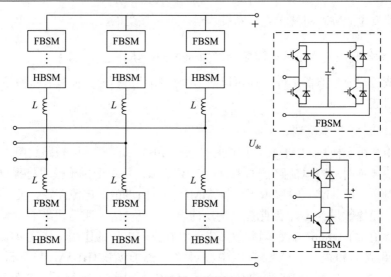

图 11.24　半桥/全桥混合式 MMC

　　此外，对于半桥/全桥混合式 MMC，通过构建独立的直流电压控制环路，降低 MMC 直流侧输出电压，能够在不闭锁 MMC 的情况下实现直流短路故障的穿越[18]。这种方案的优势是避免了闭锁换流器后重启所需要的一系列复杂操作，同时可以在特殊天气条件下适当降低直流电压运行，减小发生故障的风险，从而提高系统的可靠性。

　　由于全桥子模块中 IGBT 的数量是半桥子模块的 2 倍，电流流经的 IGBT 数目也是半桥子模块的 2 倍，因此经济性较差且效率较低。为此，Marquardt[19]提出了一种钳位双子模块，如图 11.25 所示。钳位双子模块仅比半桥子模块额外增加了 25%的 IGBT 数量，损耗约比半桥子模块高 35%[20]，但相比全桥子模块在成本和损耗上都有显著改善。在正常工作时，开关管 S_5 保持开通状态，而二极管 D_6 和 D_7 保持截止状态，钳位双子模块等同于两个半桥子模块相串联。当发生直流短路故障时，所有开关管关断，故障电流将流经子模块中并联的两个电容器 C_1 与 C_2。

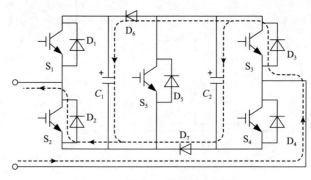

图 11.25　钳位双子模块电路结构

因此，换流器用于阻断故障电流的反向电压为 U_{dc}，是全桥子模块 MMC 的一半，但也仍高于交流电网线电压幅值(约 $0.866U_{dc}$)，只是故障电流的衰减速度变慢，故障保护时间相对较长。

文献[21]提出了一种交叉三电平子模块，电路结构如图 11.26 所示。与钳位双子模块相同，交叉三电平子模块正常运行时开关管 S_5 保持开通状态，而二极管 D_6 保持截止状态，因此可等效为两个串联的半桥子模块。当发生直流短路故障时，关断所有开关管。故障电流流经二极管 D_3、D_6 和 D_2，子模块中两个电容为串联，和全桥子模块一样，可以提供 $2U_{dc}$ 的阻断电压，优于钳位双子模块。但该子模块中 S_5 与 D_6 均要求耐受两倍的子模块电容电压，实际应用中要考虑采用器件串联，较为复杂。

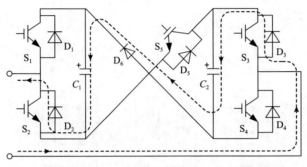

图 11.26　交叉三电平子模块电路结构

综上，无论采用哪一种具有故障电流阻断能力的子模块，其所需的开关器件数量和正常运行时电流流经的器件数量都比传统半桥子模块要多，代价是 MMC 成本和损耗的增加。

2) MMC 拓扑改造

另一种思路是从 MMC 拓扑本身进行改进，使其具备直流短路故障电流阻断能力。文献[22]提出了桥臂交替导通换流器(alternate arm converter，AAC)，其拓扑如图 11.27(a)所示。AAC 由导通开关和全桥子模块组成，导通开关由一系列 IGBT 串联组成，可承受一部分直流电压，因此全桥子模块不必承担整个直流电压，子模块数量可以降低。AAC 共有三种工作模式，即正常工作模式、直流闭锁模式以及 STATCOM 模式。正常工作时 AAC 上下桥臂交替导通，通过投切子模块使输出的交流电压波形逼近期望的正弦波形，且导通开关可以工作在零电压开关状态。发生直流侧故障时，关断 AAC 中全部的开关器件，全桥子模块将自动产生反向电压阻断故障电流。当 AAC 运行在 STATCOM 模式时，所有的导通开关处于导通状态。AAC 拓扑的缺点则在于需要大量开关器件直接串联，存在动态均压的问题，此外，其直流侧还存在 6 次谐波的问题，控制相比于 MMC 也更为复杂。文献[23]则提出了混合级联多电平换流器(hybrid cascaded multilevel converter，HCMC)，

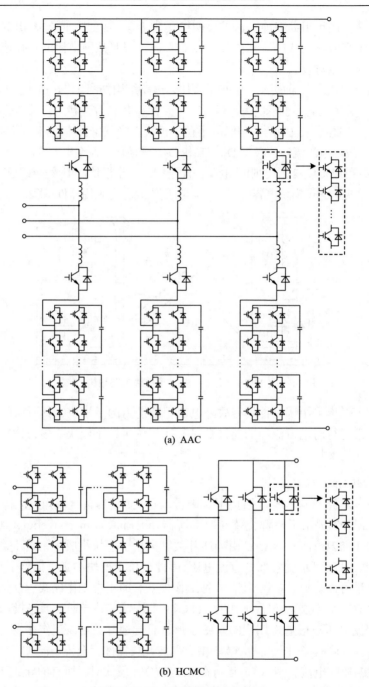

(a) AAC

(b) HCMC

图 11.27　AAC 和 HCMC 拓扑图

其拓扑如图 11.27(b)所示。与 AAC 相比，其全桥子模块从桥臂中移至交流侧，作用是对导通开关输出的两电平电压波形进行整形，最终得到正弦电压波形。HCMC

和 AAC 同样具有三种工作模式，且相比 AAC 所需子模块的数量更少，但导通开关工作方式为硬开关，并且其也存在着和 AAC 一样的导通开关的器件串联问题。

以上子模块改造与拓扑改造的方式均可使 MMC 具备故障电流阻断能力，且故障保护速度相比传统采用交流断路器的方法要快得多。但与采用交流断路器类似的是，这种方法也不具有故障保护的选择性，当发生直流短路故障时将停运整个直流系统，同样不适用于大规模的多端柔性直流输电或直流电网。

11.5.4　基于直流断路器的故障保护方法

为了能够在发生直流短路故障时，使直流系统能够像传统交流系统那样有选择性地切除故障线路，不影响其他正常线路的运行，采用直流断路器来实现直流短路故障切除和隔离是最合适的解决方法。采用直流断路器的方案可以在检测到直流短路故障后，由直流断路器将发生故障的线路从直流系统中直接切除，不必闭锁换流器，因此直流系统未发生故障的部分仍然可正常运行，可靠性较高。由于直流电流不存在自然过零点，直流短路电流上升速度快且 MMC 中电力电子器件相对脆弱，因此直流断路器研发的技术难度要远远超过传统交流断路器。根据直流断路器开断原理不同，目前直流断路器可分为固态式直流断路器、机械式直流断路器及混合式直流断路器三类。固态式直流断路器采用功率半导体器件作为开关，可以快速切断故障电流。但为了承担直流输电故障电压，需要大量半导体器件串联，通态损耗过大，实际工程中难以接受。因此，目前高压直流断路器的研制路线主要基于机械式直流断路器和混合式直流断路器两类。

机械式直流断路器的原理如图 11.28 所示，正常运行时电流仅流过快速机械开关。当发生故障时，快速机械开关拉弧分闸，当快速机械开关触头达到足够的开距后，通过反向电流发生电路向快速机械开关支路中注入反向电流，创造人工过零点迫使短路电流分断。然后通过避雷器抑制暂态分断过电压，吸收系统中剩余的能量。

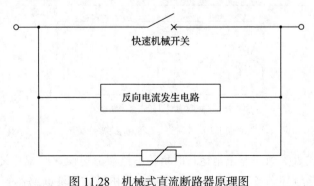

图 11.28　机械式直流断路器原理图

根据反向电流发生电路设计方式的不同，机械式直流断路器又可以分为电容激励型和电感激励型两种。如图 11.29(a) 所示，电容激励型机械式直流断路器通过闭合反向电流触发开关 S_1，使预充电的高压电容 C 与电感 L 谐振产生反向电流，进而实现短路电流过零，国内外多家单位都基于这一原理成功研制出了工程样机[24,25]。而如图 11.29(b) 所示，电感激励型机械式直流断路器则通过耦合电抗器将断路器分为高压侧和低压侧两部分，预充电电容 C_2 在低压侧，预充电电压等级低，降低了预充电和反向电流触发开关 S_1 的技术难度[26]。基于该技术的 160kV 世界首台机械式高压直流断路器于 2017 在南澳±160kV 多端柔性直流输电示范工程中成功投运[27]。

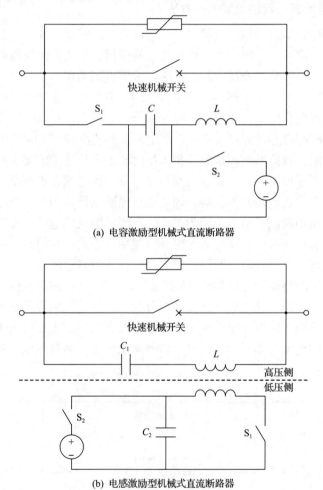

(a) 电容激励型机械式直流断路器

(b) 电感激励型机械式直流断路器

图 11.29 机械式直流断路器分类

由于机械式直流断路器正常运行时负荷电流仅流过快速机械开关，因此通态损耗很低，不需要冷却设备，成本也相对较低。但机械式直流断路器的短路电流分断过程为有弧分断，对于触头开距要求高，需要考虑多个断口分断的同步性以及熄弧及绝缘强度恢复过程的一致性问题,且断开直流电流时电弧容易灼烧触头。

　　混合式直流断路器则结合了固态式直流断路器和机械式直流断路器的优点,其原理如图 11.30 所示。正常运行时,电流流经通流支路,其包含一个快速机械开关和由少量功率半导体器件组成的负荷转移电路,因此通态损耗相对较低。故障时,故障电流首先转移到全部由电力电子器件组成的电力电子开关中,然后断开机械开关,当机械开关达到一定的开距后再断开电力电子开关,实现短路电流的无弧分断。最后由避雷器负责抑制电流分断产生的过电压并吸收系统中存储的能量。

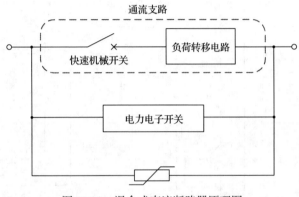

图 11.30　混合式直流断路器原理图

　　2012 年,瑞士 ABB 公司首先提出了混合式断路器的思路,并给出了基于 IGBT 串联的 320kV 混合式直流断路器设计方案,研制了 80kV/5ms/8.5kA 的样机[28]。我国全球能源互联网研究院提出了基于全桥模块级联的混合式直流断路器[29],于 2015 年研制了 200kV/3ms/15kA 的混合式直流断路器,并于 2016 年底在浙江舟山 ±200kV 五端柔性直流科技示范工程中投入运行。2017 年,我国的南瑞集团有限公司也研制了基于二极管全桥和 IGBT 单向串联的 535kV/3ms/25kA 混合式直流断路器样机[30]。

　　然而对于混合式断路器而言,其主要缺点是在转移支路中需要采用大量电力电子器件,成本相对较高。尤其在复杂的直流电网中,为了实现有选择性地切除与隔离直流短路故障,需要在所有直流线路的两端均配置直流断路器,安装的直流断路器数量较多。为了解决这一问题,国内外学者目前正在研究将多个混合式直流断路器的电力电子开关进行复用[31]。如图 11.31 所示,对于多回直流线路,每条直流线路都通过上/下通流支路分别与上/下直流母线相连。并且上直流母线和下直流母线通过一个电力电子开关相连,所有直流线路可以共用该电力电子开关,从而大幅度节省电力电子器件的数目与成本。发生故障时通过负荷转移电路将故障电流转移到公共的电力电子开关中,并将故障线路和正常线路分别切换到上/

下直流母线，当快速机械开关达到可靠开距后，通过断开电力电子开关来切断直流短路故障电流，将故障线路与正常线路隔离开，不影响其余正常线路的运行。

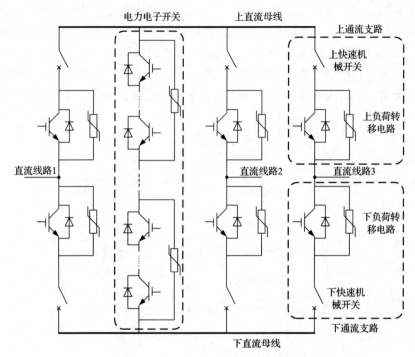

图 11.31　多线路混合式直流断路器

参 考 文 献

[1] 韩晓东, 翟亚东. 高压直流输电用换流变压器[J]. 高压电器, 2002, 38(3): 5-6.

[2] 汤广福, 罗湘, 魏晓光. 多端直流输电与直流电网技术[J]. 中国电机工程学报, 2013, 33(10): 8-17.

[3] Wang W Y, Barnes M. Power flow algorithms for multi-terminal VSC-HVDC with droop control[J]. IEEE Transactions on Power Systems, 2014, 29(4): 1721-1730.

[4] Nakajima T, Irokawa S. A control system for HVDC transmission by voltage sourced converters[C]// 1999 IEEE Power Engineering Society Summer Meeting, Edmonton, 1999: 1113-1119.

[5] 刘瑜超, 武健, 刘怀远, 等. 基于自适应下垂调节的 VSC-MTDC 功率协调控制[J]. 中国电机工程学报, 2016, 36(1): 40-48.

[6] 饶宏, 洪潮, 周保荣, 等. 乌东德特高压多端直流工程受端采用柔性直流对多直流集中馈入问题的改善作用研究[J]. 南方电网技术, 2017, 11(3): 1-5.

[7] 林卫星, 文劲宇, 王少荣, 等. 一种适用于风电直接经直流大规模外送的换流器[J]. 中国电机工程学报, 2014, 34(13): 2022-2030.

[8] Siemens A G. Siemens revolutionizes grid connection for offshore wind power plants[EB/OL]. (2015-10-19) [2020-01-04]. https://www.siemens.com/press/en/pressrelease/?press=/en/pressrelease/2015/energymanagement/pr2015100358emen. htm&content[]=EM.

[9] Blasco-Gimenez R, Añó-Villalba S, Rodríguez-D'Derlée J, et al. Distributed voltage and frequency control of offshore wind farms connected with a diode-based HVdc link[J]. IEEE Transactions on Power Electronics, 2010, 25(12): 3095-3105.

[10] Yu L J, Li R, Xu L. Distributed PLL-based control of offshore wind turbine connected with diode-rectifier based HVDC systems[J]. IEEE Transactions on Power Delivery, 2018, 33(3): 1328-1336.

[11] Nguyen T H, Lee D C, Kim C K. A series-connected topology of a diode rectifier and a voltage-source converter for an HVDC transmission system[J]. IEEE Transactions on Power Electronics, 2013, 29(4): 1579-1584.

[12] Prignitz C, Eckel H G, Achenbach S, et al. FixReF: A control strategy for offshore wind farms with different wind turbine types and diode rectifier HVDC transmission[C]// 2016 IEEE 7th International Symposium on Power Electronics for Distributed Generation Systems, Vancouver, 2016: 1-7.

[13] Chang Y R, Cai X. Hybrid topology of a diode-rectifier-based HVDC system for offshore wind farms[J]. IEEE Journal of Emerging and Selected Topics in Power Electronics, 2019, 7(3): 2116-2128.

[14] Li B B, Liu J Y, Wang Z Y, et al. Modular high-power DC-DC converter for MVDC renewable energy collection systems[J]. IEEE Transactions on Industrial Electronics, 2021, 68(7): 5875-5886.

[15] Chen X F, Zhao C Y, Cao C G. Research on the fault characteristics of HVDC based on modular multilevel converter[C]// 2011 IEEE Electrical Power and Energy Conference, Winnipeg, 2011: 91-96.

[16] Ladoux P, Serbia N, Carroll E I. On the potential of IGCTs in HVDC[J]. IEEE Journal of Emerging and Selected Topics in Power Electronics, 2015, 3(3): 780-793.

[17] Lin W X, Jovcic D, Nguefeu S, et al. Full bridge MMC converter optimal design to HVDC operational requirements[J]. IEEE Transactions on Power Delivery, 2016, 31(3): 1342-1350.

[18] Zeng R, Xu L, Yao L Z, et al. Design and operation of a hybrid modular multilevel converter[J]. IEEE Transactions on Power Electronics, 2015, 30(3): 1137-1146.

[19] Marquardt R. Modular multilevel converter: An universal concept for HVDC-networks and extended DC-bus-applications[C]// The 2010 International Power Electronics Conference, Sapporo, 2010: 502-507.

[20] Modeer T, Nee H P, Norrga S. Loss comparison of different sub-module implementations for modular multilevel converters in HVDC applications[C]// Proceedings of the 2011 14th European Conference on Power Electronics and Applications, Birmingham, 2011: 32-38.

[21] Qin J C, Saeedifard M, Rockhill A, et al. Hybrid design of modular multilevel converters for HVDC systems based on various submodule circuits[J]. IEEE Transactions on Power Delivery, 2015, 30(1): 385-394.

[22] Trainer D R, Davidson C C, Oates C D M, et al. A new hybrid voltage-sourced converter for HVDC power transmission[C]// CIGRE Session, Paris, 2010: 1-12.

[23] Adam G P, Finney S J, Williams B W, et al. Network fault tolerant voltage-source-converters for high-voltage applications[C]// 9th IET International Conference on AC and DC Power Transmission, London, 2010: 1-5.

[24] Eriksson T, Backman M, Halen S. A low loss mechanical HVDC grid applications[C]// CIGRE AORC Technical Meeting, Paris, 2014: B4-303.

[25] Shi Z Q, Zhang Y K, Jia S L, et al. Design and numerical investigation of a HVDC vacuum switch based on artificial current zero[J]. IEEE Transactions on Dielectrics and Electrical Insulation, 2015, 22(1): 135-141.

[26] 潘垣, 袁召, 陈立学, 等. 耦合型机械式高压直流断路器研究[J]. 中国电机工程学报, 2018, 38(24): 7113-7120, 7437.

[27] 张祖安, 黎小林, 陈名, 等. 160kV 超快速机械式高压直流断路器的研制[J]. 电网技术, 2018, 42(7): 2331-2338.

[28] Callavik M, Blomberg A, Häfner J, et al. The hybrid HVDC breaker: An innovation breakthrough enabling reliable HVDC grid[R]. Switzerland: ABB Grid Systems, 2012.

[29] 魏晓光, 高冲, 罗湘, 等. 柔性直流输电网用新型高压直流断路器设计方案[J]. 电力系统自动化, 2013, 37(15): 95-102.

[30] 石巍, 曹冬明, 杨兵, 等. 500kV 整流型混合式高压直流断路器[J]. 电力系统自动化, 2018, 42(7): 102-107.

[31] Kontos E, Schultz T, Mackay L, et al. Multiline breaker for HVDC applications[J]. IEEE Transactions on Power Delivery, 2018, 33(3): 1469-1478.

第 12 章　MMC 在高压变频器中的应用

MMC 作为一种新型高压大功率拓扑，不仅在直流输电领域中获得广泛关注，在高压变频领域也颇具应用前景。与其他传统高压变频器拓扑相比较，MMC 在灵活性、可靠性、电压波形质量、输入变压器设计、电压功率等级等方面均展现出一系列技术优势。本章旨在介绍 MMC 高压变频器的工作原理与控制策略，特别针对其低频运行存在的挑战和解决方法给出详细的分析评述。

12.1　MMC 高压变频器概述

随着高压大容量电力电子技术的发展，高压变频器在电力、化工、供水、冶金、电气交通等工业领域得到日益广泛的应用[1]。采用高压变频器对大功率电机进行调速控制，可以显著节约电能，延长电机寿命，提高产品质量，降低生产成本。高压变频器的技术核心是多电平电力电子拓扑。目前工业中采用的高压变频器主要分为 NPC、FC、CHB 拓扑结构，其电压与功率等级涵盖 2.3～13.8kV、1～50MW[2]。

随着 MMC 在柔性直流输电领域获得快速的发展，人们也开始关注将其拓展到高压变频器中[3,4]。MMC 与目前工业中普遍应用的 CHB、NPC、FC 变频器相比具有一系列的技术优势。对于 CHB 变频器，其桥臂内部的各子模块需要独立隔离的直流供电电源，不得不采用多绕组移相变压器。该移相变压器庞大笨重、运输困难、制作工艺复杂、成本高昂、绕组内部存在环流并造成损耗发热，制约了 CHB 变频器的电压与功率等级。此外 CHB 不具备公共直流母线，难以实现电机四象限运行。NPC 与 FC 都具备公共直流母线，能够采用标准的输入变压器，但它们的不足之处在于输出电压电平数较少，谐波含量较大，通常需要安装滤波装置才能与电机相连。NPC 与 FC 理论上可以构造出任意电平数的拓扑，但其电路的复杂程度与控制难度都随电平数的增多而极大地增加，因此 NPC 与 FC 变频器的电平数通常仅局限在三电平，电压与功率等级也受限。相比之下，MMC 不必采用复杂的多绕组移相输入变压器，交流输出也无须额外的滤波装置。表 12.1 列出了几种高压变频器拓扑的比较情况，可见 MMC 变频器将 CHB 与 NPC、FB 几种拓扑的优势集于一体：子模块可工作在较低的开关频率，获得较高的转换效率，具有出色的正弦输出特性，低谐波含量使其对电机友好，无须在电机侧增加额外的滤波装置，对于输出电缆长度也无特殊限制，功率单元冗余设计简单，可采用标准的输入整流变压器。这些特点有助于提高变频器效率，使其方便扩展，安装运输简单，模块数目与功率等级不再受限，可驱动更高电压、更大功率等级的电机，甚至能够取代动态性能较差的大功率电流源型变频器，实现更灵活的高压大功率电机驱动方案[5,6]。近年来，德国 Siemens 公司与美国 Benshaw 公司已分别推出了基于 MMC 的中高压变频器产品[7,8]。

表 12.1　经典高压变频器拓扑特点比较

比较项	NPC、FC	CHB	MMC
谐波含量低		√	√
公共直流母线	√		√
适合长线缆运行		√	√
模块化冗余设计		√	√
标准整流变压器	√		√

12.1.1　MMC 变频器的主电路结构

　　MMC 变频器的主电路结构如图 12.1 所示，与传统 MMC 相比可以有两点改

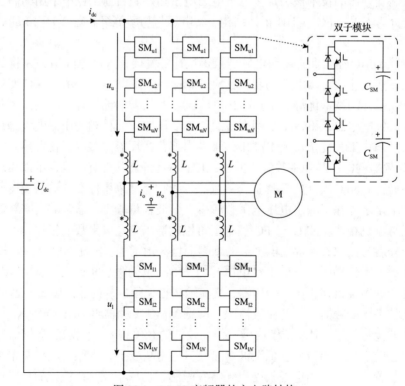

图 12.1　MMC 变频器的主电路结构

进之处。首先，由于 MMC 变频器的电压等级要显著低于直流输电应用，桥臂中的子模数量较少，为了保证输出电压的波形质量，子模块的开关频率相比直流输电应用中要高一些。因此，从功率器件成本与开关损耗的角度考虑，MMC 变频器宜采用成本低、型号种类丰富、开关特性更好的 1.2kV 或 1.7kV 器件，而非直流输电中所应用的 3.3kV 或 4.5kV 器件。在此基础上，MMC 变频器更适合采用双子模块(twin sub-module)结构[9]，其本质上是将两个半桥电路组合成一个模块，从而实现了由低压功率器件构建出高压功率模块。由于 MMC 每个子模块都需要配备独立的控制通信电路及各种信号采样、辅助供电等电路，采用双子模块结构的优势在于子模块数目可以减半，从而节省了子模块中控制电路、辅助电路的元件数目，并方便机械结构的设计以及散热管理，因此该子模块结构非常适用于MMC 中高压应用的场景。

此外，桥臂电感 L 是 MMC 当中不可或缺的元件。它一方面抑制桥臂环流、交流输出电流的纹波，另一方面在柔性直流输电应用中可以限制直流侧短路故障电流的上升率。但在电机变频应用中，发生直流短路故障的可能性极低，且电机定子电感自身能够抑制交流电流的纹波，因而可采用耦合电感的结构来降低MMC 桥臂电感的体积和成本。此外，由第 2 章分析可知，MMC 传统分立式的桥臂电感会在交流回路中呈现出 0.5L 的等效电感，交流电流流经该等效电感后将产生一定的压降，使施加在电机端口的电压变低，这意味着变频器的最大输出电压能力被拉低。当采用耦合电感时，其交流回路的等效电感为零，能够提高 MMC 变频器的输出电压利用率。

然而，为了便于理解，本章后续内容中仍沿用了传统的 MMC 电路结构进行分析，即仍采用半桥子模块及分立的桥臂电感，与本书其他章节一致。

12.1.2　MMC 变频器的输入整流器电路

MMC 变频器需要采用整流装置从电网获取能量，并起到电气隔离以及共模电压抑制的作用，如图 12.2 所示，整流器的输出连接至 MMC 的直流母线。该整流器的输入电流波形质量必须满足一定的电网谐波要求，如 IEEE 519-2014[10]。

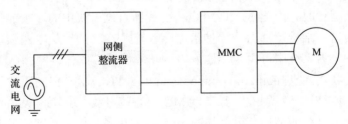

图 12.2　MMC 变频器整体结构

  利用移相变压器对低次电流谐波的抵消作用，多脉波整流技术可以有效降低网侧电流畸变，适用于具备公共直流母线的 MMC 变频器。为了方便移相变压器的设计，其脉波数通常为 12/18/24/36，如图 12.3 所示，其中变压器二次绕组间的移相角设计公式为

$$\delta = \frac{2\pi}{p} \tag{12.1}$$

其中，p 为整流后直流电压一个工频周期内的脉波个数，脉波个数越多，输出直流电压越平滑，且移相变压器对输入电流谐波的抵消效果越好，电流波形畸变率越低。通过选取合适的脉波数目，不需要任何额外的输入滤波器或谐波补偿装置，即可满足电网对电流谐波的要求。

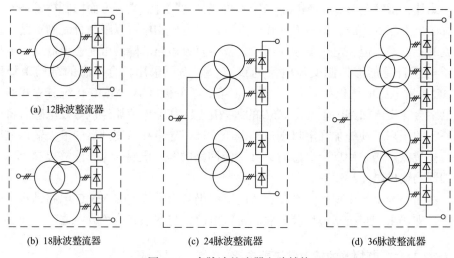

 (a) 12脉波整流器   (d) 36脉波整流器

 (b) 18脉波整流器   (c) 24脉波整流器

图 12.3 多脉波整流器电路结构

  对于四象限运行的变频系统，则可采用另一套 MMC 电路作为网侧整流器，构成背靠背 MMC 变频器，如图 12.4 所示，其中网侧 MMC 的交流电压同样呈现多电平波形，可对输入电流进行精确的闭环控制，完美地消除网侧电流谐波。当电机制动运行时，网侧 MMC 可以将变频器直流母线中的多余能量逆向馈送至电网中。这一结构特别适用于抽水储能系统[11]，灵活地从电网吸取或馈入能量，以平抑电力系统中可再生能源发电的功率波动。此外，网侧 MMC 还可以对变频器公共接入点(point of common coupling，PCC)上其他的工业设备提供无功支撑与谐波补偿。特别地，基于 MMC 的直流母线，甚至可灵活地构建多个变频器共直流母线的结构，组成如图 12.5 所示的多机传动系统，显著提高系统的整体效率。

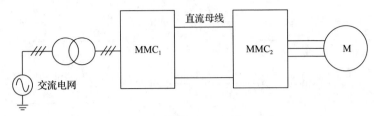

图 12.4　背靠背 MMC 变频器结构

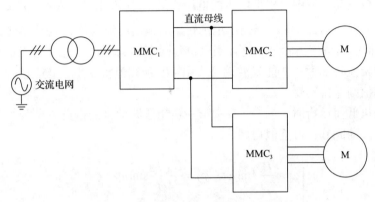

图 12.5　多 MMC 变频器共直流母线结构

12.2　MMC 变频器低频运行的电容电压波动问题

前面介绍了 MMC 高压变频器展现出的一系列技术优势,但实际上它也存在较为严重的缺点,即 MMC 驱动电机低频运行时存在子模块电容电压波动过大的问题。虽然第 2 章已推导了电容电压的表达式[式(2.21)],但为了便于后续关于电容电压波动抑制方法的阐述,本节从桥臂能量的角度对电容电压波动进行分析。基于 MMC 桥臂电压和桥臂电流表达式[式(2.8)和式(2.13)],上下桥臂的瞬时功率可表示为

$$
\begin{cases}
p_{\mathrm{u}} = u_{\mathrm{u}} i_{\mathrm{u}} = \dfrac{U_{\mathrm{dc}} \hat{I}_{\mathrm{o}}}{4} \cos(\omega t - \varphi) - \dfrac{\hat{U}_{\mathrm{o}}^2 \hat{I}_{\mathrm{o}} \cos\varphi}{2 U_{\mathrm{dc}}} \cos(\omega t) - \dfrac{\hat{U}_{\mathrm{o}} \hat{I}_{\mathrm{o}}}{4} \cos(2\omega t - \varphi) \\[3mm]
p_{\mathrm{l}} = u_{\mathrm{l}} i_{\mathrm{l}} = -\dfrac{U_{\mathrm{dc}} \hat{I}_{\mathrm{o}}}{4} \cos(\omega t - \varphi) + \dfrac{\hat{U}_{\mathrm{o}}^2 \hat{I}_{\mathrm{o}} \cos\varphi}{2 U_{\mathrm{dc}}} \cos(\omega t) - \dfrac{\hat{U}_{\mathrm{o}} \hat{I}_{\mathrm{o}}}{4} \cos(2\omega t - \varphi)
\end{cases}
\tag{12.2}
$$

对其进行积分,得到上下桥臂中的能量波动为

$$
\begin{cases}
e_{\mathrm{u}} = \underbrace{\dfrac{1}{\omega} \times \dfrac{U_{\mathrm{dc}} \hat{I}_{\mathrm{o}}}{4} \sin(\omega t - \varphi)}_{\text{第一项}} - \underbrace{\dfrac{\hat{U}_{\mathrm{o}}^2}{\omega} \times \dfrac{\hat{I}_{\mathrm{o}} \cos \varphi}{2 U_{\mathrm{dc}}} \sin(\omega t)}_{\text{第二项}} - \underbrace{\dfrac{\hat{U}_{\mathrm{o}}}{\omega} \times \dfrac{\hat{I}_{\mathrm{o}} \sin(2\omega t - \varphi)}{8}}_{\text{第三项}} \\[4mm]
e_{\mathrm{l}} = -\underbrace{\dfrac{1}{\omega} \times \dfrac{U_{\mathrm{dc}} \hat{I}_{\mathrm{o}}}{4} \sin(\omega t - \varphi)}_{\text{第一项}} + \underbrace{\dfrac{\hat{U}_{\mathrm{o}}^2}{\omega} \times \dfrac{\hat{I}_{\mathrm{o}} \cos \varphi}{2 U_{\mathrm{dc}}} \sin(\omega t)}_{\text{第二项}} - \underbrace{\dfrac{\hat{U}_{\mathrm{o}}}{\omega} \times \dfrac{\hat{I}_{\mathrm{o}} \sin(2\omega t - \varphi)}{8}}_{\text{第三项}}
\end{cases}
\tag{12.3}
$$

在电机驱动应用中，根据电机的电压/频率比(V/F)特性，MMC 的 $\hat{U}_{\mathrm{o}}/\omega$ 基本保持定值。在式(12.3)中，当输出恒定转矩时输出电流幅值 $\hat{I}_{\mathrm{o}}$ 保持不变，直流电压 U_{dc} 也被输入整流器固定，这样当电机角频率 ω 降低时，有：①能量波动公式中第一项幅值将变大；②能量波动公式中第二项幅值将变小；③能量波动公式中第三项幅值则保持不变。

当电机低速运行时，式(12.3)中第一项能量波动将变得更为显著。忽略其余两项能量波动成分，可近似得到

$$
\begin{cases}
e_{\mathrm{u}} \approx \dfrac{\hat{P}_{\mathrm{o}}}{\omega} \sin(\omega t - \varphi) = \dfrac{U_{\mathrm{dc}} \hat{I}_{\mathrm{o}}}{4\omega} \sin(\omega t - \varphi) \\[4mm]
e_{\mathrm{l}} \approx -\dfrac{\hat{P}_{\mathrm{o}}}{\omega} \sin(\omega t - \varphi) = -\dfrac{U_{\mathrm{dc}} \hat{I}_{\mathrm{o}}}{4\omega} \sin(\omega t - \varphi)
\end{cases}
\tag{12.4}
$$

其中，$\hat{P}_{\mathrm{o}} = \dfrac{1}{4} U_{\mathrm{dc}} \hat{I}_{\mathrm{o}}$ 为对应基频功率的幅值。因此，桥臂能量波动的峰峰值为

$\Delta E \approx \dfrac{2\hat{P}_{\mathrm{o}}}{\omega} = \dfrac{U_{\mathrm{dc}} \hat{I}_{\mathrm{o}}}{2\omega}$。

这一能量波动需要由桥臂内的 N 个子模块电容器缓冲，于是有

$$
\Delta E = N \left(\frac{1}{2} C_{\mathrm{SM}} U_{C(\max)}^2 - \frac{1}{2} C_{\mathrm{SM}} U_{C(\min)}^2 \right) = N C_{\mathrm{SM}} U_C \Delta U_{C(\mathrm{pp})}
\tag{12.5}
$$

其中，$\Delta U_{C(\mathrm{pp})}$ 为电容电压波动的峰峰值；$U_{C(\max)}$、$U_{C(\min)}$ 分别为电容电压的最大值和最小值。

由 $N U_C = U_{\mathrm{dc}}$，式(12.5)可进一步化简为

$$
\Delta U_{C(\mathrm{pp})} = \frac{2\hat{P}_{\mathrm{o}}}{\omega C_{\mathrm{SM}} U_{\mathrm{dc}}} = \frac{\hat{I}_{\mathrm{o}}}{2\omega C_{\mathrm{SM}}}
\tag{12.6}
$$

可见，MMC 电容电压波动大小与输出电流幅值(电机转矩)成正比，而与角频率(电机转速)成反比。当 MMC 驱动恒转矩型负载时，电容电压波动随角频率变化的曲线如图 12.6 所示，其中横纵坐标均为标幺值，ω_{rated} 对应电机的额定转速下的角频率，$\Delta U_{C(\mathrm{pp})}(\omega_{\mathrm{rated}})$ 为额定转速下的电容电压波动峰峰值。从图中可以看

出，在低速情况下电容电压波动变得极大，MMC 变频器将无法正常工作。

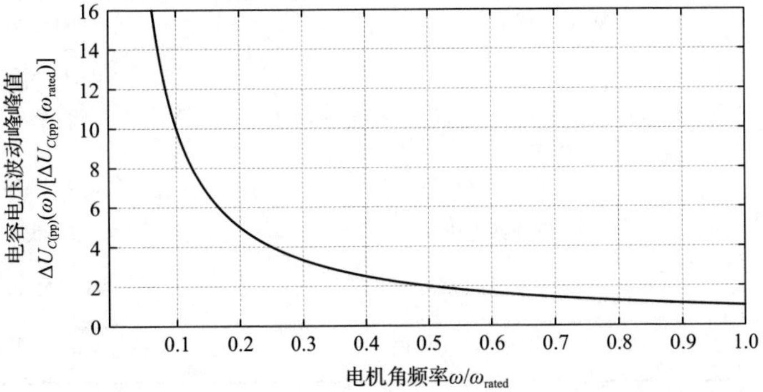

图 12.6　恒转矩型负载下 MMC 电容电压波动峰峰值与电机角频率的关系曲线

下面以 MMC 变频器驱动 10kV/20MW 的永磁同步电机(permanent magnet synchronous motor，PMSM)为例进行仿真分析，MMC 各桥臂包含 20 个半桥子模块，负载为恒转矩特性，电机定子电流幅值恒为 $\hat{I}_o$=1600A，其他仿真参数如表 12.2 所示。图 12.7 所示为 MMC 变频器工作在额定频率 50Hz 的结果，其中 u_{ab}、u_{bc}、u_{ca} 为 MMC 三相交流输出线电压，i_{oa}、i_{ob}、i_{oc} 为电机三相定子电流，i_{ua} 和 i_{la} 分别为 a 相上下桥臂电流，i_{ca} 为 a 相的环流，u_{Cua} 与 u_{Cla} 分别为 MMC 上、下桥臂中一个子模块的电容电压，u_{oi} 为作用在电机定子上的共模电压。可见，MMC 向电机提供纯净的三相正弦电流，子模块电容电压波动峰峰值为 63V。图 12.8 进一步给出了 MMC 变频器在 10Hz 的运行结果，由于驱动恒转矩负载，交流电流幅值维持 1600A 不变，桥臂电流峰值为 880A，但子模块电容电压波动显著增加，峰峰值达到 383V。若电机频率进一步降低，则电容电压的波动幅值将变得极大，造成子模块过压或欠压故障，MMC 变频器无法再继续运行。

表 12.2　MMC 变频器仿真参数表

仿真参数		数值
MMC 参数	桥臂半桥子模块个数	N=20
	直流电压	U_{dc}=20kV
	子模块电容电压额定值	$U_{C(rated)}$=1kV
	子模块电容容量	C_{SM}=34mF
	桥臂电感	L=0.5mH
	额定调制比	M_{rated}=0.82
	额定运行频率	f_{rated}=50Hz
	三角载波频率	f_c=500Hz

仿真参数		数值
PMSM 参数	额定有功功率	P=20MW
	极对数	pp=10
	额定转速	n_{rated}=300r/min
	额定线电压有效值	U_{rated}=10kV
	负载转矩	T=528kN·m
	额定相电流幅值	$\hat{I}_{o(rated)}$=1600A

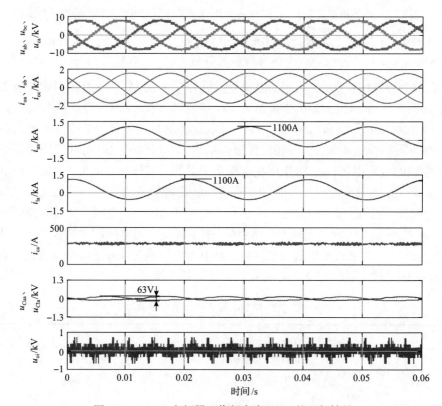

图 12.7　MMC 变频器工作频率为 50Hz 的运行结果

在实际工业应用中，变频器所驱动的负载除了恒转矩型负载，还有较为常见的平方降转矩型负载。对于这两种负载类型，转矩和功率随转速的变化曲线分别如图 12.9(a)和(b)所示，其中恒转矩型负载的转矩大小不随转速变化，功率与转速成正比。而对于平方降转矩型负载，其转矩大小与转速平方成正比，功率与转速立方成正比。在低速运行情况下平方降转矩型负载所需的转矩较低，由式(12.6)

可知，MMC 的电容电压波动也较小。因此，MMC 变频器非常适合于驱动风机、水泵等平方降转矩型负载。然而，即使对于平方降转矩型负载，在电机启动过程中仍需要变频器提供较大的启动转矩，以克服负载静摩擦并实现加速过程，因此在低频范围内务必要对电容电压波动进行抑制。

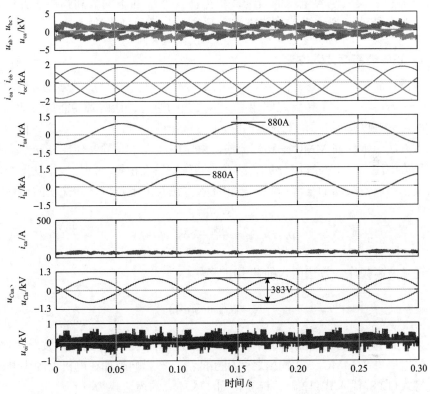

图 12.8　MMC 变频器工作频率为 10Hz 的运行结果

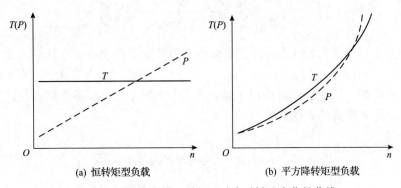

(a) 恒转矩型负载　　　　　　　　(b) 平方降转矩型负载

图 12.9　两种负载类型转矩和功率随转速变化的曲线

12.3　MMC 变频器的高频注入方法

为保证 MMC 变频器能够在低频下稳定运行，目前工业界普遍采用高频注入方法来抑制子模块电容电压的波动。根据注入波形的不同，高频注入方法具体又可分为正弦波高频注入[12-16]与方波高频注入[17-20]两种方法。

12.3.1　正弦波高频注入方法

由桥臂能量波动表达式[式(12.4)]可知，MMC 上下桥臂的基频能量波动恰好相反，倘若能够在上下桥臂之间建立功率交换的通道，让两者的能量波动相互抵消，即可大幅度降低(理论上完美消除)电容电压的波动。为了达到这一目标，高频注入方法巧妙地在 MMC 三相交流输出电压中注入了高频共模成分 u_{oi}，同时在各相环流中注入一个高频成分 i_{ci}，两者共同作用后在桥臂之间形成了功率交换。为实现基频能量波动的全部抑制，高频注入方法在上下桥臂之间交换的功率应为

$$p_i = u_{oi}i_{ci} = \frac{U_{dc}\hat{I}_o}{4}\cos(\omega t - \varphi) \tag{12.7}$$

正弦波高频注入方法注入的共模电压为

$$u_{oi} = \hat{U}_{oi}\cos(\omega_i t) \tag{12.8}$$

其中，$\hat{U}_{oi}$ 为共模电压幅值；$\omega_i = 2\pi f_i$ 为注入波形的角频率，f_i 为注入波形的频率。该共模电压将在 MMC 三相输出之间相互抵消，不影响施加在电机上的线电压。

将式(12.8)代入式(12.7)，计算得到注入环流的表达式为

$$i_{ci} = \frac{p_i}{u_{oi}} = \frac{U_{dc}\hat{I}_o\cos(\omega t - \varphi)}{4\hat{U}_{oi}\cos(\omega_i t)} \tag{12.9}$$

理论上，按式(12.9)注入环流可以完美地消除子模块电容电压的波动。但由于 $\cos(\omega_i t)$ 项出现在分母，当 $\cos(\omega_i t)$ 接近 0 时，i_{ci} 将变得非常大，这在实际电路中是不允许的。因此，实际应用中需要注入与共模电压同频率、同相位的环流来形成 p_i，注入环流的表达式为

$$i_{ci} = \frac{2p_i}{\hat{U}_{oi}}\cos(\omega_i t) = \frac{U_{dc}\hat{I}_o}{2\hat{U}_{oi}}\cos(\omega t - \varphi)\cos(\omega_i t) \tag{12.10}$$

将式(12.8)与式(12.10)相乘，并忽略其中 ω_i 的二倍频功率脉动，即可近似得

到式(12.7)所需的基频功率。为了取得较好的近似效果，f_i 至少应为 MMC 变频器运行频率 f 的 6～10 倍。另外，考虑注入环流的控制精度，f_i 不应超过 MMC 等效开关频率的 $\dfrac{1}{10}$。

进一步地，对式(12.10)进行积化和差，得到

$$i_{ci} = \frac{U_{dc}\hat{I}_o}{4\hat{U}_{oi}}\left\{\cos\left[(\omega_i + \omega)t - \varphi\right] + \cos\left[(\omega_i - \omega)t + \varphi\right]\right\} \tag{12.11}$$

可见，注入的高频环流实质上包含了两种频率成分 $(f_i \pm f)$。鉴于 MMC 输出的三相基频电流相位互差 120°，根据式(12.11)，三相间注入的高频环流将在直流母线汇集后相互抵消，并不影响 MMC 的直流电流。

图 12.10 展示了 MMC 变频器在 10Hz 运行情况下，采用正弦波高频注入方法的仿真结果，注入频率为 f_i=150Hz。相比于图 12.8，子模块电容电压波动大幅降低，峰峰值仅为 97V。此时，注入共模电压的幅值为 6200V，注入环流的峰峰值为 5154A，桥臂电流也在基频正弦波的基础上增加了高频的环流分量，桥臂电流

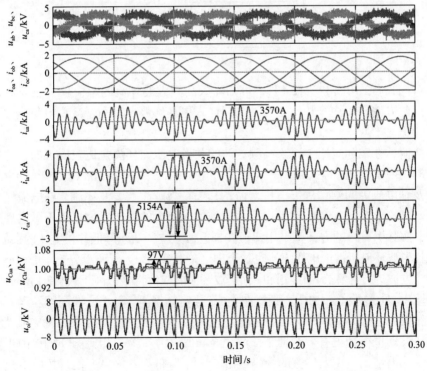

图 12.10　正弦波高频注入方法下 MMC 变频器 10Hz 运行结果

峰值达到了 3570A。虽然电容电压波动得到了明显的抑制，但其代价是显著增大了 MMC 变频器功率器件的电流应力与损耗，甚至不得不选用电流容量更大的功率器件，增加了成本，且降低了变频器的效率。

12.3.2　方波高频注入方法

在相同幅值下，方波信号的有效值是正弦波信号的 $\sqrt{2}$ 倍。因此，为了降低注入环流的幅值，可以在 MMC 变频器中采用方波高频注入。此时，注入的共模电压为

$$u_{\mathrm{oi}} = \begin{cases} -\hat{U}_{\mathrm{oi}}, & 0 < t \leqslant \dfrac{1}{2f_{\mathrm{i}}} \\[3mm] \hat{U}_{\mathrm{oi}}, & \dfrac{1}{2f_{\mathrm{i}}} < t \leqslant \dfrac{1}{f_{\mathrm{i}}} \end{cases} \tag{12.12}$$

再根据式 (12.7)，可得到注入方波环流的表达为

$$i_{\mathrm{ci}} = \begin{cases} -\dfrac{U_{\mathrm{dc}}\hat{I}_{\mathrm{o}}\cos(\omega t - \varphi)}{4\hat{U}_{\mathrm{oi}}}, & 0 < t \leqslant \dfrac{1}{2f_{\mathrm{i}}} \\[4mm] \dfrac{U_{\mathrm{dc}}\hat{I}_{\mathrm{o}}\cos(\omega t - \varphi)}{4\hat{U}_{\mathrm{oi}}}, & \dfrac{1}{2f_{\mathrm{i}}} < t \leqslant \dfrac{1}{f_{\mathrm{i}}} \end{cases} \tag{12.13}$$

对比式 (12.10) 和式 (12.13)，可知注入高频方波环流的幅值仅为正弦波的一半，因此方波高频注入相比正弦波高频注入更具优势，有利于减小电流应力和损耗。

然而，在实际应用中注入高频方波的共模电压和环流是比较困难的，主要有两个制约因素：其一是方波共模电压将在电机端产生很高的 $\mathrm{d}u/\mathrm{d}t$，容易产生行波反射及轴电流等问题，危害电机寿命；其二是为了注入方波环流，在电流极性翻转时刻理论上要在 MMC 桥臂电感两端施加无穷大的电压，这也是不可实现的。因此，实际中可行的方案是采用梯形波来近似方波，从而降低共模电压的 $\mathrm{d}u/\mathrm{d}t$，注入梯形波环流所需的电压大小也较合理。在本章中，为了便于分析，仍将梯形波近似为方波进行计算，所以实际中梯形波环流的幅值将略微高于式 (12.13) 的结果。

图 12.11 展示了 MMC 变频器在 10Hz 运行情况下，采用方波高频注入方法的仿真结果，注入频率同样为 $f_{\mathrm{i}}=150\mathrm{Hz}$，注入共模电压的幅值为 6200V。子模块电容电压波动也得到了有效的抑制，波动峰峰值仅为 97V。相比图 12.10 中正弦波高频注入的情景，注入环流的峰峰值由 5154A 降低至 2480A，使得桥臂电流幅值由正弦波高频注入的 3570A 减小为 2168A，MMC 的应力显著降低，由此证明了方波高频注入相比于正弦波高频注入更具有优势。

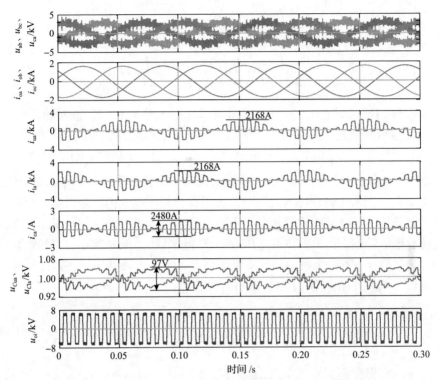

图 12.11　方波高频注入方法下 MMC 变频器 10Hz 运行结果

12.3.3　方波高频注入方法的进一步优化

由以上分析可知，对于高频注入方法，MMC 上下桥臂交换的功率为共模电压与环流的乘积，为了尽可能减小注入环流的幅值，降低损耗与电流应力，注入共模电压的幅值 $\hat{U}_{oi}$ 应尽可能大。$\hat{U}_{oi}$ 主要受到 MMC 调制比的限制，其最大值可达到

$$\hat{U}_{oi} = \frac{1}{2}(M_{rated} - M)U_{dc} \tag{12.14}$$

其中，M 为 MMC 变频器当前工作频率对应的调制比；M_{rated} 为额定频率对应的调制比(额定调制比)。

根据电机的 V/F 特性，MMC 的 M/ω 基本保持为定值，从而有

$$M = \frac{\omega}{\omega_{rated}} M_{rated} \tag{12.15}$$

将式(12.14)和式(12.15)代入式(12.13)可得到

$$i_{ci} = \begin{cases} -\dfrac{\hat{I}_o \cos(\omega t - \varphi)}{2M_{rated}(1 - \omega / \omega_{rated})}, & 0 < t \leqslant \dfrac{1}{2f_i} \\ \dfrac{\hat{I}_o \cos(\omega t - \varphi)}{2M_{rated}(1 - \omega / \omega_{rated})}, & \dfrac{1}{2f_i} < t \leqslant \dfrac{1}{f_i} \end{cases} \tag{12.16}$$

由式 (12.16) 可以看出，随着电机角频率 ω 的上升，注入环流的幅值将不断增大。当 ω 接近额定转速对应的角频率 ω_{rated} 时，分母接近零，理论上注入环流的幅值会变得无穷大。这是因为随着电机转速上升，调制比 M 不断增加，能够注入的共模电压幅值 $\hat{U}_{oi}$ 变小，为保证上下桥臂交换功率不变，不得不注入更大的环流。

实际上，在采用高频注入方法时，无须在全频率范围内完全消除电容电压的波动，而是只需将波动幅值限制在允许的范围 $\Delta U_{C(lim)}$ 以内即可[20]。由式 (12.6) 可知，随着电机转速的上升，电容电压波动峰峰值 $\Delta U_{C(pp)}$ 自然减小，当转速高于某一临界值之后，电容电压波动幅值将自动小于 $\Delta U_{C(lim)}$，不再需要注入高频环流和共模电压。该临界角频率可由式 (12.6) 计算得到

$$\omega_{lim} = \frac{\hat{I}_o}{2C_{SM}\Delta U_{C(lim)}} \tag{12.17}$$

对应的临界频率为 $f_{lim} = \omega_{lim}/(2\pi)$。

当工作频率低于 f_{lim} 时，也不必完全抑制电容电压波动，而是将波动幅值维持在 $\Delta U_{C(lim)}$，从而降低高频注入方法在上下桥臂之间交换的功率：

$$p_i = (\hat{P}_o - P_{lim})\cos(\omega t - \varphi) \tag{12.18}$$

其中，P_{lim} 为桥臂中剩余的基频功率，该值恰好对应 $\Delta U_{C(lim)}$ 的电容电压波动幅值。根据式 (12.6)，可得到

$$P_{lim} = \frac{\omega C_{SM} U_{dc} \Delta U_{C(lim)}}{2} \tag{12.19}$$

结合式 (12.12)、式 (12.14) 及式 (12.18)，可得到优化后的方波环流表达式：

$$i_{ci} = \begin{cases} -\dfrac{(1 - \omega / \omega_{lim})\hat{I}_o \cos(\omega t - \varphi)}{2M_{rated}(1 - \omega / \omega_{rated})}, & 0 < t \leqslant \dfrac{1}{2f_i} \\ \dfrac{(1 - \omega / \omega_{lim})\hat{I}_o \cos(\omega t - \varphi)}{2M_{rated}(1 - \omega / \omega_{rated})}, & \dfrac{1}{2f_i} < t \leqslant \dfrac{1}{f_i} \end{cases} \tag{12.20}$$

图 12.12 展示了传统方波高频注入方法及优化方波高频注入方法在不同临

界频率 f_{lim} 时，注入环流幅值与工作频率的关系曲线，其幅值分别由式(12.16)和式(12.20)计算得到，其中额定调制比 M_{rated} 取 0.8，额定运行频率 f_{rated} 为 50Hz。从图中可以看出，临界频率 f_{lim} 取值越小，越有利于减小环流幅值。若临界频率 f_{lim} 大于电机的额定频率，则意味着在全频率内都需要进行高频注入。当 f_{lim} 趋近于无穷时，由式(12.17)可知，$\Delta U_{C(\text{lim})}$ 趋近于 0，即等同于传统完全抑制电容电压波动的情况。此外，在零频率处，由式(12.20)可知注入环流的幅值不受 f_{lim} 的影响，恒定为 $\hat{I}_{\text{o}}/(2M_{\text{rated}})$。因此，为了最小化 MMC 变频器的电流应力，在全频率范围内，注入环流的幅值不宜超过 $\hat{I}_{\text{o}}/(2M_{\text{rated}})$，这要求临界频率不能超过额定运行频率，即 $f_{\text{lim}} \leqslant f_{\text{rated}}$。

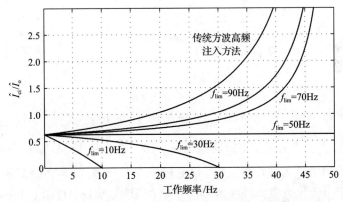

图 12.12　注入环流幅值与 MMC 变频器工作频率的关系曲线

在此基础上，根据式(12.17)，可得到 MMC 变频器采用优化方波高频注入方法时子模块电容容量的取值：

$$C_{\text{SM}} = \frac{\hat{I}_{\text{o}}}{4\pi f_{\text{lim}}\Delta U_{C(\text{lim})}} \tag{12.21}$$

若临界频率 f_{lim} 减小，则电路的电流应力减小，效率得以提高，但代价是子模块电容容量增大、体积重量增加。因此，在实际设计临界频率与电容容量时，需要综合权衡 MMC 变频器的电流应力、效率、体积和成本，并考虑实际系统参数变化及暂态扰动的影响，留有一定裕度。

方波高频注入方法的控制实现如图 12.13 所示，其中环流注入是在图 5.11 的环流控制器基础上增加了式(12.20)所对应的高频环流参考指令，需要注意的是，由于环流为梯形波，PI 控制存在一定的跟踪误差，但由于注入频率通常在几十至几百赫兹，在这段频率范围内 PI 的跟踪误差一般能够被接受。若要进一步提升注入环流的动态跟踪效果，可考虑采用预测控制方法。共模电压的注入则较为简单，只需在三相交流电压参考信号上叠加共模电压的指令即可。

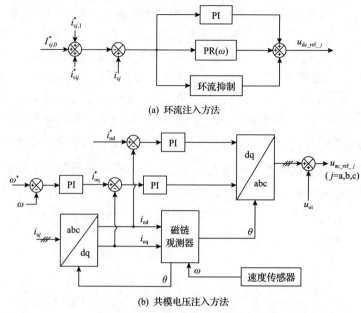

(a) 环流注入方法

(b) 共模电压注入方法

图 12.13　方波高频注入控制策略

　　本节为验证上述的优化方波高频注入方法，在小功率 MMC 变频器上进行了实验分析，其中负载为恒转矩负载，电流幅值为 $\hat{I}_o$ =6A，实验参数如表 12.3 所示。图 12.14 给出了传统方波高频注入方法分别在 2Hz、6Hz、14Hz、18Hz、26Hz 及 30Hz 的实验结果，其中注入方波共模电压的幅值由式(12.14)得到，注入环流指令由式(12.16)得到，用于完全抑制电容电压的基频波动。图中 u_{Cua} 为 a 相上桥臂一个子模块的电容电压，i_{ca} 和 i_{oa} 分别为 a 相的环流和输出电流，u_{oi} 为交流输出端

表 12.3　MMC 优化的方波高频注入实验参数表

实验参数	数值
桥臂半桥子模块个数	N=3
直流电压	U_{dc}=600V
子模块电容电压额定值	$U_{C(rated)}$=200V
子模块电容容量	C_{SM}=1867μF
桥臂电感	L=3mH
输出电流幅值	$\hat{I}_o$ =6A
额定调制比	M_{rated}=0.8
额定运行频率	f_{rated}=50Hz
注入频率	f_i=200Hz
三角载波频率	f_c=2kHz

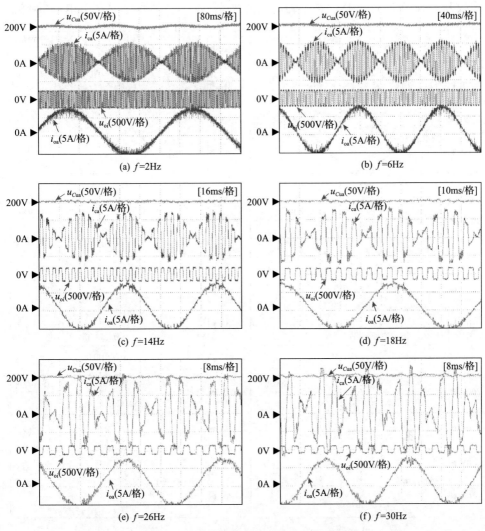

图 12.14　传统方波高频注入方法的实验结果

注入的共模电压。可以看出，电容电压波动在各个频率处均得到了有效抑制，然而环流 i_{ca} 的幅值随着工作频率的上升而增加。图 12.14(f) 中，环流的峰峰值达到了 24A，并且输出电流波形 i_{oa} 发生了轻微的畸变，这是因为环流幅值过高，MMC 已无法在桥臂电感上施加足够的电压来注入这一环流。因此，在本实验中，传统方波高频注入方法仅适用于频率低于 30Hz 的工况。

采用优化的方波高频注入方法的实验结果如图 12.15 所示，其中临界频率 f_{lim} 设置为 50Hz，注入环流的指令由式 (12.20) 得到。MMC 能够在全频率范围内稳定运行，且在临界频率以内环流 i_{ca} 的峰峰值保持在 10A 左右，不随频率变化。当工作频率达到50Hz时，MMC变频器进入正常运行模式，无须再注入高频电压与环流。

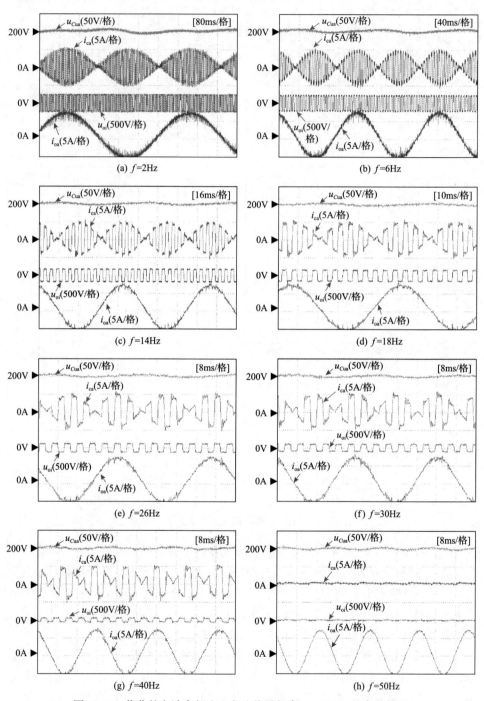

图 12.15　优化的方波高频注入方法临界频率 f_{lim} =50Hz 的实验结果

　　图 12.16 进一步给出了 f_{lim} 设置为 30Hz 时的实验结果。随着 MMC 工作频率的升高，注入环流 i_{ca} 的峰峰值越来越小，但电容电压的基频波动相比图 12.15 有所增大。当工作频率达到 30Hz 时，MMC 变频器即可切换至正常运行模式，电容电压波动将始终在设定范围以内。图 12.17 则给出了 f_{lim}=20Hz 时的实验结果，注入环流的峰峰值在各频率处相比以上各种情况进一步降低，电容电压的基频波动也更为明显。当工作频率达到 20Hz 后，MMC 变频器即切换到正常运行模式。

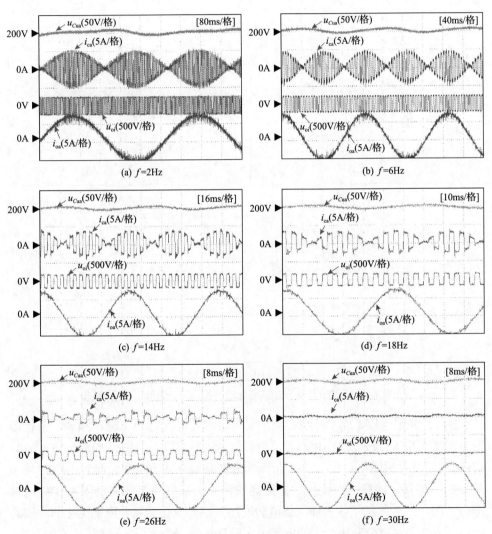

图 12.16　优化的方波高频注入方法临界频率 f_{lim}=30Hz 的实验结果

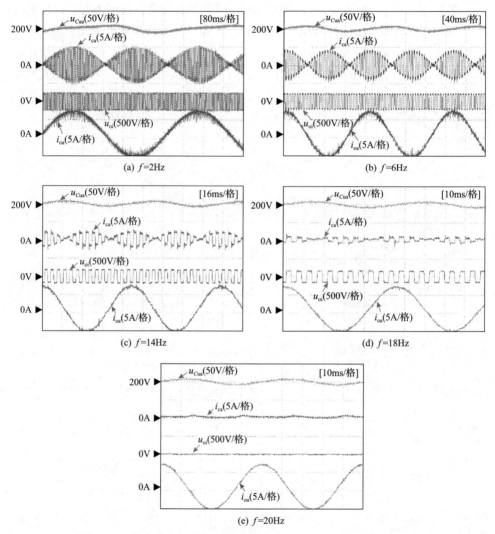

(a) f=2Hz

(b) f=6Hz

(c) f=14Hz

(d) f=18Hz

(e) f=20Hz

图 12.17 优化的方波高频注入方法临界频率 f_{lim}=20Hz 的实验结果

图 12.18 则整理了以上几组实验中子模块电容电压的 FFT 分析结果，包括传统方波高频注入方法以及优化的方波高频注入方法在 f_{lim} 分别为 50Hz、30Hz 和 20Hz 的情况。从图中可以看出，在传统方波高频注入方法中，电容电压的基频部分完全得到了抑制，而优化的方波高频注入方法则将基频波动限制在一定范围内。图 12.19 展示了注入环流幅值随输出频率的变化关系，可见优化的方波高频注入方法通过充分利用允许的电容电压波动范围，减小了注入高频环流的幅值，从而能够降低电流应力与损耗。此外，图 12.19 还给出了注入环流幅值的实验值与理论值的对比，可见两者的曲线变化规律一致，但实验值要略大于理论值，这

是由于实际注入的波形并不是理想的方波而是梯形波,为保证波形的有效值不变,梯形波环流的幅值会略有增加。

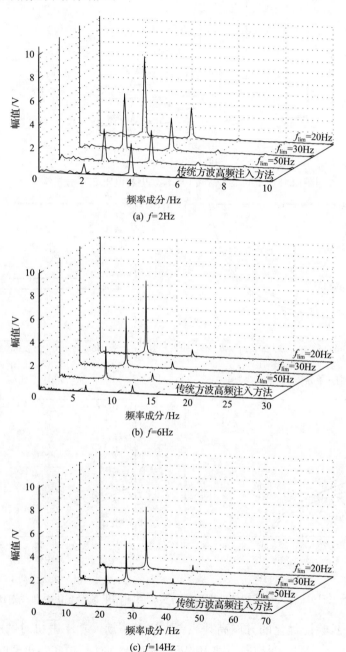

(a) f=2Hz

(b) f=6Hz

(c) f=14Hz

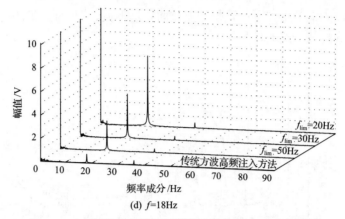

(d) f=18Hz

图 12.18 不同注入情况下子模块电容电压 FFT 分析结果

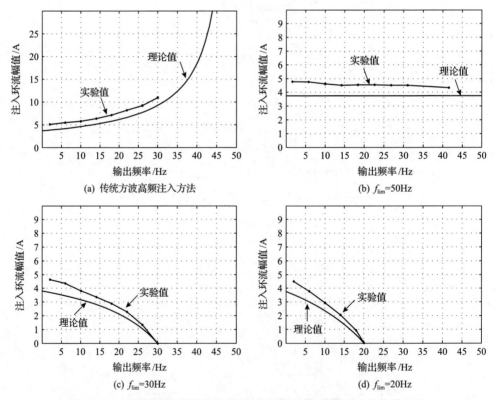

(a) 传统方波高频注入方法

(b) f_{lim}=50Hz

(c) f_{lim}=30Hz

(d) f_{lim}=20Hz

图 12.19 注入环流幅值的理论值与实验值随输出频率变化的曲线对比

为进一步验证优化的方波高频注入方法在驱动大功率电机时的动态性能，图 12.20 展示了 MMC 变频器驱动 10kV/20MW PMSM 接恒转矩负载的仿真结果，其中仿真参数如表 12.2 所示，注入的临界频率 f_{lim} 设置为 30Hz。图中电机由静止加速到额定转速(300r/min)，可以看出，交流电流幅值维持恒定，注入环流幅值随输出频率的上升而减小，当时间大于 0.6s 后，输出频率大于 30Hz，不再进行高频注入，MMC 由注入模式平滑过渡到正常运行模式。在全频率范围内，电容电压波动幅值控制在允许值以内（$\Delta U_{C(\text{lim})}$=130V），满足设计要求。

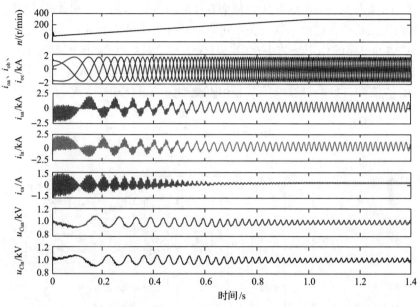

图 12.20　优化的方波高频注入方法下 MMC 变频器驱动恒转矩负载启动过程

以上分析与仿真实验结果证明了高频注入方法能够有效地抑制电容电压波动，但也暴露出两点技术缺陷。首先，即使采用优化的方波高频注入方法，在低频时注入环流的幅值仍然较高，显著超出了额定桥臂电流的幅值，因而 MMC 变频器的功率器件仍要考虑扩容并要强化其散热系统设计。此外，为了尽可能降低注入环流的幅值，这种方法在电机端施加了幅值高达数千伏的共模电压，会对电机造成绝缘击穿及轴电流等危害。综上，高频注入方法通过环流与共模电压的相互作用实现了 MMC 变频器的低频运行，但环流应力和共模电压问题在一定程度上制约了该方法的应用。

12.4　混合型 MMC 变频器拓扑

为避免高频注入方法带来的环流应力和共模电压问题，可以采用一种混合型MMC 变频器拓扑[21,22]。该拓扑通过在直流母线上引入一个串联开关并采用适当的控制方法，可大幅度减小子模块电容器低频时的电压波动，实现全频率范围的稳定运行，且无须额外注入共模电压或增大电流应力。

12.4.1　拓扑结构与工作原理

图 12.21 为混合型 MMC 变频器的电路结构图，其主要特点是在 MMC 与直流电源之间加入了一个串联开关，从而在串联开关的作用下，可控制 MMC 与直流电源相连或断开，这个串联开关既可以采用 IGBT 也可以采用晶闸管。此外，图中 RC 缓冲电路的作用是防止在串联开关上产生过高的 $\mathrm{d}u/\mathrm{d}t$ 并滤除直流母线上的电压谐波[23]，变频器在 MMC 侧直流母线经两个接地电阻 R_g 接地。图中 u_d 代表 MMC 直流端口处的母线电压，各相直流回路的电路动态方程为

$$u_\mathrm{d} = u_\mathrm{u} + u_\mathrm{l} + 2L\frac{\mathrm{d}i_\mathrm{c}}{\mathrm{d}t} \tag{12.22}$$

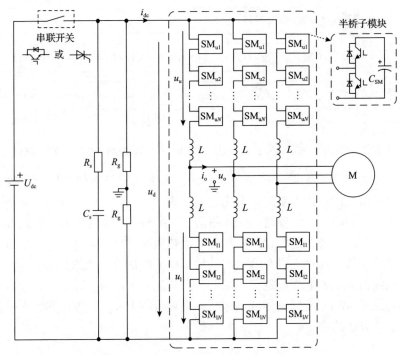

图 12.21　混合型 MMC 变频器电路结构

当串联开关保持闭合时，u_d 将等于直流电压 U_dc，此时混合型 MMC 等同于传统 MMC，其工作波形如图 12.22 所示，直流母线电流 I_dc 为直流，环流为 $I_\mathrm{dc}/3$，当 MMC 变频器工作在额定频率并提供额定功率时，I_dc 达到其额定电流（$I_\mathrm{dc(rated)}$）。图 12.23 则给出了混合型 MMC 的工作波形，其中串联开关按频率 f_h（$f_\mathrm{h}=1/T_\mathrm{h}$，$T_\mathrm{h}$ 为开关周期）以一定的占空比 D 进行开关动作，当开关闭合时 u_d 等于 U_dc，环流控

制为额定值（$I_{dc(rated)}/3$）；而当开关关断时，u_d 控制为 2 倍的相电压幅值（$2\hat{U}_o = MU_{dc}$）。由此，其直流电流 i_{dc} 与环流 i_c 为断续波形，表达式分别为

$$i_{dc} = \begin{cases} I_{dc(rated)}, & S_s=1 \\ 0, & S_s=0 \end{cases}, \quad i_c = \frac{1}{3}i_{dc} \tag{12.23}$$

其中，S_s 为串联开关的工作状态，$S_s=1$ 表示开关闭合，$S_s=0$ 表示开关断开。

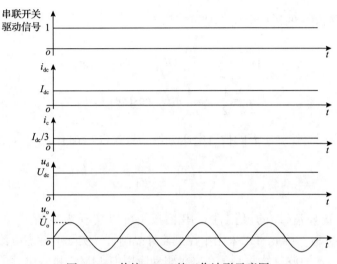

图 12.22　传统 MMC 的工作波形示意图

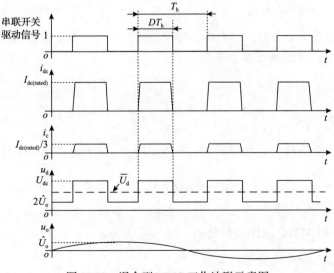

图 12.23　混合型 MMC 工作波形示意图

MMC 直流端口电压 u_d 的表达式为

$$u_d = \begin{cases} U_{dc}, & S_s = 1 \\ MU_{dc}, & S_s = 0 \end{cases} \tag{12.24}$$

基于串联开关的占空比 D,可求出 u_d 的平均值:

$$\bar{U}_d = DU_{dc} + (1-D)MU_{dc} \tag{12.25}$$

混合型 MMC 的桥臂电压于是可表示为

$$\begin{cases} u_u = \dfrac{1}{2}u_d - \dfrac{1}{2}MU_{dc}\cos(\omega t) - \Delta u_d \\ u_l = \dfrac{1}{2}u_d + \dfrac{1}{2}MU_{dc}\cos(\omega t) - \Delta u_d \end{cases} \tag{12.26}$$

其中,Δu_d 为环流控制所需的桥臂电压分量。将式(12.26)代入式(12.22)有

$$L\frac{di_c}{dt} = \Delta u_d \tag{12.27}$$

基于桥臂环流 i_c 的可控性,串联开关可以实现零电流开关(zero-current switching,ZCS),因此可以采用半控型器件晶闸管。实际上考虑电流的上升下降过程,i_c 应为梯形波。然而鉴于在电机驱动应用中 MMC 桥臂电感的取值通常较小,电流波形的上升下降速度较快,为简化计算分析,将 i_c 等效为方波电流波形。

对于占空比 D 的取值,应保证混合型 MMC 的交直流功率平衡,即应满足 $U_{dc}I_{dc(rated)}D = 3\hat{U}_o\hat{I}_o\cos\varphi/2$。当电机在额定转速与额定功率下运行时 $D=1$,而在其他工作情况下,可推导出如下关系:

$$D = \frac{M\hat{I}_o}{\hat{I}_{o(rated)}} \tag{12.28}$$

若电机负载特性为恒转矩负载,有 $\hat{I}_o \equiv \hat{I}_{o(rated)}$,于是式(12.28)可简化为

$$D = M \tag{12.29}$$

12.4.2　混合型 MMC 电路特性分析

1)混合型 MMC 电容电压波动分析

混合型 MMC 相比传统 MMC 最显著的特征是能够在低频时自然降低其电容

电压波动。这一特征其实可直观地由式(12.4)看出，因为 $\hat{I}_o$ 由负载转矩确定，低频时唯一能降低桥臂能量波动的方法是减小桥臂电压中的直流成分 $U_{dc}/2$。而混合型 MMC 正是利用这一原理，通过加入串联开关使 MMC 桥臂电压中直流成分的平均值降低为 $\bar{U}_d/2$。

类似于式(12.5)的分析过程，可得到混合型 MMC 桥臂能量波动的峰峰值为

$$\Delta E \approx \frac{[D+(1-D)M]U_{dc}\hat{I}_o}{2\omega} \tag{12.30}$$

于是其子模块电容电压波动峰峰值可表示为

$$\Delta U_{C(pp)} = \frac{[D+(1-D)M]\hat{I}_o}{2\omega C_{SM}} \tag{12.31}$$

根据电机的 V/F 特性，存在式(12.15)，且假设电机在额定转速对应的角频率 ω_{rated} 下调制比 $M_{rated}=1$，于是有

$$M = \frac{\omega}{\omega_{rated}} \tag{12.32}$$

将式(12.28)与式(12.32)代入式(12.31)，可得到

$$\Delta U_{C(pp)} = \frac{\left[\hat{I}_{o(rated)}+\left(1-\dfrac{\omega}{\omega_{rated}}\right)\hat{I}_o\right]\hat{I}_o}{2\omega_{rated}\hat{I}_{o(rated)}C_{SM}} \tag{12.33}$$

特别地，对于恒转矩负载 $\hat{I}_o \equiv \hat{I}_{o\,(rated)}$，式(12.33)可进一步简化为

$$\Delta U_{C(pp)} = \left(2-\frac{\omega}{\omega_{rated}}\right)\frac{\hat{I}_{o(rated)}}{2\omega_{rated}C_{SM}} \tag{12.34}$$

图 12.24 对比给出了式(12.6)与式(12.34)的电容电压波动峰峰值与角频率的关系曲线。可见，混合型 MMC 相比传统 MMC 在低频时电容电压波动得到了显著下降，尽管其波动幅值随角频率的降低仍会增大，但理论上波动在低频下的极限值(零频处)仅为额定角频率时的两倍。因此，在设计电容器容量时通过留取一定的电压波动允许范围，混合型 MMC 能够在全频率范围内提供额定的电机转矩。另外，若电机不是恒转矩负载，而是风机、水泵等平方降转矩型负载，则电容电压波动在低频范围内会进一步减小，其波动峰峰值可由式(12.33)计算得到。

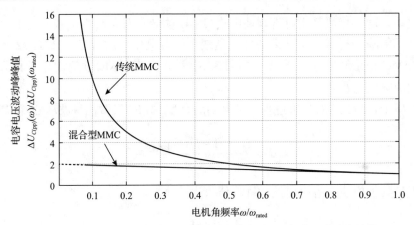

图 12.24　传统 MMC 与混合型 MMC 的标幺化电容电压波动峰峰值

需要特别说明，式 (12.34) 理论上指出即使电机转速为零 ($\omega=0$)，混合型 MMC 的电容电压波动也能得到有效的限制。但在实际应用中，当电机转速接近零时，由于电机电枢电阻压降的影响，变频器的输出电压与频率将不再满足恒定 V/F 关系，且此时混合型 MMC 的占空比 D 将非常小，将梯形波等效为方波带来的误差将较大。因此，在极低的频率下，混合型 MMC 的电容电压波动会明显高于理论分析的结果，以至于混合型 MMC 无法在零频处稳定工作。

然而，绝大多数的高压变频器通常不会要求稳定运行在极低速大转矩的工作环境。在启动加速过程，电机定子频率会很快穿越接近零速的这一段频率范围。而且对于异步电机，转差频率的存在会进一步提高定子频率，所以一般情况下混合型 MMC 仍能够有效地从静止状态启动电机。

2) 串联开关的电气应力

流过串联开关的电流为直流电流 i_{dc}，依据式 (12.23)，其幅值为 $I_{dc(rated)}$。当串联开关开通或关断时，i_{dc} 均可在 MMC 直流端口电压 u_d 的控制下保持在零附近，从而实现零电流开关，开关损耗很小。同时，正是因为 i_{dc} 的可控性，串联开关也可采用半控型器件晶闸管，令其零电压零电流开通，并在电流下降至零后令 MMC 直流端口电压 u_d 高于直流电压 U_{dc}，使晶闸管承受反压关断。

串联开关需要承担的电压应力为直流电源与 MMC 电路之间的电压差，依据式 (12.24)，该电压差为 $(1-M)U_{dc}$。由于 M 在低频时非常小，因此串联开关的耐压必须达到直流电压 U_{dc}。在中高压变频器应用中，由于单个功率器件的耐压限制不得不采用器件串联。对于电力电子器件的串联技术，关键是保证器件之间的稳态与动态电压均衡[24-26]。由于串联开关能够工作在软开关状态，因此器件串联的均压实现相对容易。

另外,如果实际应用中电机主要工作在高速范围,而只需在启动过程中提供一个较大的转矩,那么可在串联开关上并联一个机械开关,当电机启动完成后将其旁路。旁路后混合型 MMC 工作在传统模式,从而进一步消除了串联开关的导通损耗。

3)子模块中 IGBT 的电气应力

相比高频注入方法,混合型 MMC 桥臂电流幅值在全频率范围内均保持在额定电流($\hat{I}_{\text{o(rated)}}/2 + I_{\text{dc(rated)}}/3$),这显著降低了电流应力与损耗,因此子模块中 IGBT 不必为了低频运行而扩容。此外,传统 MMC 与混合型 MMC 的桥臂电流有效值可分别表示为

$$
\begin{cases}
I_{\text{rms-MMC}} = \sqrt{\left(\dfrac{DI_{\text{dc(rated)}}}{3}\right)^2 + \dfrac{1}{2}\hat{I}_{\text{o(rated)}}^2} \\[4mm]
I_{\text{rms-混合型MMC}} = \sqrt{D\left(\dfrac{I_{\text{dc(rated)}}}{3}\right)^2 + \dfrac{1}{2}\hat{I}_{\text{o(rated)}}^2}
\end{cases}
\tag{12.35}
$$

由于 $D \leqslant 1$,因此式(12.35)指出混合型 MMC 在低频情况下桥臂电流有效值略大,因此导通损耗相比传统 MMC 会略微增加。但这两种拓扑的最大电流有效值相等(当额定频率且额定功率运行时,$D=1$),因此两者的最大损耗相同,不必改变混合型 MMC 子模块的散热设计。

4)电机的电气应力

相比高频注入方法,混合型 MMC 的另一个显著的优点是不会对电机造成危害。因为其输出的电压波形为正弦,不含任何人为注入的共模电压,所以不会引发电机的绝缘及轴电流问题,这在中高压变频器应用中至关重要,可降低电机的绝缘成本并延长其使用寿命。

5)滤波器与缓冲电路

串联开关的动作将导致直流电流 i_{dc} 断续,因此直流电源输入端需要考虑加入滤波器,以滤除频率为 f_h 的电流谐波成分。此外,当串联开关采用 IGBT 时,一旦没有工作在零电流关断状态,则关断的瞬间会在直流母线上引发一个与 u_{d} 极性相反的电压尖峰。尽管直流母线上的 RC 缓冲电路能提供一定的抑制作用,但如果串联开关关断瞬间的电流幅值较高,则该电压尖峰仍会很大。在这种情况下,需要考虑在直流母线上加入反并联二极管或金属氧化压敏电阻(metal-oxide varistor, MOV)来进行钳位,防止发生过压。

12.4.3　混合型 MMC 控制策略

　　混合型 MMC 所对应的控制框图如图 12.25 所示。该控制一共包含五个环节，分别是总体能量平衡控制、相间能量平衡控制、桥臂间能量平衡控制、环流控制，以及 PSC-PWM 与子模块电容电压平衡控制。

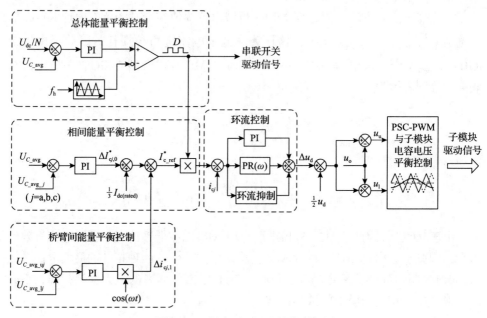

图 12.25　混合型 MMC 的控制框图

　　混合型 MMC 稳定运行的前提是输入输出功率能够维持平衡。由于输入输出的功率差值将影响子模块电容中存储的能量，图 12.25 中的总体能量平衡控制通过调节串联开关驱动信号的占空比 D，即改变从直流电源吸收的功率，从而约束子模块电容电压平均值 U_{C_avg} 等于其参考值 U_{dc}/N。而相间能量平衡控制与桥臂间能量平衡控制的原理与第 5 章中传统 MMC 的控制方法类似。相间能量平衡控制通过调节一个直流环流调节量 $\Delta I_{cj,0}^{*}$ 来维持该相子模块电容电压均值等于 U_{C_avg}，而桥臂间能量平衡则通过控制一个基频环流调节量 $\Delta i_{cj,1}^{*}$ 来保证上下桥臂子模块电容电压的均值相等。将得到的各项电流调节量相加后得到环流幅值 $I_{c\_ref}^{*} = \dfrac{1}{3}I_{dc(rated)} + \Delta I_{cj,0}^{*} + \Delta i_{cj,1}^{*}$，并将 $I_{c\_ref}^{*}$ 与占空比 D 相乘后得到最终的环流参考信号。该信号经环流控制器跟踪控制得到电压输出 Δu_{d}，并根据式 (12.26) 产生最终的上下桥臂电压。最后，采用第 3 章中的 PSC-PWM 与子模块电容电压平衡控制，得到各子模块的驱动信号。

本节为验证混合型 MMC 拓扑及其控制策略，在表 12.2 所示的参数下进行了仿真分析，负载同样为恒转矩特性，电机定子电流幅值恒定为 $\hat{I}_o$ =1600A。图 12.26 展示了混合型 MMC 运行在 10Hz 时的仿真结果，其中环流 i_{ca} 的幅值为 338A，与理论值（$I_{dc(rated)}/3 = 330A$）相符。桥臂电流 i_{ua} 与 i_{la} 的幅值为 1140A，也符合理论计算结果（$\hat{I}_{o(rated)}/2 + I_{dc(rated)}/3 = 1130A$）。子模块电容电压 u_{Cua} 与 u_{Cla} 均稳定在额定值 1000V 左右，电容电压波动峰峰值为 124V（12.4%）。此外，从交流端共模电压 u_{oi} 的波形可以看出，混合型 MMC 的共模电压幅值仅为 670V 左右，主要是开关频率成分的谐波。对比图 12.11 中方波高频注入方法的仿真结果，混合型 MMC 在有效抑制电容电压波动的同时，桥臂电流的幅值由 2168A 下降至 1140A，仍保持在额定电流以内，不存在过流问题，不必增大器件容量，也不会增加变频器损耗。此外，共模电压幅值由 6200V 降低至 670V 左右，避免了对电机带来绝缘和轴电流的危害。图 12.27 给出了串联开关的电压电流波形，可见在驱动信号的上升沿与下降沿时刻，直流电流 i_{dc} 均处于零电流状态，实现了 S_s 的零电流开关。

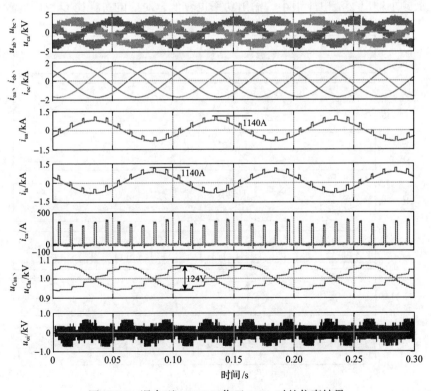

图 12.26　混合型 MMC 工作于 10Hz 时的仿真结果

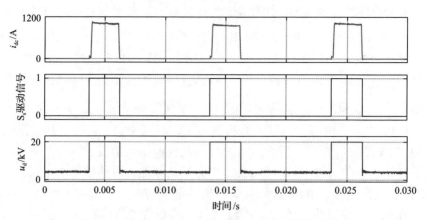

图 12.27　混合型 MMC 工作于 10Hz 时的串联开关波形

图 12.28 进一步给出了混合型 MMC 在 2Hz 时的仿真结果。在极低的工作频率下，混合型 MMC 仍能够稳定运行，提供额定的输出电流，并且电容电压波动峰峰值为 206V（20.6%）。图 12.29 所示为 2Hz 时串联开关的电压电流波形，由于在此低频下输出交流电压很小，输出功率也较低，对应的占空比 D 也因此较小。

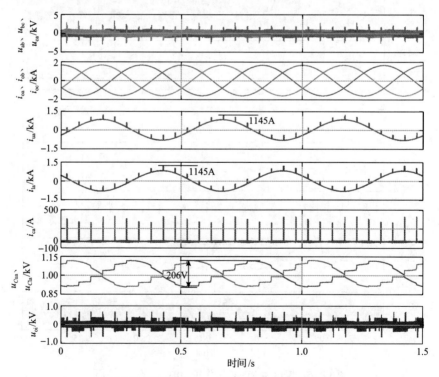

图 12.28　混合型 MMC 工作于 2Hz 时的仿真结果

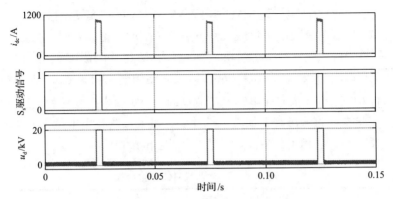

图 12.29　混合型 MMC 工作于 2Hz 时的串联开关波形

为验证混合型 MMC 在中低频段的动态性能，图 12.30 给出了 MMC 驱动恒转矩 PMSM 从静止加速到 180r/min（60%额定转速）的启动过程仿真结果。整个启动过程中各波形均保持平稳，电容电压波动峰峰值限制在 250V（25%）以内，桥臂电流幅值均位于额定电流范围内，同时没有对电机造成显著的共模电压。

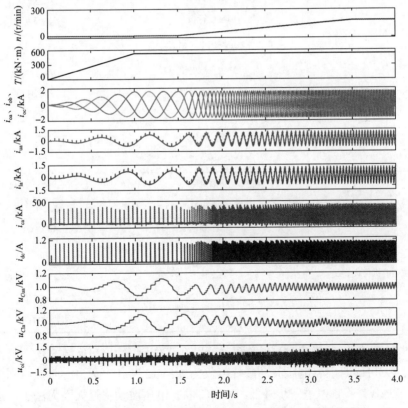

图 12.30　混合型 MMC 驱动恒转矩 PMSM 的启动过程仿真结果

本节为进一步验证混合型 MMC 变频器的有效性，在实验室搭建了原理样机，并分别在 RL 负载与感应电机负载条件下进行了实验验证，实验参数如表 12.4 所示。MMC 每个桥臂包含 3 个子模块，当负载为 RL 电路时测试变频器的静态工作特性，其中负载电阻按 $R_{Load}=40\times f/50\Omega$ 的关系随频率线性变化，以模拟恒转矩电机负载特性（$\hat{I}_o=5A$）。为专注电容电压波动验证，实验中串联开关采用 IGBT，工作在硬开关状态，直流母线上加入了反并联二极管以防止发生过压，此外输出共模电压是通过测量三相负载中性点对地电压得到的。

表 12.4　混合型 MMC 实验参数

实验参数		数值
混合型 MMC 电路参数	桥臂子模块数	$N=3$
	直流电压	$U_{dc}=450V$
	子模块电容电压额定值	$U_{C(rated)}=150V$
	子模块电容容量	$C_{SM}=1800\mu F$
	桥臂电感	$L=2mH$
	额定运行频率	$f_{rated}=50Hz$
	额定输出电流幅值	$\hat{I}_{o(rated)}=15A$
	额定直流电流	$I_{dc(rated)}=8A$
	三角载波频率	$f_c=3kHz$
	串联开关频率	$f_h=10\times f$
	缓冲电阻	37Ω
	缓冲电容	$10\mu F$
RL 负载参数	负载电阻	$R_{Load}=40\times f/50\Omega$
	负载电感	$L_{Load}=1.5mH$
感应电机负载参数	额定功率	$P=7.5kW$
	极对数	$pp=2$
	额定转速	$n_{rated}=1460r/min$
	额定线电压	$U_{rated}=380V$
	负载转矩	$T=25N\cdot m$

图 12.31 给出了传统 MMC 变频器分别在工作频率为 50Hz 与 5Hz 下的实验结果。可见 50Hz 时电容电压波动峰峰值仅为 3.5V（2.3%），而 5Hz 时该值则增加到 49.5V（33%）。若频率进一步降低，MMC 电容电压波动将过大而无法正常运行。图 12.32 所示为混合型 MMC 分别在工作频率为 5Hz 与 2Hz 下的实验结果。与传

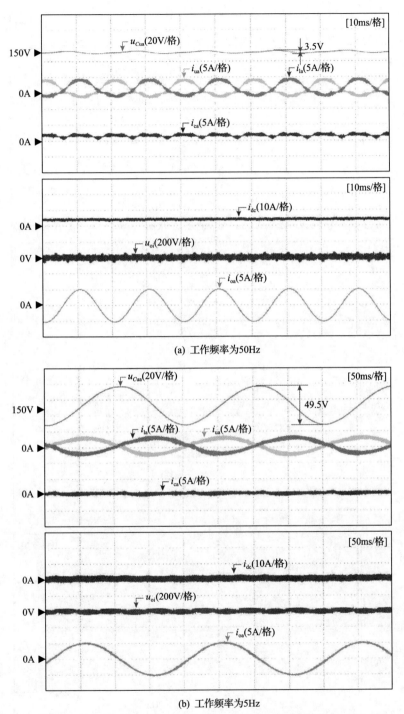

(a) 工作频率为50Hz

(b) 工作频率为5Hz

图 12.31　传统 MMC 在工作频率为 50Hz 与 5Hz 下的实验结果

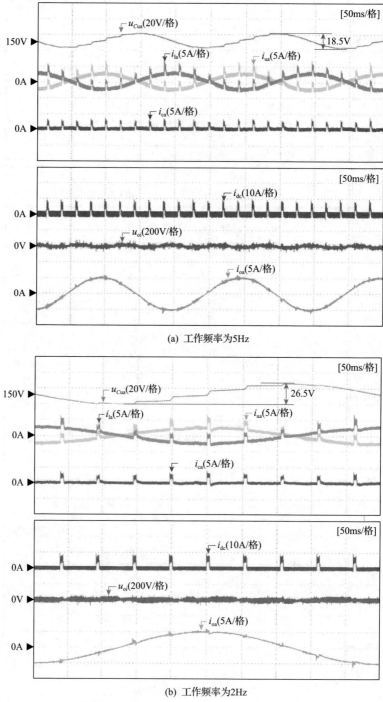

(a) 工作频率为5Hz

(b) 工作频率为2Hz

图 12.32 混合型 MMC 在工作频率为 5Hz 与 2Hz 下的实验结果

统 MMC 相比,混合型 MMC 在 5Hz 时电容电压波动峰峰值减小到 18.5V(12.3%)。在 2Hz 的极低频情况下混合型 MMC 电容电压波动峰峰值仍仅为 26.5V(17.7%)。这些实验结果证明了混合型 MMC 电容电压波动更低的特点。不过也需要指出,实验得到的波动峰峰值结果要比理论计算更大,这是因为实验样机的电压等级远低于实际的高压变频器,从而线路压降、IGBT 导通压降以及作用在电感上用于控制环流的电压降 Δu_d 都不能忽略。因此式(12.26)中 MMC 侧直流电压 u_d 必须留出更大的电压裕量,造成实验得到的电容电压波动偏高。此外,从图 12.32 中可观察到,混合型 MMC 的桥臂电流幅值保持在 5A 左右,与图 12.31(a)中传统 MMC 额定运行时的桥臂电流应力相同。而且混合型 MMC 的输出共模电压保持在 ±100V 以内。

　　图 12.33 给出了混合型 MMC 驱动感应电机接恒转矩负载的实验结果,其中控制电机加减速来验证变频器的动态性能。电机从 500r/min 减速至零并维持约 2.5s,随后再加速至 500r/min。整个加减速过程负载转矩保持恒定,交流输出电流 i_{oa} 幅值始终维持在 15A,上下桥臂的子模块电容电压 u_{Cua}、u_{Cla} 波动峰峰值限制在 68V 以内。这一结果验证了混合型 MMC 变频器及其控制策略的有效性,且说明了由于感应电机转差频率的存在,混合型 MMC 变频器能够实现零速恒转矩运行。

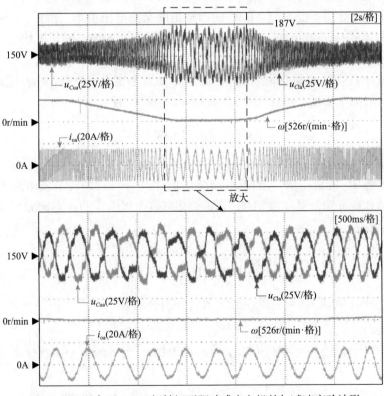

图 12.33　混合型 MMC 恒转矩下驱动感应电机的加减速实验波形

12.5　混合型 MMC 降电容电压运行方式

对于混合型 MMC 的子模块电容容量设计，要保证电容电压波动限制在合理范围内，以确保全频率范围内电容电压峰值不超过设定的限幅，即有

$$U_C + \frac{1}{2}\Delta U_{C(\mathrm{pp})} \leqslant U_{\mathrm{limit}} \tag{12.36}$$

其中，U_C 为子模块电容电压的直流分量；U_{limit} 为电容电压限幅。鉴于混合型 MMC 的电容电压波动峰峰值 $\Delta U_{C(\mathrm{pp})}$ 在零频率处达到最大值，在设计电容容量时需确保式 (12.36) 在零频率处成立。将 $\omega=0$ 与式 (12.34) 代入式 (12.36)，可以推导出混合型 MMC 电容容量为

$$C_{\mathrm{SM}} = \frac{\hat{I}_{\mathrm{o(rated)}}}{2\omega_{\mathrm{rated}}(U_{\mathrm{limit}} - U_C)} \tag{12.37}$$

在传统的 MMC 中，U_C 通常设计为 U_{dc}/N。而在变频应用中，由于电机存在 V/F 特性，在低频下混合型 MMC 所需输出的交流电压很小，因此 U_C 可适当降低[27]。根据式 (12.37) 可知，降低 U_C 能够减小混合型 MMC 的子模块电容容量，减小变频器成本与体积。

在设计 U_C 时，要确保混合型 MMC 各个桥臂电压不受影响，并为环流控制等留有一定的电压裕度，避免发生过调制。以上桥臂为例，有

$$N(U_C + \Delta u_{C\mathrm{u}}) \geqslant u_{\mathrm{u}} + \Delta U \tag{12.38}$$

其中，$\Delta u_{C\mathrm{u}}$ 为电容电压波动瞬时值；ΔU 为电压裕度。

为求解 U_C 的最小值，需推导出此时的电容电压波动瞬时值表达式 $\Delta u_{C\mathrm{u}}$，由 12.4 节的分析可知，混合型 MMC 直流侧串联开关以一定的占空比 D 动作，定义其开关函数为

$$s(t) = \begin{cases} 0, & 0 \leqslant t < (1-D)T_{\mathrm{h}} \\ 1, & (1-D)T_{\mathrm{h}} \leqslant t < T_{\mathrm{h}} \end{cases} \tag{12.39}$$

则混合型 MMC 的桥臂电压和电流可分别表示为

$$\begin{cases} u_{\mathrm{u}} = \dfrac{1}{2}u_{\mathrm{d}} - u_{\mathrm{o}} = \dfrac{1}{2}U_{\mathrm{dc}}\left\{ s(t) + [1-s(t)]\dfrac{\omega}{\omega_{\mathrm{rated}}} - \dfrac{\omega}{\omega_{\mathrm{rated}}}\cos(\omega t) \right\} \\[3mm] u_{\mathrm{l}} = \dfrac{1}{2}u_{\mathrm{d}} + u_{\mathrm{o}} = \dfrac{1}{2}U_{\mathrm{dc}}\left\{ s(t) + [1-s(t)]\dfrac{\omega}{\omega_{\mathrm{rated}}} + \dfrac{\omega}{\omega_{\mathrm{rated}}}\cos(\omega t) \right\} \end{cases} \tag{12.40}$$

$$
\begin{cases}
i_{\mathrm{u}} = \dfrac{1}{3}i_{\mathrm{dc}} + \dfrac{1}{2}i_{\mathrm{o}} = \dfrac{1}{4}\hat{I}_{\mathrm{o}}s(t)\cos\varphi + \dfrac{1}{2}\hat{I}_{\mathrm{o}}\cos(\omega t - \varphi) \\[3mm]
i_{\mathrm{l}} = \dfrac{1}{3}i_{\mathrm{dc}} - \dfrac{1}{2}i_{\mathrm{o}} = \dfrac{1}{4}\hat{I}_{\mathrm{o}}s(t)\cos\varphi - \dfrac{1}{2}\hat{I}_{\mathrm{o}}\cos(\omega t - \varphi)
\end{cases}
\tag{12.41}
$$

由式 (12.40) 可得到上下桥臂的标幺化参考信号 $u_{\mathrm{u\_ref}}$ 与 $u_{\mathrm{l\_ref}}$ 为

$$
\begin{cases}
u_{\mathrm{u\_ref}} = \dfrac{u_{\mathrm{u}}}{NU_C} = \dfrac{U_{\mathrm{dc}}}{NU_C}\left\{ \dfrac{1}{2}s(t) + \dfrac{1}{2}[1 - s(t)]\dfrac{\omega}{\omega_{\mathrm{rated}}} - \dfrac{\omega}{2\omega_{\mathrm{rated}}}\cos(\omega t) \right\} \\[3mm]
u_{\mathrm{l\_ref}} = \dfrac{u_{\mathrm{l}}}{NU_C} = \dfrac{U_{\mathrm{dc}}}{NU_C}\left\{ \dfrac{1}{2}s(t) + \dfrac{1}{2}[1 - s(t)]\dfrac{\omega}{\omega_{\mathrm{rated}}} - \dfrac{\omega}{2\omega_{\mathrm{rated}}}\cos(\omega t) \right\}
\end{cases}
\tag{12.42}
$$

根据式 (12.41) 和式 (12.42) 可求出流过子模块电容的电流为

$$
\begin{cases}
i_{C\mathrm{u}} = u_{\mathrm{u\_ref}}i_{\mathrm{u}} = \dfrac{\hat{I}_{\mathrm{o}}}{4\omega_{\mathrm{rated}}}\left[\omega\left(2 - \dfrac{\omega}{\omega_{\mathrm{rated}}}\right)\cos(\omega t - \varphi) - \dfrac{\omega^2\cos\varphi}{2\omega_{\mathrm{rated}}}\cos(\omega t) - \dfrac{\omega}{2}\cos(2\omega t - \varphi) \right] \\[3mm]
i_{C\mathrm{l}} = u_{\mathrm{l\_ref}}i_{\mathrm{l}} = \dfrac{\hat{I}_{\mathrm{o}}}{4\omega_{\mathrm{rated}}}\left[-\omega\left(2 - \dfrac{\omega}{\omega_{\mathrm{rated}}}\right)\cos(\omega t - \varphi) + \dfrac{\omega^2\cos\varphi}{2\omega_{\mathrm{rated}}}\cos(\omega t) - \dfrac{\omega}{2}\cos(2\omega t - \varphi) \right]
\end{cases}
\tag{12.43}
$$

对式 (12.43) 积分, 可得到混合型 MMC 的电容电压波动瞬时值表达式:

$$
\begin{cases}
\Delta u_{C\mathrm{u}} = \dfrac{\hat{I}_{\mathrm{o}}U_{\mathrm{dc}}}{4\omega_{\mathrm{rated}}C_{\mathrm{SM}}NU_C}\left[\underbrace{\left(2 - \dfrac{\omega}{\omega_{\mathrm{rated}}}\right)\sin(\omega t - \varphi)}_{\text{第一项}} - \underbrace{\dfrac{\omega\cos\varphi}{2\omega_{\mathrm{rated}}}\sin(\omega t)}_{\text{第二项}} - \underbrace{\dfrac{1}{4}\sin(2\omega t - \varphi)}_{\text{第三项}} \right] \\[5mm]
\Delta u_{C\mathrm{l}} = \dfrac{\hat{I}_{\mathrm{o}}U_{\mathrm{dc}}}{4\omega_{\mathrm{rated}}C_{\mathrm{SM}}NU_C}\left[-\underbrace{\left(2 - \dfrac{\omega}{\omega_{\mathrm{rated}}}\right)\sin(\omega t - \varphi)}_{\text{第一项}} + \underbrace{\dfrac{\omega\cos\varphi}{2\omega_{\mathrm{rated}}}\sin(\omega t)}_{\text{第二项}} - \underbrace{\dfrac{1}{4}\sin(2\omega t - \varphi)}_{\text{第三项}} \right]
\end{cases}
\tag{12.44}
$$

与式 (12.3) 的分析类似, 当混合型 MMC 驱动恒转矩负载时, 随着转速的降低, 式 (12.44) 中的第一项幅值将变大、第二项幅值将变小、第三项幅值则保持不变。当驱动电机低速运行时, 第一项波动成分将成为主导因素, 因而近似忽略其他两项波动成分, 可得到

$$
\begin{cases}
\Delta u_{C\mathrm{u}} \approx \dfrac{1}{2}\Delta U_{C(\mathrm{pp})}\sin(\omega t - \varphi) \\[3mm]
\Delta u_{C\mathrm{l}} \approx -\dfrac{1}{2}\Delta U_{C(\mathrm{pp})}\sin(\omega t - \varphi)
\end{cases}
\tag{12.45}
$$

其中，$\Delta U_{C(\mathrm{pp})}$ 为电容电压波动峰峰值：

$$\Delta U_{C(\mathrm{pp})} = \frac{\hat{I}_\mathrm{o} U_\mathrm{dc}}{2\omega_\mathrm{rated} C_\mathrm{SM} N U_C}\left(2 - \frac{\omega}{\omega_\mathrm{rated}}\right) \tag{12.46}$$

将式(12.40)、式(12.45)代入式(12.38)，可推导出电容电压直流分量 U_C 所能降低的范围为

$$U_C \geqslant \frac{U_\mathrm{dc}^2 \hat{I}_\mathrm{o}(2\omega_\mathrm{rated} - \omega)}{\left(U_\mathrm{limit}^2 - \gamma^2\right) N^2 \omega_\mathrm{rated}^2 C_\mathrm{SM}} \tag{12.47}$$

其中

$$\gamma = \frac{\left[1 - \dfrac{\omega}{\omega_\mathrm{rated}}\cos(\omega t)\right]\dfrac{U_\mathrm{dc}}{N} + 2\Delta U - [1 + \sin(\omega t - \varphi)]U_\mathrm{limit}}{1 - \sin(\omega t - \varphi)} \tag{12.48}$$

观察式(12.47)可知，γ 最大时对应 U_C 的最小值。但 γ 是随角频率 ω 变化的，记 γ_max 为 γ 在某一角频率 ω 下的最大值，则求得 U_C 在该频率的最小值为

$$U_{C\mathrm{min}} = \frac{U_\mathrm{dc}^2 \hat{I}_\mathrm{o}(2\omega_\mathrm{rated} - \omega)}{\left(U_\mathrm{limit}^2 - \gamma_\mathrm{max}^2\right) N^2 \omega_\mathrm{rated}^2 C_\mathrm{SM}} \tag{12.49}$$

当 U_C 降低至 $U_{C\mathrm{min}}$ 时，在电容电压限幅不变的情况下，混合型 MMC 在该频率处所允许的电容电压波动峰峰值将会增大，其表达式为

$$\Delta U_{C(\mathrm{pp})} \leqslant 2(U_\mathrm{limit} - U_{C\mathrm{min}}) \tag{12.50}$$

将式(12.46)代入式(12.50)，可得出此时所需的电容容量为

$$C_\mathrm{SM}(\omega) \geqslant \frac{\hat{I}_\mathrm{o} U_\mathrm{dc}}{4\omega_\mathrm{rated} N U_{C\mathrm{min}}(U_\mathrm{limit} - U_{C\mathrm{min}})}\left(2 - \frac{\omega}{\omega_\mathrm{rated}}\right) \tag{12.51}$$

需要注意，式(12.51)中的电容容量 C_SM 是随角频率 ω 变化的，这是因为不同频率处对应的 $U_{C\mathrm{min}}$ 不同。因此，为确保全频率范围内电容电压波动均在限幅以内，在设计子模块电容容量时，应选取其在 $[0, \omega_\mathrm{rated}]$ 内的最大值，即

$$C_\mathrm{SM} = \max[C_\mathrm{SM}(\omega)] \qquad , 0 \leqslant \omega \leqslant \omega_\mathrm{rated} \tag{12.52}$$

根据表 12.4 的实验参数，利用式(12.37)和式(12.52)可对比绘制出混合型 MMC 在传统运行和降电容电压运行两种方式下的电容容量曲线，如图12.34所示，其中裕度电压 ΔU 取为 112.5V。可见，在相同限幅 U_{limt} 情况下，采用降电容电压的运行方式可显著减小电容容量。

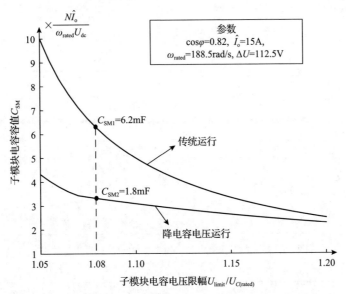

参数
$\cos\varphi$=0.82, $\hat{I}_{\text{o}}$=15A,
ω_{rated}=188.5rad/s, ΔU=112.5V

图 12.34　不同电容电压限幅下的混合型 MMC 电容选型曲线对比

本节为验证降电容电压运行方式的有效性，在 7.5kW 混合型 MMC 变频驱动平台上进行实验，其中混合型 MMC 各桥臂含 3 个子模块，每个子模块的额定电容电压为 150V。子模块电容的电压限幅设定为 162V（U_{limit}=1.08$U_{C(\text{rated})}$），按照图 12.34 将电容容量选为 1.8mF，实验参数详见表 12.4。

图 12.35 为混合型 MMC 在频率为 30Hz 时的实验结果，此时混合型 MMC 工作在传统 MMC 模式，直流侧的串联开关保持闭合，子模块电容电压直流分量 U_C 等于额定值 150V，电容电压波动峰峰值为 19V，其峰值基本等于所允许的电压限幅 163V，无须采用降电容电压运行。

随着电机定子频率的降低，电容电压波动加剧，直流侧串联开关开始动作，当 MMC 频率降低至 15Hz 时，如图 12.36(a) 所示，在 U_C=150V 时，混合型 MMC 的电容电压波动峰峰值为 29V，导致电容电压峰值(168V)已超过电压限幅。当降低电容电压直流分量时，如图 12.36(b) 所示，U_C 降低至 143V，电容电压峰值为 160V，未超出限幅。

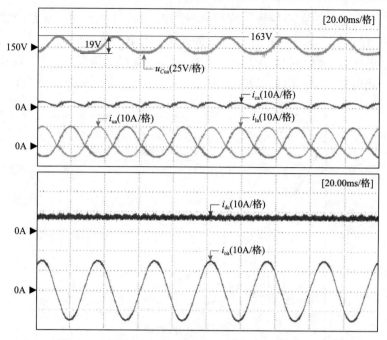

图 12.35　混合型 MMC 在频率为 30Hz 下的实验波形

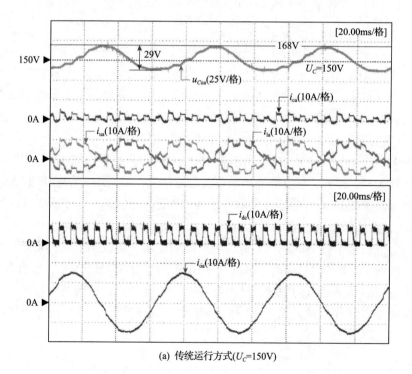

(a) 传统运行方式(U_C=150V)

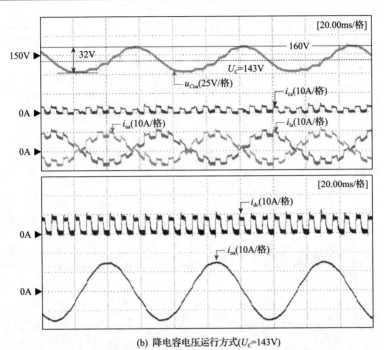

(b) 降电容电压运行方式(U_C=143V)

图 12.36　混合型 MMC 在频率为 15Hz 下的实验波形对比

图 12.37 进一步给出了混合型 MMC 在极低频率(5Hz)的运行波形。在 U_C=150V

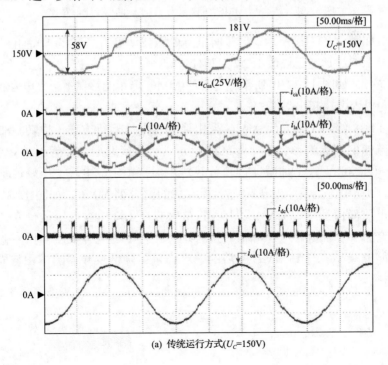

(a) 传统运行方式(U_C=150V)

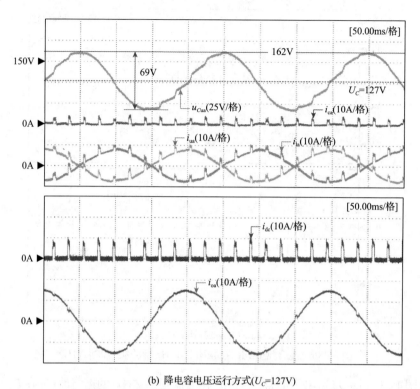

(b) 降电容电压运行方式(U_C=127V)

图 12.37　混合型 MMC 在频率为 5Hz 下的实验波形对比

方式下，如图 12.37(a)所示，低频时电容电压波动更为严重(58V)，电容电压峰值上升至 181V，远超限幅值 162V。而通过降低子模块电容电压直流分量(从 150V 降至 127V)，如图 12.37(b)所示，混合型 MMC 仍然能够在不增大电容容量的情况，避免电容电压超出限幅。

　　图 12.38 给出了混合型 MMC 采用降电容电压运行方式下恒转矩驱动感应电机加减速的实验波形，电机从 500r/min 减速至接近零并维持约 2.5s，随后再加速至 500r/min，整个加减速过程负载转矩保持恒定，电容电压峰值基本位于 165V 以内。相比之下，对于传统运行方式的混合型 MMC，如图 12.33 所示，其电容电压峰值达到 187V。以上实验结果验证了降电容电压运行方式可有效降低混合型 MMC 电容电压峰值，换言之，在一定的电容电压峰值限幅下，这一方法能够减小混合型 MMC 所需的电容容量，降低变频器的体积与成本。

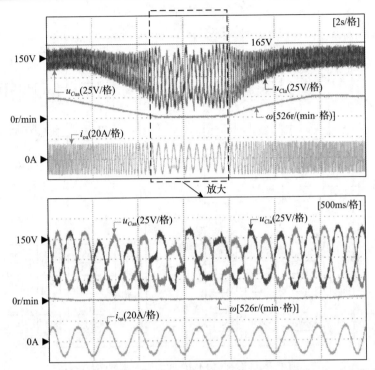

图 12.38　混合型 MMC 降电容电压运行方式下恒转矩驱动感应电机加减速实验波形

12.6　混合型 MMC 四象限变频器

在一些工业应用中，如可变速抽水蓄能，变频器需要将电机发出的能量回馈到电网。对于 MMC 变频器，可采用另一套 MMC 电路作为网侧整流器，如图 12.4 所示，构成背靠背 MMC 四象限变频系统[28,29]。在此基础上，可以进一步将上述混合型 MMC 变频器拓扑进行扩展，构成如图 12.39 所示的混合型 MMC 四象限变频器拓扑[30]。图中，下标 g 与 m 分别代表电网侧、电机侧 MMC 的变量，u_u、u_l 分别表示 MMC 的上、下桥臂电压，u、i 分别为交流侧电压与电流，而 u_d、i_{dc} 分别表示直流电压、电流。该拓扑的特征是将两个半桥型 MMC 背靠背相连，在直流母线上串联了两个开关 T_1 和 T_2。T_1 和 T_2 均采用晶闸管实现，并可通过器件串联的方式提升其耐压能力。与混合型 MMC 相比，这一结构在保留电机侧 MMC 降电容电压波动能力的前提下，实现了电机的四象限驱动，且网侧 MMC 可提高电网电流的波形质量，甚至能够向电网提供无功支持。

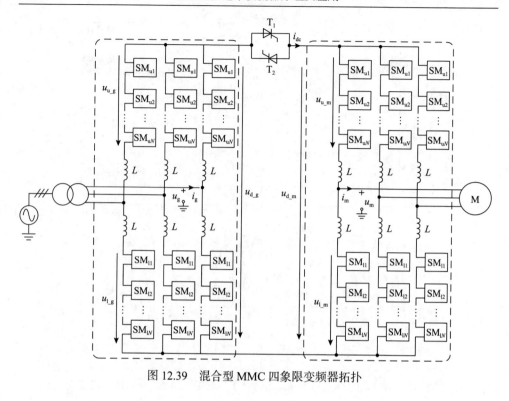

图 12.39　混合型 MMC 四象限变频器拓扑

12.6.1　混合型 MMC 四象限变频器的工作原理

混合型 MMC 四象限变频器具有电动模式与发电模式两种运行状态。在电动模式时，变频器从电网吸收能量并驱动电机，直流电流 i_{dc} 为正，T_1 按一定频率被触发，T_2 保持闭锁。在发电模式时，电机作为发电机运行，变频器将电机发出的能量回馈到交流电网中，直流电流 i_{dc} 为负，按一定频率触发 T_2，T_1 则保持闭锁。

图 12.40 为混合型 MMC 四象限变频器在电动模式下的工作波形示意图。电机侧 MMC 与串联开关 T_1 同步工作，其工作方式与混合型 MMC 完全相同，如图 12.40(a) 所示，其直流电流 i_{dc}、直流电压 u_{d_m} 和开关占空比 D 的表达式详见式(12.23)、式(12.24) 及式(12.28)。电网侧 MMC 则提供恒定的直流电压 $u_{d\_g}=U_{dc}$，同时从电网吸收功率并确保网侧电流呈单位功率因数，如图 12.40(b) 所示。图中 i_{c_m}、$\hat{U}_m$ 和 $\hat{I}_m$ 分别表示电机侧 MMC 的环流、交流侧电压幅值和交流侧电流幅值；i_{c_g}、$\hat{U}_g$ 和 $\hat{I}_g$ 则分别表示电网侧 MMC 的环流、交流侧电压幅值和交流侧电流幅值。

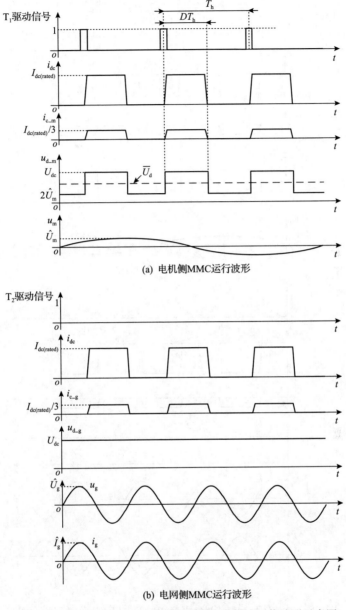

(a) 电机侧MMC运行波形

(b) 电网侧MMC运行波形

图 12.40　混合型 MMC 四象限变频器电动模式工作波形示意图

图 12.41 则给出了混合型 MMC 四象限变频器在发电模式时的工作波形。此时,电机侧 MMC 与串联开关 T_2 同步工作,运行波形与图 12.40 的区别仅在于直流电流 i_{dc} 方向为负,电网侧 MMC 控制网侧电流与电网电压反相,向电网发出功率,其他波形基本一致。

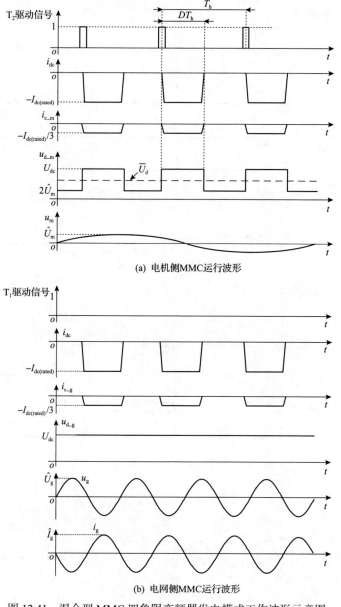

(a) 电机侧MMC运行波形

(b) 电网侧MMC运行波形

图 12.41 混合型 MMC 四象限变频器发电模式工作波形示意图

由以上工作波形，电机侧 MMC 和电网侧 MMC 的桥臂电压可分别表示为

$$\begin{cases} u_{u\_m} = \dfrac{1}{2} u_{d\_m} - u_m - \Delta u_{d\_m} \\ u_{l\_m} = \dfrac{1}{2} u_{d\_m} + u_m - \Delta u_{d\_m} \end{cases} \tag{12.53}$$

$$\begin{cases} u_{\mathrm{u\_g}} = \dfrac{1}{2}u_{\mathrm{d\_g}} - u_{\mathrm{g}} - \Delta u_{\mathrm{d\_g}} \\[2mm] u_{\mathrm{l\_g}} = \dfrac{1}{2}u_{\mathrm{d\_g}} + u_{\mathrm{g}} - \Delta u_{\mathrm{d\_g}} \end{cases} \tag{12.54}$$

其中，$\Delta u_{\mathrm{d\_m}}$ 和 $\Delta u_{\mathrm{d\_g}}$ 分别为两个 MMC 环流控制所需的电压分量。当串联开关 T_1 或 T_2 导通时，$u_{\mathrm{d\_m}} = u_{\mathrm{d\_g}} = U_{\mathrm{dc}}$，且根据基尔霍夫电压定律可得直流回路的动态方程：

$$u_{\mathrm{u\_m}} + u_{\mathrm{l\_m}} + \frac{2}{3}L\frac{\mathrm{d}i_{\mathrm{dc}}}{\mathrm{d}t} = u_{\mathrm{u\_g}} + u_{\mathrm{l\_g}} - \frac{2}{3}L\frac{\mathrm{d}i_{\mathrm{dc}}}{\mathrm{d}t} \tag{12.55}$$

其中，$2L/3$ 为 MMC 三相桥臂电感在直流侧呈现的总的等效电感值。

将式(12.53)、式(12.54)代入式(12.55)，可推导出以下关系：

$$\frac{2}{3}L\frac{\mathrm{d}i_{\mathrm{dc}}}{\mathrm{d}t} = \Delta u_{\mathrm{d\_m}} - \Delta u_{\mathrm{d\_g}} \tag{12.56}$$

式(12.56)表明，混合型 MMC 四象限变频器的直流电流 i_{dc} 可由电网侧 MMC 和电机侧 MMC 的直流端口电压差灵活控制，并可向晶闸管施加反压令其可靠关断。

此外，电机侧 MMC 的子模块电容电压波动与混合型 MMC 相同，详见式(12.34)，在低频下仍能保证较小的电容电压波动。而电网侧 MMC 由于一直运行在电网频率，不存在电容电压波动过大的问题，且当电机工作频率降低时，变频器从电网吸收的功率变小，因此电网侧 MMC 的电容电压波动自然变小。

12.6.2　混合型 MMC 四象限变频器的控制方法

混合型 MMC 四象限变频器需要分别对电网侧 MMC 和电机侧 MMC 进行控制。电网侧 MMC 的控制框图如图 12.42 所示，通过控制桥臂输出电压的直流成分为 $U_{\mathrm{dc}}/2$，使其直流电压 $u_{\mathrm{d\_g}}$ 始终等于额定值 U_{dc}。另外，对电网侧 MMC 中全部子模块的电容电压平均值 $U_{C\mathrm{g\_avg}}$ 进行闭环控制，当 $U_{C\mathrm{g\_avg}}$ 低于额定电容电压 U_{dc}/N 时，将增大电网电流 i_{g} 的有功分量指令 i_{dg}^*，从电网吸收更多的能量维持电容电压的稳定。而且电网电流无功分量指令 i_{qg}^* 设为零，以保证单位功率因数运行。此外，MMC 的相间与桥臂间能量平衡控制与第 5 章中一致，这里不再赘述。

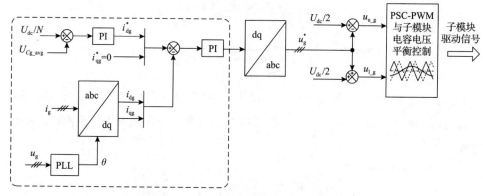

图 12.42 电网侧 MMC 的控制框图

电机侧 MMC 的控制框图如图 12.43 所示，主要实现两个功能：一是提供电机定子的电压 u_{om} 对电机进行速度和转矩控制，二是通过控制各相环流 i_{cj_m} 使直流电流 i_{dc} 变为幅值恒定、占空比可调的方波，并完成晶闸管的触发开通与关断控制。需要注意，当系统工作在发电模式时，直流电流 i_{dc} 将反向，其中环流参考信号中的给定值将由 $\frac{1}{3}I_{dc(rated)}$ 变为 $-\frac{1}{3}I_{dc(rated)}$。

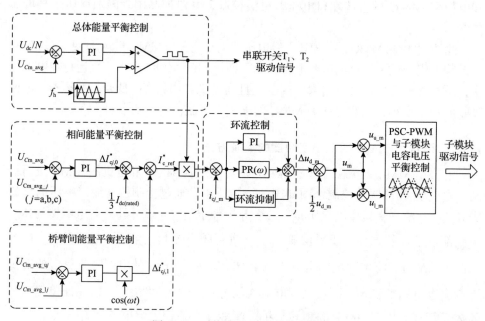

图 12.43 电机侧 MMC 的控制框图

本节为验证混合型 MMC 四象限变频器的运行能力，以 10kV/20MW 的永磁同步电机为驱动对象进行了仿真验证，其中电网侧和电机侧 MMC 的参数与

表 12.2 相同，电网线电压有效值为 10kV，电网频率为 50Hz，电机负载仍为恒转矩负载。

图 12.44 给出了电机定子频率为 5Hz 时电动模式的运行结果。此时电网侧 MMC 的运行频率为 50Hz，网侧电流 i_g 为较好的正弦波形，a 相上下桥臂子模块电容电压 u_{Cug_a} 和 u_{Clg_a} 保持在 1kV 左右。电网侧 MMC 的直流电压 u_{d_g} 为 20kV，直流电流 i_{dc} 为方波且幅值为正，表明有功功率从电网侧传向电机侧。而电机侧 MMC 的运行频率为 5Hz，其直流电压 u_{d_m} 为方波，a 相上下桥臂子模块电容电压 u_{Cum_a} 和 u_{Clm_a} 的平均值也等于 1kV，波动峰峰值限制在 250V（25%）左右，变频器可以稳定低频运行。

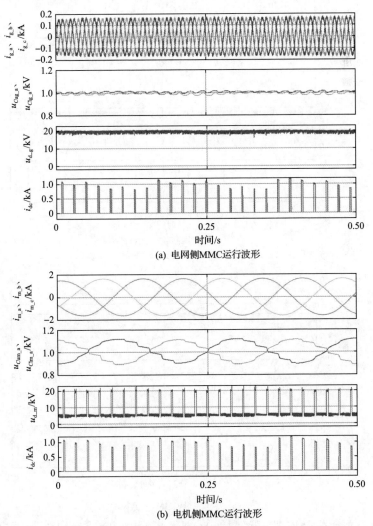

(a) 电网侧MMC运行波形

(b) 电机侧MMC运行波形

图 12.44　混合型 MMC 四象限变频器在电机定子频率为 5Hz 下的运行结果（电动模式）

图 12.45 给出了电机定子频率为 5Hz 时发电模式的运行结果。此时直流电流 i_{dc} 变为幅值为负的方波，表明电机向电网回馈有功功率。电机侧 MMC 运行频率仍为 5Hz，其电容电压波动峰峰值为 245V(24.5%)左右，混合型 MMC 四象限变频器能够稳定运行。

为进一步验证混合型 MMC 四象限变频器在中低频段的动态性能，图 12.46 给出了变频器在电动模式下恒转矩启动过程的仿真结果。如图 12.46(a)所示，电机从静止开始加速，并在 3s 达到 180r/min(60%的额定转速)，负载转矩始终为额定转矩 528kN·m。在整个启动过程中，电机侧 MMC 的电容电压波动峰峰值最大

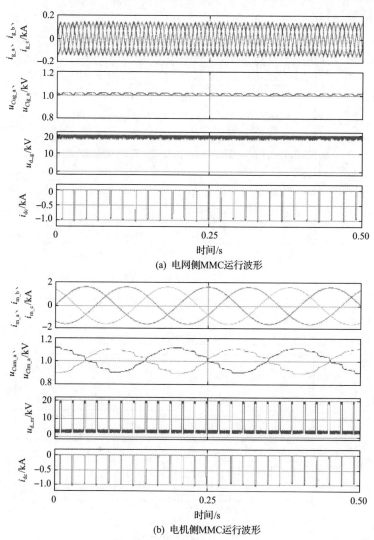

(a) 电网侧MMC运行波形

(b) 电机侧MMC运行波形

图 12.45 混合型 MMC 四象限变频器在电机定子频率为 5Hz 下的运行结果(发电模式)

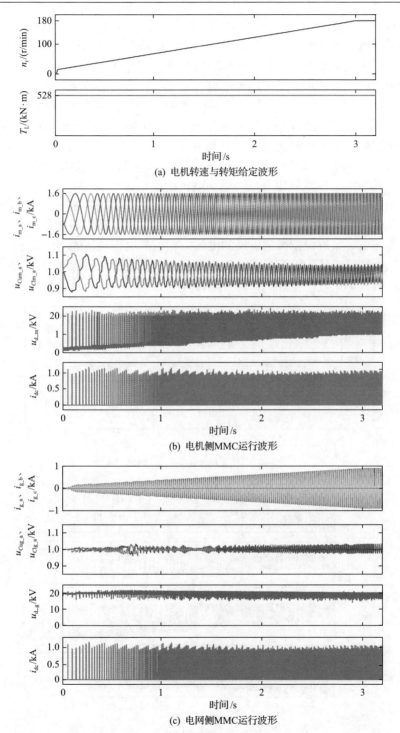

(a) 电机转速与转矩给定波形

(b) 电机侧MMC运行波形

(c) 电网侧MMC运行波形

图 12.46　混合型 MMC 四象限变频器驱动电机恒转矩启动波形(电动模式)

仅为 240V（24%），如图 12.46（b）所示。直流电流 i_{dc} 为幅值基本恒定的方波，方波频率随转速的上升而提高，仿真中方波频率最高设为 250Hz，主要考虑到实际晶闸管的开关频率受到晶闸管关断时间的制约（大于几百微秒）。图 12.46（c）为电网侧 MMC 的运行波形，其中网侧电流 i_g 幅值随转速的上升而提高，以维持功率平衡。电网侧 MMC 的直流电压 u_{d_g} 在整个启动过程中保持 20kV 恒定。

　　图 12.47 为混合型 MMC 四象限变频器在发电模式下减速过程的波形。该模式下电机反转向电网回馈功率，如图 12.47（a）所示，电机在 0.5s 前转速 n_r 保持为 −180r/min，且转矩 T_L 为额定值 528kN·m。0.5s 后电机开始减速，并在 2s 时达到额定转速的 10%，随后转矩开始降低，电机转速在 2.25s 时降低至 0 并停机。整个过程中，电机侧 MMC 电容电压波动峰峰值最大仅为 250V（25%），直流电流 i_{dc} 始终为负且幅值基本为 1kA，如图 12.47（b）所示。图 12.47（c）中，电网侧 MMC 的直流电压 u_{d_g} 始终保持恒定，网侧电流 i_g 幅值随电机转速的降低而下降并最终为零。以上结果验证了混合型 MMC 四象限变频器的四象限运行能力，证明了该拓扑能够有效抑制电机侧 MMC 低频运行时的电容电压波动。

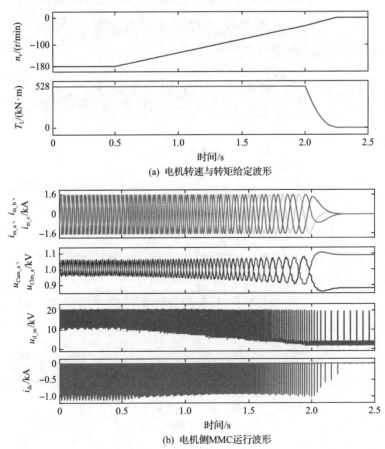

(a) 电机转速与转矩给定波形

(b) 电机侧MMC运行波形

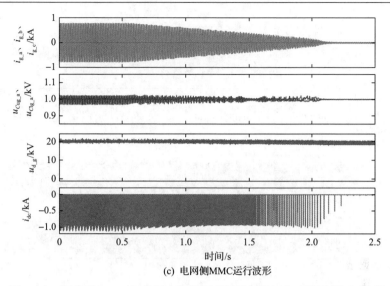

(c) 电网侧MMC运行波形

图 12.47　混合型 MMC 四象限变频器驱动电机恒转矩启动波形(发电模式)

图 12.48 以电网发生三相接地故障为例，进一步验证混合型 MMC 四象限变频器的低电压穿越能力。如图 12.48(a) 所示，在 0.2s 时电网出现三相接地故障，电网电压 u_g 瞬间跌落至额定值的 40%，并持续 0.7s，随后故障解除，电网电压开

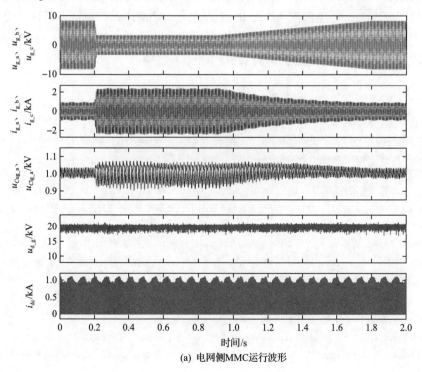

(a) 电网侧MMC运行波形

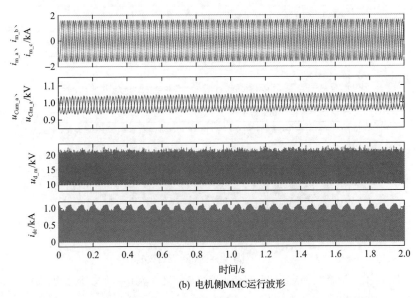

(b) 电机侧MMC运行波形

图 12.48　混合型 MMC 四象限变频器低电压穿越过程(电动模式)

始恢复，并在 1.8s 恢复至额定值。在电网电压跌落时，电网侧 MMC 自动快速调节电网侧电流 i_g，确保功率平衡。由于电流 i_g 幅值上升，电网侧 MMC 的电容电压波动相应增大，但电网侧 MMC 的直流电压 u_{d_g} 始终保持恒定，保证了电机侧 MMC 的稳定运行。电机侧 MMC 在低电压穿越过程中，如图 12.48(b)所示，始终保持在 30Hz 平稳运行，并未受到电网故障的影响。

参 考 文 献

[1] Wu B. High-Power Converters and AC Drives[M]. Hoboken: Wiley-IEEE Press, 2006.

[2] Kouro S, Malinowski M, Gopakumar K, et al. Recent advances and industrial applications of multilevel converters[J]. IEEE Transactions on Industrial Electronics, 2010, 57(8): 2553-2580.

[3] 李兴鹤, 蔡新波, 时迎亮, 等. 基于 MMC 技术的高压变频器系统[J]. 大功率变流技术, 2012, 5: 17-22.

[4] 马小亮. 中压变频器的问题及对策[J]. 电气传动, 2014, 44(1): 3-12.

[5] 李彬彬, 周少泽, 徐殿国. 模块化多电平变换器与级联 H 桥变换器在中高压变频器应用中的对比研究[J]. 电源学报, 2015, 13(6): 9-17.

[6] 徐殿国, 李彬彬, 周少泽. 模块化多电平高压变频技术研究综述[J]. 电工技术学报, 2017, 32(20): 104-116.

[7] 刘斌, 张登山, Stephan B, 等. 西门子新一代多功能型模块化多电平高压变频器[J]. 电气传动, 2016, 46(4): 22-25.

[8] Benshaw. M2L 3000 series medium voltage variable frequency drive[EB/OL]. (2020-01-01)[2019-9-20]. http://www.benshaw.com/Products/Medium_Voltage_Drives.

[9] Himmelmann P, Hiller M, Krug D, et al. A new modular multilevel converter for medium voltage high power oil & gas motor drive applications[C]// European Conference on Power Electronics and Applications, Karlsruhe, 2016: 1-11.

[10] IEEE Power and Energy Society. IEEE recommended practice and requirements for harmonic control in electric power systems: 519-2014[S]. New York: IEEE, 2014.

[11] Steimer P K, Senturk O, Aubert S, et al. Converter-fed synchronous machine for pumped hydro storage plants[C]// IEEE Energy Conversion Congress and Exposition, Pittsburgh, 2014: 4561-4567.

[12] Korn A, Winkelnkemper M, Steimer P. Low output frequency operation of the modular multi-level converter[C]// IEEE Energy Conversion Congress and Exposition, Atlanta, 2010: 3993-3997.

[13] Wang K, Li Y D, Zheng Z D, et al. Voltage balancing and fluctuation-suppression methods of floating capacitors in a new modular multilevel converter[J]. IEEE Transactions on Industrial Electronics, 2013, 60 (5): 1943-1954.

[14] Jung J J, Lee H J, Sul S K. Control of the modular multilevel converter for variable-speed drives[C]// IEEE International Conference on Power Electronics, Drives and Energy Systems, Bengaluru, 2012: 1-6.

[15] Antonopoulos A, Angquist L, Norrga S, et al. Modular multilevel converter ac motor drives with constant torque from zero to nominal speed[J]. IEEE Transactions on Industry Applications, 2014, 50 (3): 1982-1993.

[16] Kolb J, Kammerer F, Gommeringer M, et al. Cascaded control system of the modular multilevel converter for feeding variable-speed drives[J]. IEEE Transactions on Power Electronics, 2015, 30 (1): 349-357.

[17] Hagiwara M, Hasegawa I, Akagi H. Start-up and low-speed operation of an electric motor driven by a modular multilevel cascade inverter[J]. IEEE Transactions on Industry Applications, 2013, 49 (4): 1556-1565.

[18] Okazaki Y, Hagiwara M, Akagi H. A speed-sensorless startup method of an induction motor driven by a modular multilevel cascade inverter (MMCI-DSCC) [C]// IEEE Energy Conversion Congress and Exposition, Denver, 2013: 1473-1480.

[19] Jung J J, Lee H J, Sul S K. Control strategy for improved dynamic performance of variable-speed drives with modular multilevel converter[J]. IEEE Journal of Emerging and Selected Topics in Power Electronics, 2015, 2 (3): 371-380.

[20] Li B B, Zhou S Z, Xu D G, et al. An Improved circulating current injection method for modular multilevel converters in variable-speed drives[J]. IEEE Transactions on Industrial Electronics, 2016, 63 (11): 7215-7225.

[21] Li B B, Zhou S Z, Xu D G, et al. A hybrid modular multilevel converter for medium-voltage variable-speed motor drives[J]. IEEE Transactions on Power Electronics, 2017, 32 (6): 4916-4630.

[22] 周少泽, 李彬彬, 王景坤, 等. 改进型模块化多电平高压变频器及其控制方法[J]. 电工技术学报, 2018, 33 (16): 3772-3781.

[23] Peng H, Hagiwara M, Akagi H. Modeling and analysis of switching-ripple voltage on the dc link between a diode rectifier and a modular multilevel cascade inverter (MMCI) [J]. IEEE Transactions on Power Electronics, 2013, 28 (1): 75-84.

[24] Huang H, Uder M, Barthelmess R, et al. Application of high power thyristors in HVDC and facts systems[C]// Conference of Electric Power Supply Industry, Cotai, 2008: 1-8.

[25] Palmer P R, Githiari A N. The series connection of IGBTs with active voltage sharing[J]. IEEE Transactions on Power Electronics, 1997, 12 (4): 637-644.

[26] Sasagawa K, Abe Y, Matsuse K. Voltage-balancing method for IGBTs connected in series[J]. IEEE Transactions on Industry Applications, 2004, 40 (4): 1025-1030.

[27] Zhou S Z, Li B B, Guan M X, et al. Capacitance reduction of the hybrid modular multilevel converter by decreasing average capacitor voltage in variable-speed drives[J]. IEEE Transactions on Power Electronics, 2019, 34 (2): 1580-1594.

[28] Kumar Y S, Poddar G. Control of medium-voltage ac motor drive for wide speed range using modular multilevel converter[J]. IEEE Transactions on Industrial Electronics, 2017, 64 (4) : 2742-2749.

[29] Kawamura W, Chiba Y, Hagiwara M, et al. Experimental verification of an electrical drive fed by a modular multilevel TSBC converter when the motor frequency gets closer or equal to the supply frequency[J]. IEEE Transactions on Industry Applications, 2017, 53 (3) : 2297-2306.

[30] Li B B, Zhou S Z, Han L J, et al. Back-to-back modular multilevel converter topology with dc-link switches for high-power four-quadrant variable speed motor drives[C]// 2019 21st European Conference on Power Electronics and Applications, Genova, 2019: 1-7.

第13章 MMC 的其他新应用概述

随着国内外学者对 MMC 研究的逐步深入，通过采用不同的子模块结构、不同的连接方式，由 MMC 衍生出了一系列新型的拓扑[1-4]。这些拓扑在柔性直流输电、高压变频器之外的其他领域，如高压大容量 DC/DC 变换器[5,6]、直流潮流控制器[7]、直流输电分接装置[8,9]、直流融冰装置[10]、统一潮流控制器[11]、光伏发电[12]、风力发电[13]、电池储能[14]、固态电力电子变压器[15]等应用场合中获得广泛关注。本章旨在介绍 MMC 在这些应用中的工作原理与控制策略，并探讨其技术优势及应用潜力。

13.1 MMC 高压大容量 DC/DC 变换器

MMC 拓扑的成功应用使柔性直流输电技术在世界范围得到了飞跃式发展，并在近年来逐渐向着多端化与网络化方向演进。通过将一系列直流输电线路互联，构成具有网孔结构的直流电网，可实现广域内各类能源的优化配置，大范围平抑可再生能源发电的波动性与随机性，已成为当前直流输电领域重要的研究热点[16]。但需要客观指出，与交流电网上百年的发展历史相比，直流电网尚处于初级发展阶段，大量全新的基础性和关键性技术问题亟待攻克。其中，由于缺乏统一的技术标准，目前直流输电工程的电压等级普遍存在差异，正如变压器对于传统交流电网的重要性一样，未来的直流电网也需要变压设备来实现不同电压等级直流线路的互联[17]。然而直流变压无法利用电磁感应原理，必须依赖于电力电子 DC/DC 变换技术。尽管目前在中低压应用中存在着大量的 DC/DC 变换器拓扑，但这些拓扑由于器件应力、损耗、成本、du/dt 问题、滤波器体积重量等制约因素而无法扩展到百千伏、百兆瓦等级。为此，可借鉴 MMC 的模块化思想，采用子模块级联的方式来分担器件应力、降低损耗、简化绝缘设计，实现高效率的高压大容量 DC/DC 变换。

13.1.1 MMC 面对面型 DC/DC 变换器

在电力电子技术中，背靠背(back-to-back，BTB)是一种非常常见的电路结构，如图 13.1(a)所示，将两个 VSC 在直流侧相连，通过整流与逆变两级变换，即可实现不同电压等级、不同频率的两个交流系统的互联。与背靠背的结构相反，将两个 VSC 在交流侧相连，即构成了面对面(front-to-front，FTF)结构，用于互联两个不同电压等级的直流系统，构成 DC/DC 变换拓扑，如图 13.1(b)所示，该结构包含逆变、变压器隔离变压、整流三个环节。为了满足高压大容量的需求，其中的 VSC 可采用 MMC[18-20]，从而继承了 MMC 在高压大功率下的诸多优点，技术成熟，具体电路结构如图 13.2 所示，其中 MMC$_1$ 与 MMC$_2$ 各桥臂分别含有 $N_k(k \in \{1, 2\})$ 个子模块，桥臂电感为 L_{ak}，L_t 为变压器漏感，n 为变压器变化。由于交流环节仅存在于面对面结构内部，因此中间变压器的工作频率可高于工频，降低变压器的成本及体积重量，另外，提高交流频率也有助于减小 MMC 的子模块电容容量。

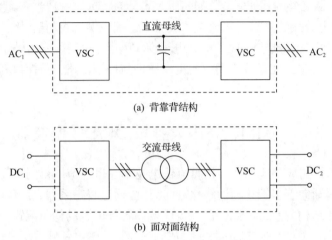

(a) 背靠背结构

(b) 面对面结构

图 13.1　电力电子变换器的两类典型结构

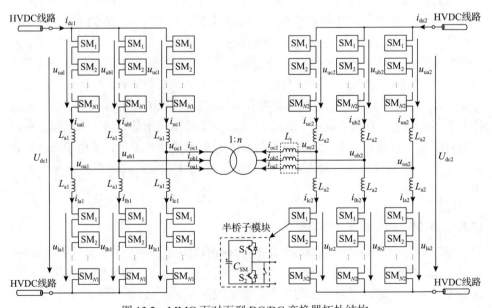

图 13.2　MMC 面对面型 DC/DC 变换器拓扑结构

然而，过高的交流频率会在变压器绕组与磁芯中产生严重的损耗，且由于绝缘距离的限制，频率提升一定程度后对变压器体积的缩减效果将非常有限，一般中间交流环节频率应设置在 100~200Hz。

由第 5 章可知，MMC 分别有交流回路与直流回路两个控制自由度。在面对面型 DC/DC 变换器结构中，MMC$_1$ 需要通过交流控制自由度来建立中间交流环节的电压，而 MMC$_2$ 则利用直流控制自由度来控制直流输出电压或功率。此外，图 13.3 给出了 MMC 面对面型 DC/DC 变换器的功率传递过程，为了保证变换器的稳定运行，务必保证两个 MMC 子模块电容器中存储能量的稳定，即维持输入输出的功率平衡：$P_{dc1}=P_{ac1}+P_{loss1}$、$P_{dc2}+P_{loss2}=P_{ac2}$，其中 P_{loss1} 与 P_{loss2} 分别表示 MMC$_1$ 与 MMC$_2$ 的损耗。每个 MMC 剩余的控制自由度则用于实现电容器的能量稳定。综上，MMC 面对面型 DC/DC 变换器的具体控制思路如下：①一个 MMC 用于建立中间环节的交流电压，同时调节其直流侧功率来保证电容能量的稳定；②另一个 MMC 用于控制直流输出电压或功率，同时调节其交流侧功率来保证电容能量的稳定。

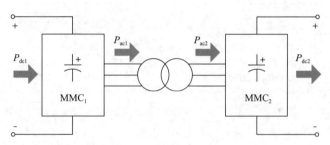

图 13.3　MMC 面对面型 DC/DC 变换器的功率传递示意图

图 13.4 所示为 MMC 面对面型 DC/DC 变换器具体的控制框图。MMC$_1$ 的交流控制环工作于固定的交流调制比，建立额定的交流电压，如图 13.4(a)所示，其中 U_M 为交流电压的幅值参考。MMC$_2$ 的交流控制环则用于维持子模块电容电压的稳定，如图 13.4(b)所示，其中 U_{C2_avg} 代表 MMC$_2$ 中子模块的平均电容电压，将其控制在额定值 U_{dc2}/N_2，控制器内环采用经典的 dq 解耦电流控制，其中 $n \times u_{od1}$ 与 $n \times u_{oq1}$ 分别是变压器交流电压的前馈环节，ω 为交流环节角频率，L_{eq} 为等效的交流电感，并且有

$$L_{eq} = \frac{1}{2}(n^2 L_{a1} + L_{a2}) + L_t \tag{13.1}$$

值得说明的是，由于交流环节仅存在于两个 MMC 中间，u_{od1} 与 u_{oq1} 均为已知信息，不必外加交流电压传感器，也无须采用锁相环，交流电压的频率与相角可以直接设定。

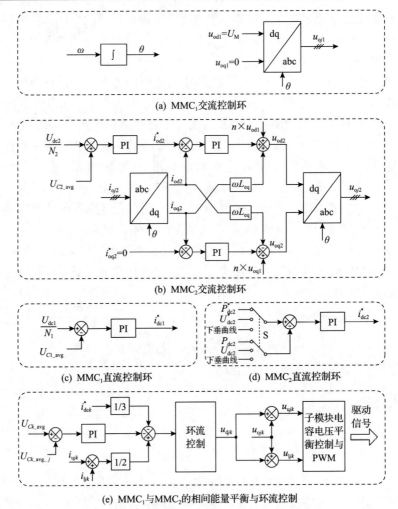

(a) MMC₁交流控制环

(b) MMC₂交流控制环

(c) MMC₁直流控制环

(d) MMC₂直流控制环

(e) MMC₁与MMC₂的相间能量平衡与环流控制

图 13.4 MMC 面对面型 DC/DC 变换器的控制框图

图 13.4(c) 为 MMC₁ 的直流控制环，通过调节吸收的直流电流来维持 MMC₁ 中子模块平均电容电压的稳定。图 13.4(d) 对应 MMC₂ 的直流控制环，用于控制直流输出功率或电压，也可用于实现下垂控制。此外，MMC 每相电路均有如图 13.4(e) 所示的相间能量平衡控制与环流控制，保证 MMC 三相电路之间的能量均衡，同时引入电流内环实现环流的抑制。最后，加入子模块之间的电容电压平衡与调制策略，获得各个子模块的驱动信号。

MMC 面对面型 DC/DC 变换器的一个主要优点是具备直流短路故障阻断能力。对于任意一侧的直流短路故障，仅需闭锁另一侧 MMC，即可从中间交流环节切断故障电流的馈入。在直流输电应用中，MMC 面对面型 DC/DC 变换器可进一步扩展为双极型结构，如图 13.5(a) 所示。进一步，亦可采用四个 MMC 通过中间交流环节互联，如图 13.5(b) 所示，实现不同极之间的功率传递。

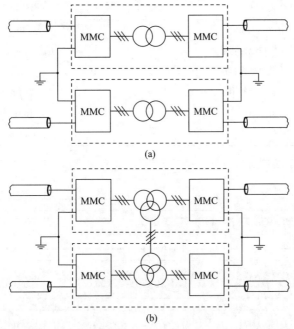

图 13.5　MMC 面对面型 DC/DC 变换器的双极型结构

　　本节为了验证 MMC 面对面型 DC/DC 变换器及其控制策略的有效性，以±320kV 与±150kV 双极型直流输电线路的互联场景为例进行仿真研究，相关参数如表 13.1 所示，其中变换器额定功率为 300MW，且为了减少子模块数目、加快仿真速度，各子模块的额定电压设计为 10kV。仿真结果如图 13.6 所示，初始情况下，DC/DC 变换器由±320kV 线路向±150kV 线路传递 300MW 的直流功率；在[0.05s, 0.15s]期间，功率从+300MW 线性递减至−300MW，完成了功率的快速翻转。在整个仿真过程中，中间交流环节的电压电流始终为高质量的正弦波形，子模块电容电压保持平衡稳定，桥臂电流平滑无畸变，验证了该 DC/DC 拓扑及其控制策略的有效性。

表 13.1　MMC 面对面型 DC/DC 变换器仿真参数

仿真参数	数值
直流功率	P_{dc}=300MW
MMC$_1$ 直流电压	U_{dc1}=±320kV
MMC$_2$ 直流电压	U_{dc2}=±150kV
交流输出频率	f=150Hz
变压器原/副边电压	$U_1 : U_2$=350kV：150kV
MMC$_1$ 每个桥臂子模块数量	N_1=64

仿真参数	数值
MMC$_2$ 每个桥臂子模块数量	$N_2=30$
MMC$_1$ 子模块电容容量	$C_{SM1}=200\mu F$
MMC$_2$ 子模块电容容量	$C_{SM2}=427\mu F$
子模块电容电压额定值	$U_{C(rated)}=10kV$
桥臂电感	$L=5mH$
三角载波频率	$f_c=800Hz$

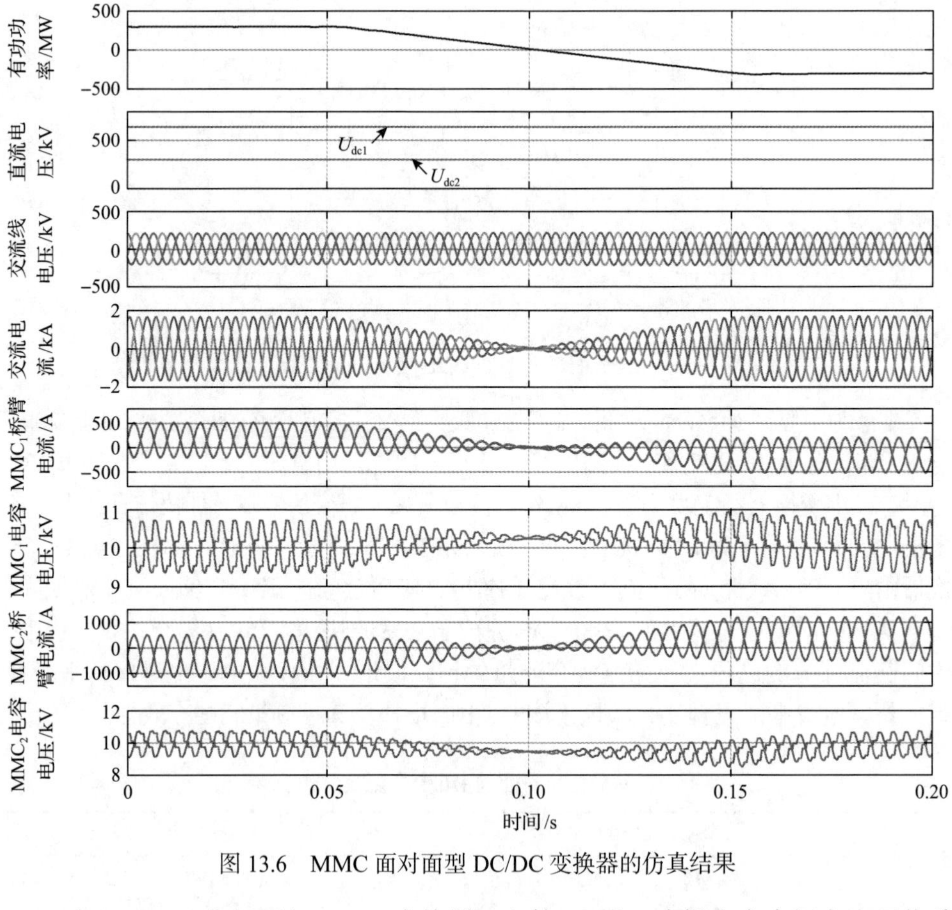

图 13.6　MMC 面对面型 DC/DC 变换器的仿真结果

对于 MMC 面对面型 DC/DC 变换器，文献[21]进一步提出在中间交流环节采用方波(准两电平)波形，以提升拓扑的功率传输能力，同时可以减小电容器体积，实现部分功率器件的软开关。但需要指出，由于方波电压波形中包含多种频率成分，变压器的绝缘应力与涡流损耗将因此显著增大，这给变压器的材料、工艺、散热设计等方面都带来了极大的挑战。综上，MMC 面对面型 DC/DC 拓扑的共同特征是具有中间交流环节，依赖高压交流变压器，功率传输需要经过逆变-整流两级全功率变流环节，缺点是元器件数目过多、功率损耗较高、体积大而笨重、成本高昂。因此，这类拓扑更适用于电压变比较大的场景，如直流输电与中压直流配电系统的互联，以充分利用中间交流变压器的电压匹配作用。

13.1.2　MMC 自耦型 DC/DC 变换器

文献[22]和[23]通过将传统的面对面型 MMC 在直流侧相串联，巧妙地构造出自耦型 DC/DC 变换器拓扑，如图 13.7(a)所示。由于部分功率可通过直接电气连

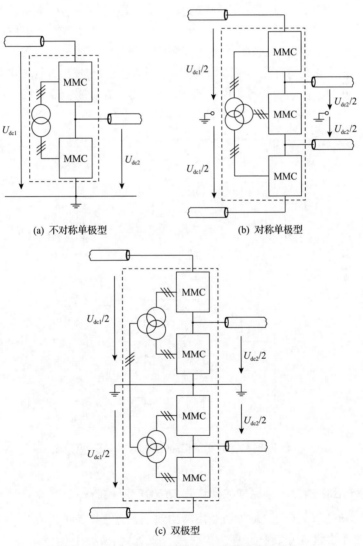

图 13.7　MMC 自耦型 DC/DC 变换器电路结构

接进行传输，中间交流环节仅需传输剩余部分功率，拓扑效率较高。该拓扑的控制过程与面对面型 MMC 基本相同。图 13.7(b)和(c)进一步给出了 MMC 自耦型 DC/DC 变换器的对称单极与双极型电路结构。值得指出的是 MMC 自耦型 DC/DC 变换器中间交流变压器的容量虽然可以降低，但需要承担较高的直流偏置与绝缘应力，变压器的体积与成本仍是制约该拓扑应用的主要问题。

荷兰代尔夫特理工大学 Ferreira 教授首次在文献[24]中将 MMC 三相输出端并联，直接产生直流电压，形成单级电路结构的 DC/DC 拓扑，避免了交流变压器的使用，如图 13.8 所示。由于部分子模块可以被高低压直流侧共同利用，该拓扑同样具备自耦型的特点，提高了功率器件的利用率。文献[25]和[26]研究了加入全桥子模块可使该拓扑进一步具备升/降压的能力。但此类拓扑为了维持上下桥臂中子模块电容电压的稳定，必须在 MMC 中注入高幅值的交流电压与环流来实现桥臂间功率的传递[27]。注入的交流环流会显著增大器件的电流应力与损耗，而注入的交流电压也会加大器件的电压应力并带来电压谐波，且不得不在输出侧安装极为笨重的高压滤波装置(如在 14MW 的 DC/DC 变换器中需要使用高达 990mH 的滤波电感[25])。

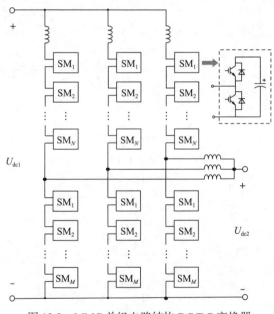

图 13.8　MMC 单级电路结构 DC/DC 变换器

13.1.3　基于容性能量转移原理的模块化 DC/DC 变换器

为了提升高压大容量 DC/DC 变换器的效率，降低其体积与成本，本书作者团队提出了基于容性能量转移原理的模块化 DC/DC 变换器拓扑[28,29]，其本质思想是利用子模块中的电容器作为输入输出直流功率的缓冲元件，其中一种拓扑结构示例如图 13.9 所示，图中 U_{dc1} 和 U_{dc2} 分别为低压侧、高压侧电压。每相电路包含一个容性储能桥臂以及机械开关与二极管。拓扑中每个桥臂由一系列子模块串联而成，并引入了一个较小的缓冲电感，通过子模块的投入切除来获得所需的桥臂电压，交替与输入侧和输出侧直流电压相作用，控制相应的充电与放电电流，实现功率的传递，并维持电容电压稳定。当机械开关 FD_{1a} 处于分断状态，FD_{2a} 处于闭合状态时，功率由低压侧传递至高压侧；当机械开关 FD_{1a} 处于闭合状态，而 FD_{2a} 处于分断状态时，功率从高压侧流向低压侧。通过采用三相并联交错结构，可将各相的功率脉动相互抵消，保证输入输出直流功率平稳连续。这一拓扑的技术优势包括结构简洁、仅需较小的桥臂电感、体积重量相比上述其他 DC/DC 拓扑可显著降低，且由于拓扑中除直流电流外不含交流电压电流成分，子模块数目与元器件数目少，转换效率更高，特别适用于低变比、高压大容量的 DC/DC 变换。这一拓扑虽然借鉴了模块化的思想，但其工作原理与经典的 MMC 还是有较大的差异，且在控制方法与电路设计等方面仍需进一步研究，因此本书不再赘述。

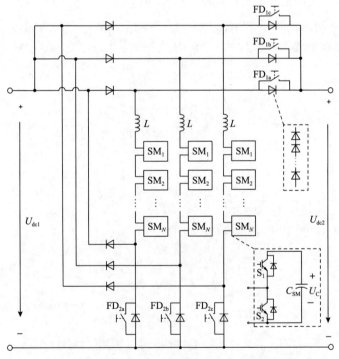

图 13.9 基于容性能量转移原理的模块化 DC/DC 变换器电路结构

13.2 MMC 线间直流潮流控制器

在未来含网孔的直流电网中，由于各换流站只能控制其自身输出电压，无法独立调控直流电网中各条线路上的潮流[30]。这导致潮流将根据传输阻抗在不同线路间自由分配，使得一些线路容量没有得到充分利用，而另外一些线路却发生过载。

为解决这一问题，借鉴交流电网中的柔性交流输电系统(flexible alternative current transmission systems，FACTS)[31]，可在直流电网中加入直流潮流控制器(power flow controller，PFC)来增加潮流控制的自由度。相比于交流输电线路，直流线路稳态的阻抗中不存在感抗，较小的直流电压差即可引起显著的线路电流变化。因此，直流潮流控制器只需要承担直流输电系统中很小比例(2%～3%)的电压和功率容量即可实现线路潮流的调控。文献[32]和[33]提出了若干直流潮流控制器结构，但这些拓扑需要依赖于交流电网。为了消除对交流电网的依赖，可采用线间潮流控制器结构[34]，并在此基础上采用 MMC 提升装备容量，保证具有高效率、高波形质量及高可靠性[7]。

13.2.1　MMC 线间直流潮流控制器电路结构

图 13.10 所示为基于 MMC 的线间直流潮流控制器电路结构，可见其仍为面对面型 DC/DC 变换器，包含两个 MMC，交流环节通过变压器面对面相连，而直流端口则分别串联在不同的直流输电线路上，用于调控线路的功率。

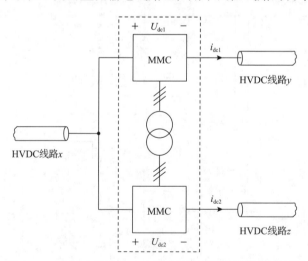

图 13.10　直流电网中 MMC 的线间直流潮流控制器示意图

图 13.11 给出了 MMC 直流潮流控制器的具体电路，其电路结构与图 13.2 相似，唯一不同的是 MMC 中的子模块均采用了全桥电路，这是为了保证 MMC 直流潮流控制器具备双向的功率调控能力，其直流端口电压 U_{dc1} 与 U_{dc2} 要求能够输出可正可负的电压，为此子模块需要采用全桥。

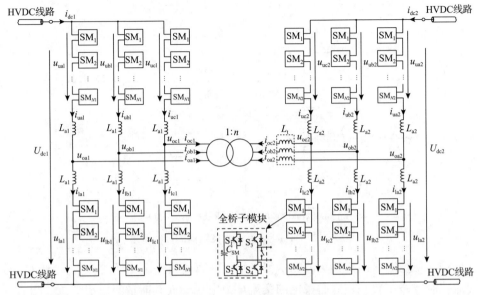

图 13.11　面对面型 MMC 直流潮流控制器电路结构

13.2.2　MMC 线间直流潮流控制器控制策略

图 13.12 所示为 MMC 直流潮流控制器的控制策略。因为潮流控制器的控制目标是管理两条不同线路之间的潮流分布，所以只需控制一条线路上的功率即可，剩余功率将自动流向另一条线路。在图 13.12 中，MMC_1 的直流控制环路通过调节串入电压 U_{dc1} 的大小来控制该线路的功率，而其交流控制环路则用于维持 MMC_1

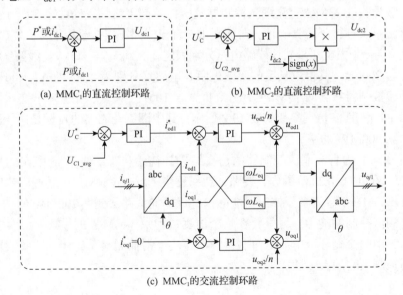

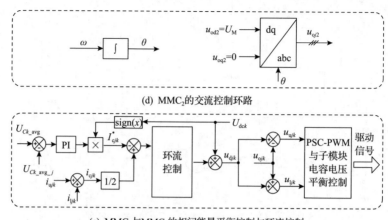

(d) MMC₂的交流控制环路

(e) MMC₁与MMC₂的相间能量平衡控制与环流控制

图 13.12　MMC 直流潮流控制器的控制策略

内部的能量稳定, 调整其交流侧功率来平衡从直流线路上交换的功率。MMC₂ 的交流控制环路主要是建立起稳定的交流环节电压, 而其能量的稳定则通过调节直流端口电压 U_{dc2} 来实现。

需要注意 U_{dc2} 的调节要考虑直流电流 i_{dc2} 的方向, 以保证正确的功率控制逻辑, 这里通过引入了一个符号函数 sign(x) 实现。最后, 控制策略中加入相间能量平衡控制与环流抑制环路来保证各 MMC 的能量均匀分布在三相之间并且抑制环流中的谐波成分。最终直流输电线路的功率可由潮流控制器灵活控制。

13.2.3　MMC 线间直流潮流控制器仿真分析

本节为验证 MMC 直流潮流控制器及所提控制策略的正确性, 对图 13.10 所示的直流系统进行了仿真验证。在仿真中, 直流线路 x 连接至风电场, 发出功率, 而线路 y 与 z 为恒电压模式, 线路电压分别固定在 320kV 与 315kV。线路 y 和 z 的长度均为 200km, 其单位长度的等效电阻、电感均分别为 20mΩ/km、1.0mH/km。直流潮流控制器共含两个 MMC, 每个桥臂含 10 个子模块, 交流环节变压器电压变比为 1∶1, 具体仿真参数如表 13.2 所示。其中潮流控制器的目标是向线路 z 提供恒定的 200MW 功率。

图 13.13 为直流潮流控制器的仿真结果, 初始状态下线路 x 发出的功率为600MW; 在 0.1～0.2s 范围内, 线路 x 功率逐步降低至 300MW。通过调节串入线路的电压, MMC 直流潮流控制器能够始终保证向线路 z 提供 200MW 的功率, 证明了其潮流控制的能力。另外, 在整个仿真过程中, MMC 的子模块电容电压保持稳定, 中间交流环节电压电流、桥臂电流均平滑而无显著超调, 这些波形证明了所提控制策略的有效性。

表 13.2　MMC 直流潮流控制器仿真参数

仿真参数	数值
线路 x 的额定功率	P_x=600MW
线路 y 的直流电压	U_y=320kV
线路 z 的直流电压	U_z=315kV
线路 y、z 的等效阻抗	R_{line}=4Ω
线路 y、z 的等效感抗	L_{line}=200mH
各桥臂全桥子模块个数	N_1=N_2=10
子模块电容容量	C_{SM1}= C_{SM2}=6mF
变压器频率	f=150Hz
子模块电容电压额定值	$U_{C(rated)}$=1kV
桥臂电感	L=5mH
三角载波频率	f_c=900Hz

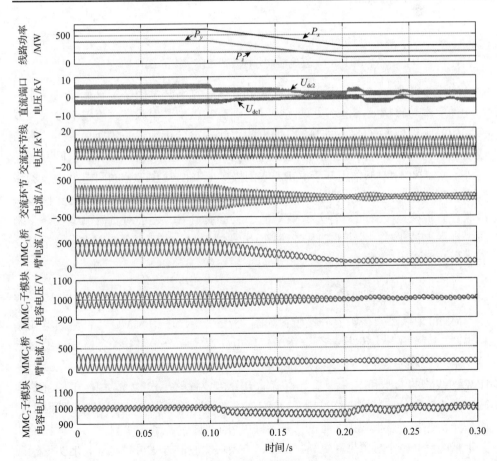

图 13.13　MMC 直流潮流控制器仿真结果

13.3　MMC 直流输电分接装置

从直流输电线路上分接出一小部分电能给输电走廊邻近的村庄或小城镇供电，是一项广为期待的电力技术[35,36]。由于直流系统中不存在磁性变压器设备，必须依赖电力电子技术来实现直流功率的分接与电压的变换。目前直流输电分接装置按其与直流线路的连接形式主要可分为两类：并联型[8,9,37,38]与串联型[39-43]，如图 13.14 所示。

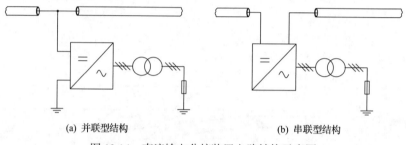

(a) 并联型结构　　　　　　　　　　　　　　　(b) 串联型结构

图 13.14　直流输电分接装置电路结构示意图

相比于并联型结构，串联型直流输电分接装置不必承担整个直流输电电压，在元件成本与转换效率上都更具优势。在现有文献中，串联型直流输电分接装置多采用晶闸管型 LCC 结构实现[39]，但因为直流输电分接装置一般连接至无源网络或弱电网，LCC 很容易发生换相失败，且需要额外匹配很大容量的无功补偿装置。另外，文献[40]和[41]采用基于 IGBT 或门极关断晶闸管(GTO)的两电平换流器作为串联型直流输电分接装置，但两电平换流器的功率等级受限，母线电容器直接串联在直流线路上，可靠性差、效率低、波形质量差，还会对直流输电线路带来较严重的谐波干扰。文献[42]和[43]中提出利用 MMC 来实现直流输电分接装置，有效解决了以上问题。

13.3.1　MMC 串联型直流输电分接装置电路结构

MMC 串联型直流输电分接装置如图 13.15 所示，图中 MMC 与直流输电线路相串联，每个子模块包括一个全桥子模块电路以及一个旁路开关。MMC 的交流输出通过三相变压器与当地的无源负荷或弱电网连接。图中 U_{dc} 和 I_{dc} 分别为 HVDC 线路的电压和电流，U_{in} 为直流输电分接装置的接入电压。相比于传统的串联型直流输电分接装置电路结构，MMC 的电容器并非直接接入直流输电线路上，而是分布在各个子模块中，通过功率器件可灵活地投入与切除，这样对直流输电线路带来的扰动更小、可靠性更高。另外，子模块级联的方式可相对容易地实现较高的电压功率等级，并能在较低开关频率下保证较高的交流波形质量以及较小的直流电流谐波干扰。而且由于变压器的隔离作用，MMC 电路均处于电位悬浮状态，电压应力显著降低。然而尽管变压器的容量很小，却需要在设计时考虑其直流偏置与较高的绝缘要求。此外需要指出，传统的 MMC 电路因为桥臂电感的存在呈现出电流源控制特性，但在直流输电分接应用中，MMC 需表现为电压源控制特性以向当地负荷提供稳定的电压，因此在 MMC 的交流输出侧加入了并联的交流电容器。

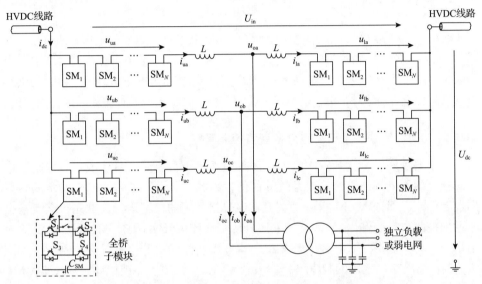

图 13.15　MMC 串联型直流输电分接装置

为此，忽略换流器的损耗，稳态下 MMC 串联型直流输电分接装置从直流线路上吸收的功率与交流侧释放的功率应相等，于是有

$$P_{dc} = U_{in}I_{dc} = P_{ac} = \frac{3}{2}\hat{U}_o\hat{I}_o\cos\varphi \tag{13.2}$$

由于 U_{in} 与 HVDC 线路电压 U_{dc} 相比很小，因此 I_{dc} 将由直流输电系统确定。另外，$\hat{U}_o$ 应控制恒定以给负荷提供稳定的交流电压。由式(13.2)可得

$$U_{in} = \frac{3\hat{U}_o\hat{I}_o\cos\varphi}{2I_{dc}} \tag{13.3}$$

式(13.3)指出 MMC 串联型直流输电分接装置要求其接入电压 U_{in} 具备很宽的电压调节范围，以适应直流线路电流 I_{dc} 与交流负荷 $\hat{I}_o$ 的变化。因此本结构中采用了全桥子模块，使 U_{in} 的调节范围为 $[0, U_{in(max)}]$，其中 $U_{in(max)}$ 表示 MMC 串联型直流输电分接装置能串入的最大电压，该最大电压可在最大负载电流 $\hat{I}_{o(max)}$ 与最小直流电流 $I_{dc(min)}$ 的情况下计算得到

$$U_{\text{in(max)}} = \frac{3\hat{U}_o \hat{I}_{o(\text{max})}}{2I_{\text{dc(min)}}} \tag{13.4}$$

进而可推导出 MMC 直流输电分接装置所需的子模块数目：

$$N \geqslant \frac{U_{\text{in(max)}}}{2U_C} + \frac{\hat{U}_o}{U_C} \tag{13.5}$$

其中，U_C 为子模块电容电压，通常由所选择的 IGBT 和电容器的电压等级确定。在式 (13.5) 的基础上，可通过加入冗余子模块来提高 MMC 的可靠性。需要指出，由于采用了全桥子模块，MMC 串联型直流输电分接装置接入电压 U_{in} 的极性可以翻转，能够适应任意直流线路的潮流方向，对 LCC 型与 VSC 型两种直流输电场合均适用。

13.3.2 MMC 串联型直流输电分接装置控制策略

由于直流输电分接装置承载的功率等级相比于直流输电系统很小，因此其控制应独立而不依赖于直流输电系统的通信。因此本节设计了图 13.16 所示的一系列控制环路，保证 MMC 串联型直流输电分接装置的稳定运行。首先，交流输出电压的控制由传统 dq 坐标系下的电压外环与电流内环实现，生成 MMC 的交流控制指令 $u_{\text{ref}j}$。需要特别指出，当 MMC 串联型直流输电分接装置交流侧连接无源负荷时，输出交流电压的频率与相位可独立给定，无须外加锁相环。为保证 MMC 直流输入与交流输出的功率平衡，依据 MMC 中电容电压的变化，调节 U_{in} 来维持输入输出的功率平衡，另外采用了相间均流控制以约束直流电流平均分配在 MMC 的三相桥臂之间。将以上控制器得到的控制指令进行汇总并经过子模块电容电压平衡控制后，得到各子模块的电压参考信号。由于 MMC 串联型直流输电分接装置的子模块数目较少，宜采用 PSC-PWM 最终生成各子模块的 PWM 开关信号。对于直流输电线路潮流发生反转的情况，图 13.16 中能量控制的输出电压 U_{in} 会在符号函数 $\text{sign}(x)$ 的作用下自动改变极性，因此以上控制策略无须做任何改变仍能保证 MMC 串联型直流输电分接装置的稳定运行。

对于 MMC 电路的启动，各子模块的电容器需要从 0 充电至额定电压。MMC 串联型直流输电分接装置的启动充电过程较为简单，打开各子模块的旁路开关后，直流输电电流 I_{dc} 将经由 IGBT 的反并联二极管自动对电容器进行充电。子模块电容器充电完成后，即可开始稳态运行。

直流输电分接装置必须具备本地故障的保护能力，即当交流网络发生故障时，直流输电分接装置应能够在不中断 HVDC 系统运行的前提下对该故障进行保护。对于 MMC 串联型直流输电分接装置，通过闭锁所有子模块，并闭合各子模块的旁路开关，即可阻断交流侧故障电流，同时直流输电线路的电流亦不受影响。当故障清除后，打开各旁路开关，MMC 即可恢复稳态运行。

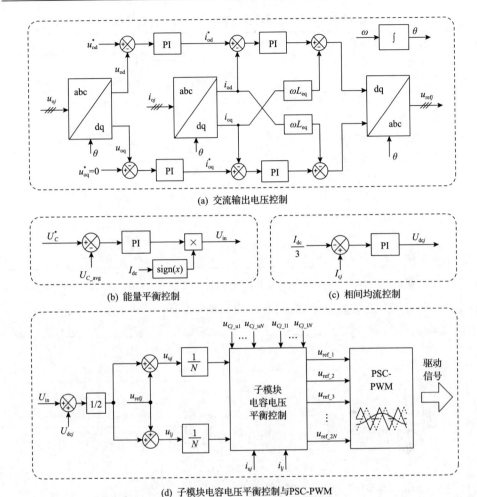

(a) 交流输出电压控制

(b) 能量平衡控制　　　　　　　　　　(c) 相间均流控制

(d) 子模块电容电压平衡控制与PSC-PWM

图 13.16　MMC 串联型直流输电分接装置控制策略

若本地交流电网中含有光伏、风机等分布式能源，且当分布式发电功率高于本地消纳时，MMC 串联型直流输电分接装置还能够工作于整流器模式，将多余的功率馈入 HVDC 系统中。

13.3.3　MMC 串联型直流输电分接装置仿真分析

本节为验证所提出的 MMC 串联型直流输电分接装置及相关控制策略的有效性，搭建仿真模型并进行了分析。仿真中 MMC 装置从 450MW/±320kV 的直流输电线路上，分接最大 3MW 功率给本地 10kV 的交流网络供电。所接入的直流输电线路为背靠背直流输电系统，一端换流站工作于定直流电压模式，而另一端工作于定有功功率模式。其他具体的仿真参数如表 13.3 所示。

表 13.3 MMC 串联型直流输电分接装置仿真参数

仿真参数	数值
最大分接容量	P=3MW
直流输电线路额定电流	I_{dc}=703A
MMC 串联接入电压	U_{in}=−10～10kV
桥臂子模块个数	N=10
变压器变比	4.5kV/10kV
子模块电容电压额定值	$U_{C\text{(rated)}}$=1kV
子模块电容容量	C_{SM}=10mF
桥臂电感	L=3mH
交流电容器容量	C=10μF
变压器原边漏感	L_t=2mH
三角载波频率	f_c=450Hz

图 13.17 所示为稳态运行时的仿真结果，MMC 串联型直流输电分接装置起初向本地交流侧 RL 负载提供 1.5MW 有功功率和 0.3MW 无功功率。在 0.2s 时，本

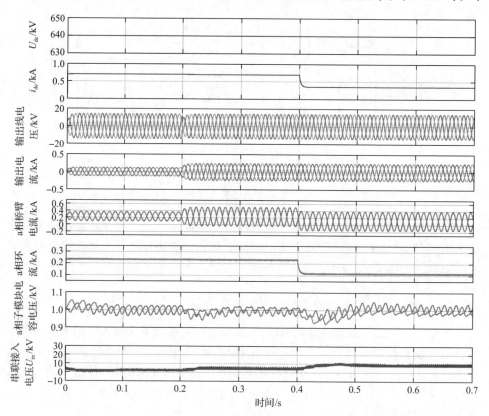

图 13.17　MMC 串联型直流输电分接装置在交流负荷与直流系统功率变化下的仿真结果

地另一组负载接入，MMC 共提供 3MW 有功功率与 0.5MW 无功功率。在 0.4s 之后，直流输电线路传输的功率突然减半，直流线路电流从 703A 降低到 351A。从仿真波形可看出，MMC 串联型直流输电分接装置的交流输出电压在整个过程中始终稳定在 10kV。所提出的控制策略无论面对交流负荷的突变还是面对直流线路功率的变化，均能自动调节 MMC 串联接入的电压 U_{in}，从直流输电线路上吸取恰当的功率维持电容电压的稳定，各子模块电容电压均稳定在 1000V 左右，验证了所提 MMC 串联型直流输电分接装置及其控制策略的有效性。

图 13.18 所示为 MMC 串联型直流输电分接装置启动充电过程的仿真结果。在 0.2s 时，使能 MMC 电路，子模块电容器经由全桥子模块中 IGBT 的反并联二极管电路进行不控整流充电。当电容电压充电至 450V 之后，各子模块的辅助电源可以工作，MMC 能够控制缓慢进行进一步充电。0.4s 时，子模块电容器完全充满，并开始生成交流电压。整个启动过程中，MMC 保持平稳运行。

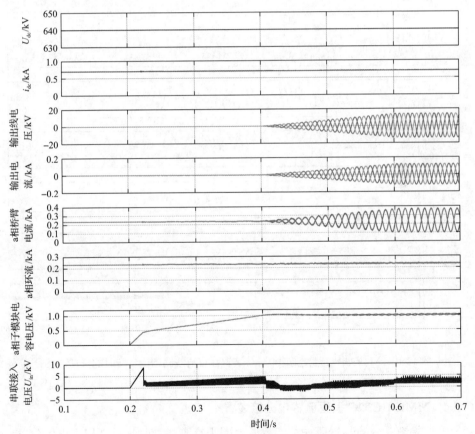

图 13.18　MMC 串联型直流输电分接装置启动充电过程的仿真结果

图 13.19 所示为直流线路潮流反转时的仿真结果。在 0.3～0.4s，直流输电线

路的功率由 450MW 逐步下降至–450MW（直流电流由 703A 下降至–703A），从仿真结果可以看出，无论潮流方向如何，MMC 串联型直流输电分接装置均能保持运行，并向负载提供稳定的交流电压。但需要指出，在潮流发生反转的过程中，MMC 子模块电容电压发生了一定的波动，这是因为当直流电流降低到非常小时，由于最大接入电压 $U_{\text{in(max)}}$ 的限制，MMC 串联型直流输电分接装置无法再从直流线路上获得足够的功率，从而导致子模块电容放电。因此，MMC 串联型直流输电分接装置的一个缺陷是，要求直流输电线路所传输的功率不能过低，否则就要适当地削减向本地交流电网提供的功率。

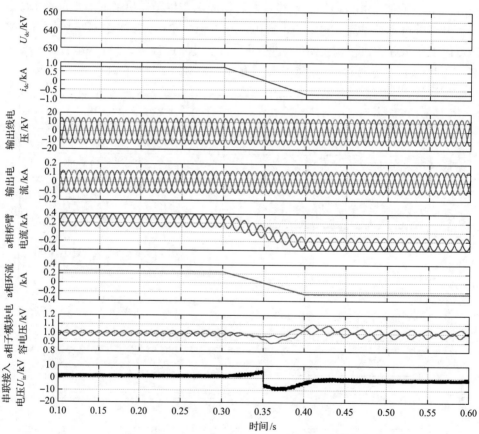

图 13.19   MMC 串联型直流输电分接装置在直流线路潮流反转时的仿真结果

13.3.4 MMC DC/DC 型直流输电分接装置

当直流输电分接装置所连接的本地电网为直流微网时，可在以上电路的基础上，采用两个 MMC 构建成面对面型 DC/DC 变换器，如图 13.20 所示。图中高压侧 MMC 串联接入直流线路中，仍采用全桥子模块；而低压侧 MMC 则与直流微网并联，采用半桥子模块。在此 MMC DC/DC 型直流输电分接装置中，交流侧变压器的主要作用是提供隔离，且由于变压器仅存在于两个 MMC 之间，其工作频率可以高于工频以减小磁性材料的体积。

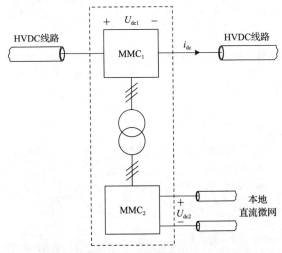

图 13.20　MMC DC/DC 型直流输电分接装置

本节为验证 MMC DC/DC 型直流输电分接装置的性能，对最大功率为 3MW 的分接场景进行了仿真分析，从 ± 320kV 的直流系统中吸收能量以连接本地 ± 15kV 的直流微网，具体仿真参数如表 13.4 所示。仿真初始状态直流输电线路功率为 600MW$(I_{dc}=935\text{A})$，在 $0.1\sim 0.2$s，功率逐步降低至 400MW$(I_{dc}=620\text{A})$。图 13.21 给出了仿真结果，在整个运行过程中，两个 MMC 均能保持稳定，并向 ± 15kV 的直流微网提供恒定 3MW 的功率(MMC$_2$ 输出直流电流恒定为 100A)。

表 13.4　**MMC DC/DC 型直流输电分接装置仿真参数**

仿真参数	数值
最大分接容量	3MW
直流输电线路额定电流	$I_{dc}=940$A
变压器频率	$f=150$Hz
变压器变比	$U_1:U_2=6$kV∶15kV
MMC$_1$ 桥臂全桥子模块个数	$N_1=10$
MMC$_2$ 桥臂半桥子模块个数	$N_2=30$
MMC$_1$ 子模块电容容量	$C_{SM1}=6$mF
MMC$_2$ 子模块电容容量	$C_{SM2}=1$mF
子模块电容电压额定值	$U_{C(\text{rated})}=1$kV
桥臂电感	$L=2$mH
三角载波频率	$f_c=900$Hz

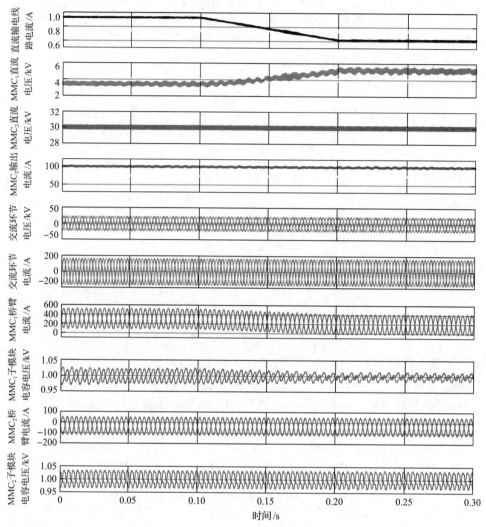

图 13.21　MMC DC/DC 型直流输电分接装置的仿真结果

13.4　MMC 直流融冰装置

　　低温雨雪冰冻天气条件下，输电线路很容易发生覆冰现象。当线路上覆冰重量超出导线或塔杆的机械应力时，会导致线路断线、塔杆倾倒，严重时造成电网区域性停电瘫痪[44,45]。为提高电网对极端气候下覆冰灾害的抵御能力，融冰技术必不可少。现有的融冰技术主要可分为三类[46]：机械融冰、化学融冰以及热融冰，其中热融冰采取在线路上施加大电流的方式使覆冰发热融化，不会对线路造成任何的机械损伤或环境污染。虽然交流或直流输电均可以用于融冰，但交流线路的感抗通常要比阻抗大十倍左右，而直流线路不存在无功功率，因此直流融冰装置的容量更小，更具优势[47]。

　　为了产生直流融冰电流，融冰装置应为整流器结构。目前得到普遍应用的电路拓扑是从传统直流输电技术中演化而来的 LCC 电路[48,49]。尽管技术成熟，但需要采用多绕组输入变压器以及一系列的滤波装置，LCC 型融冰装置的占地面积大、不灵活、不可移动运输。另外，当线路长度不同时，要求融冰装置能够提供很宽的直流电压范围，这使得 LCC 电路的触发角将工作在 60°以上，有些情况下甚至接近 90°。如此大的触发角会造成严重的损耗，引发显著的谐波问题。文献[50]采用可关断晶闸管拓扑作为直流融冰装置，改善了谐波特性且不需要无功补偿，但缺点是引入了更为复杂的输入多绕组变压器，并且直流电压的调控范围有限。相比之下，MMC 电路作为直流融冰装置，具备体积小、可运输、波形质量高、不需要复杂的输入变压器、直流电压范围宽等一系列优点[51,52]。此外，当无覆冰灾害时，MMC 直流融冰装置可作用于 STATCOM[53]，进一步提高装置的经济效益。

13.4.1　MMC 直流融冰装置电路结构与电压增益分析

　　MMC 直流融冰装置（modular multilevel dc de-icer，M2D2）的电路结构如图 13.22 所示。该结构包含上下两组星形桥臂，每个桥臂由 N 个全桥子模块串联

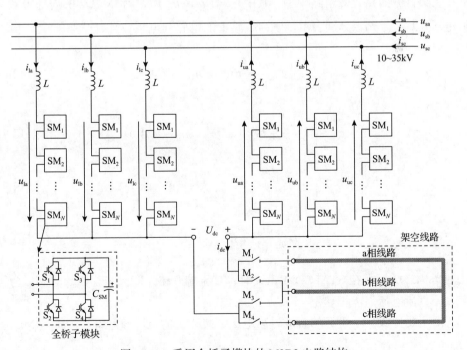

图 13.22　采用全桥子模块的 M2D2 电路结构

而成, 电路的交流侧连接至中压电网, 而直流侧经过一组分接开关 $(M_1 \sim M_4)$ 连接至需要融冰的架空线路。图中 u_{sj} 表示交流电网电压 $(j=\text{a,b,c})$, i_{sj} 为输入电流。可见, M2D2 中既省去了网侧的工频变压器又不需要外加滤波器, 具有体积小、重量轻的优点。基于电路结构的模块化特点, M2D2 具有很高的灵活性, 便于运输移动, 通过增加或减少模块数目可灵活调整其电压与功率等级。M2D2 有两种工作模式[54]。

融冰模式: 在该模式下, M2D2 工作于直流恒流源模式, 向直流侧连接的架空线路提供一个恒定的、高幅值的直流融冰电流。通过合理配置分接开关, 融冰电流可通过一相线路流出并由另一条线路流回, 例如, 当图 13.22 中 M_1 与 M_3 闭合时, 融化 a、b 相线路上的覆冰; 当 M_1 与 M_4 闭合时, 融化 a、c 相线路上的覆冰; 当 M_2 与 M_4 闭合时, 融化 b、c 相线路上的覆冰。

STATCOM 模式: 由于覆冰现象每年发生的概率并不大, M2D2 大部分时间都无须工作在融冰模式。为充分利用 M2D2 装置, 可在正常天气环境下令其运行在 STATCOM 模式给电网提供无功补偿与抑制谐波, 以改善电能质量。此时仅需将分接开关 $(M_1 \sim M_4)$ 全部断开, M2D2 即可从融冰模式切换到 STATCOM 模式。

参考第 2 章中对 MMC 等效电路的分析, 可进一步得到如图 13.23 所示的 M2D2 交直流回路等效电路模型, 其中 $u_j = (u_{1j} - u_{uj})/2$ 表示 M2D2 的内部等效交流电压, L_{line} 与 R_{line} 分别表示待融冰线路上的电感与电阻, 且有

$$\frac{1}{2}\left(L\frac{\mathrm{d}i_{sj}}{\mathrm{d}t} + Ri_{sj} \right) = u_{sj} - u_j \tag{13.6}$$

$$2\left(L\frac{\mathrm{d}i_{cj}}{\mathrm{d}t} + Ri_{cj} \right) = U_{\text{dc}} - (u_{1j} + u_{uj}) \tag{13.7}$$

$$i_{\text{dc}} = -\sum_{j=\text{a,b,c}} i_{cj} \tag{13.8}$$

$$L_{\text{line}}\frac{\mathrm{d}i_{\text{dc}}}{\mathrm{d}t} + R_{\text{line}}i_{\text{dc}} = U_{\text{dc}} \tag{13.9}$$

当 M2D2 运行在 STATCOM 模式时, 直流端开路, 即意味着 L_{line} 与 R_{line} 为无穷大, 直流电流 i_{dc} 等于零。

由于要生成一个可调的直流融冰电压, M2D2 的电压参考将与传统 MMC 有

所不同，其上下桥臂各子模块的标幺化电压参考信号为

$$u_{uj\_ref} = D - \frac{M}{2}\cos(\omega t + \delta_j) \tag{13.10}$$

$$u_{lj\_ref} = D + \frac{M}{2}\cos(\omega t + \delta_j) \tag{13.11}$$

其中，D 为直流偏置；M 为调制比；δ_j 为初始相位角（δ_a=0°，δ_b=120°，δ_c=240°）。为了避免发生过调制，M 应满足关系：$M \leqslant 2-2D$。

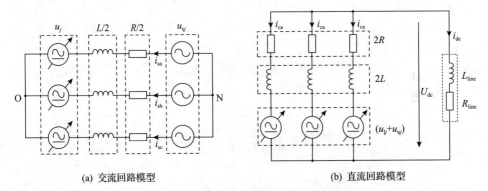

(a) 交流回路模型　　　　　　　　　　(b) 直流回路模型

图 13.23　MMC 直流融冰装置等效电路模型

通过对各桥臂中 N 个子模块电压求和，可得到上下桥臂电压为

$$u_{uj} = \sum_{i=1}^{N} u_{uj}(i) = N\left[D - \frac{M}{2}\cos(\omega t + \delta_j) \right] U_C \tag{13.12}$$

$$u_{lj} = \sum_{i=1}^{N} u_{lj}(i) = N\left[D + \frac{M}{2}\cos(\omega t + \delta_j) \right] U_C \tag{13.13}$$

将式(13.12)、式(13.13)代入式(13.6)、式(13.7)，并近似忽略桥臂电感电阻上的压降，可得

$$\hat{U}_s = \frac{NM}{2} U_C \tag{13.14}$$

$$U_{dc} = 2DN U_C \tag{13.15}$$

其中，$\hat{U}_s$ 为电网相电压幅值。结合式(13.14)、式(13.15)，M2D2 直流电压可表示为

$$U_{\mathrm{dc}} = \frac{4D}{M}\hat{U}_{\mathrm{s}} \qquad (13.16)$$

由于 M2D2 的交流电压被电网固定, 式(13.16)指出 M2D2 直流电压可通过选取适当的电压增益 G 来调节:

$$G = \frac{U_{\mathrm{dc}}}{\hat{U}_{\mathrm{s}}} = \frac{4D}{M} \qquad (13.17)$$

结合 $M \leqslant 2{-}2D$ 的制约条件, 可推导出在不同直流偏置 D 下, M2D2 可实现的最小电压增益 $G_{\min}$ 曲线, 如图 13.24 所示。图中也包括了传统 MMC 的 $G_{\min}$, 其推导过程仅需将制约条件更换为 $M \leqslant \min[2{-}D, 2D]$ 得到。对比图中两条曲线可知, M2D2 因为采用全桥子模块, 相比传统 MMC 具有更宽的直流电压调节范围, 其直流电压可在零到额定电压全范围可控, 从而能满足不同架空线路长度、不同导线截面积对不同融冰电压的需求。

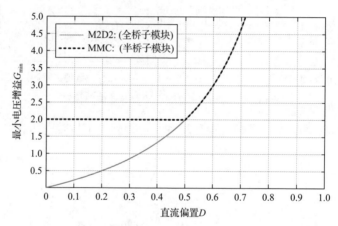

图 13.24　传统半桥子模块 MMC 与 M2D2 的最小电压增益图

13.4.2　M2D2 控制策略

M2D2 的控制策略主要包括电容电压优化控制、有功无功功率控制、直流融冰电流控制以及子模块间电容电压平衡控制。

对于传统 MMC 电路, 直流电压 U_{dc} 基本固定, 各子模块电容电压参考 U_C^* 均控制在 U_{dc}/N。而对于 M2D2, U_{dc} 随融冰电流大小及线路长短的不同需要有较大的范围。根据式(13.14)、式(13.15), 为避免发生过调制($M/2 + D \leqslant 1$), 有

$$U_C^* \geqslant \frac{\hat{U}_{\mathrm{s}}}{N} + \frac{U_{\mathrm{dc}}}{2N} \qquad (13.18)$$

由于电网相电压幅值 $\hat{U}_\mathrm{s}$ 固定,式(13.18)指出,当融冰所需的 U_dc 下降时,子模块电容电压参考 U_C^* 亦可降低。降低电容电压可以带来以下优点。

(1)由于 U_C 为子模块中半导体器件承受的电压,降低 U_C 能够减小器件的开关损耗,提高效率。

(2)参考第 3 章中的谐波分析,更低的 U_C 能够降低输出电压的谐波幅值,提高波形质量。

因此,在优化的 M2D2 电容电压控制中,子模块电容电压参考信号 U_C^* 给定为

$$U_C^* = K_\mathrm{D}\left(\frac{\hat{U}_\mathrm{s}}{N} + \frac{U_\mathrm{dc}}{2N}\right) \tag{13.19}$$

其中,$K_\mathrm{D}>1$,用于留取一定的电压裕量来补偿桥臂电感电阻的电压降以及保证控制的动态响应。另外,当 M2D2 工作于 STATCOM 模式时,U_dc 为 0,因此式(13.19)简化为

$$U_C^* = K_\mathrm{D}\frac{\hat{U}_\mathrm{s}}{N} \tag{13.20}$$

图 13.25 给出了 M2D2 优化电容电压控制的结构框图。其中电容电压参考指令在融冰模式下由式(13.19)计算得到,而在 STATCOM 模式下则由式(13.20)得到。电容电压是通过交流侧吸收的有功电流 i_sd^* 调节的,其中 U_{C_avg} 代表全部子模块电容电压的平均值。需要指出,这种控制方式特别适用于 M2D2,因为融化覆冰通常是一个很长时间的过程(数小时),不必担心电容电压升高或降低对应的充放电过程对直流电流控制响应速度的影响。

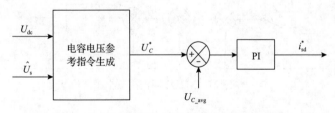

图 13.25　M2D2 优化电容电压控制的结构框图

M2D2 的交流侧有功无功功率控制采用传统 dq 坐标系下的解耦控制方法,如图 13.26 所示。图中开关 S=1 时,表示 M2D2 工作在融冰模式,从电网吸收单位功率因数的有功电流;而当 S=0 时,表示 M2D2 工作在 STATCOM 模式,向电网提供无功功率支撑。控制器最终输出为 MMC 交流指令 u_{j_ref}。

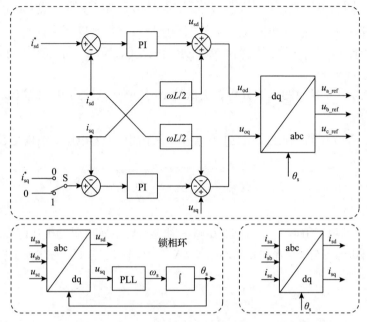

图 13.26 M2D2 有功功率与无功功率的控制框图

由式(13.8)可知，直流融冰电流等于 M2D2 三相桥臂环流之和。因此对直流电流的控制可由对三相环流的控制实现。图 13.27 所示为 j 相的环流控制框图。在融冰模式下，环流指令为 $I_{dc}^*/3$；而在 STATCOM 模式，环流指令为 0。$I_{cj,0}^*$ 与 $i_{cj,1}^*$ 分别为相平衡与桥臂平衡生成的电流指令，i_{cj} 为检测的环流信号，最终得到 M2D2 的直流输出电压指令 $u_{dc\_ref\_j}$。

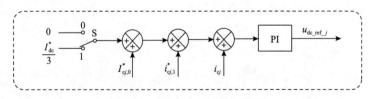

图 13.27 M2D2 环流控制框图

13.4.3 功率半导体器件应力分析

1) 融冰模式

这里简单讨论 M2D2 中功率半导体器件的电压电流应力。M2D2 的最大容量（即最大融冰电流 $I_{dc,max}$ 与最高直流电压 $U_{dc,max}$）可根据融冰要求、线路长度、导线形状、气候环境等参数确定[48]。由此，各子模块中半导体器件的电压应力为子

模块电容电压的最高值，依据式(13.19)，可得

$$U_{\text{stress}} = K_{\text{D}}\left(\frac{\hat{U}_{\text{s}}}{N} + \frac{U_{\text{dc, max}}}{2N}\right) \tag{13.21}$$

可见半导体器件的电压应力可通过增加子模块数目得到合理的限制。

对于器件的电流应力，则可由桥臂电流最大时的电流峰值确定：

$$I_{\text{stress}} = \frac{1}{3}I_{\text{dc, max}} + \frac{1}{2}\hat{I}_{\text{s, max}} \tag{13.22}$$

其中，$\hat{I}_{\text{s, max}}$ 为交流电流的最大峰值，该值可由 M2D2 的交直流功率守恒得到

$$U_{\text{dc, max}}I_{\text{dc, max}} = \frac{3}{2}\hat{U}_{\text{s}}\hat{I}_{\text{s, max}}\cos\varphi \tag{13.23}$$

而且在融冰模式下，网侧电流呈现单位功率因数，可得到器件电流应力为

$$I_{\text{stress}} = \frac{1}{3}I_{\text{dc, max}}\left(\frac{U_{\text{dc, max}}}{\hat{U}_{\text{s}}} + 1\right) \tag{13.24}$$

融化高压输电线路(如 500kV[48])上的覆冰时，所需的最大融冰电流可高于 3kA，这意味着 I_{stress} 可超出 2kA。在这种大电流应力情况下，要考虑对 IGBT 进行并联或者采用 IGCT。

2) STATCOM 模式

由于覆冰属于小概率自然现象，M2D2 大部分时间都将工作在 STATCOM 模式向电网提供无功支撑。由式(13.22)可知，STATCOM 模式下 $I_{\text{dc,max}}$ 将等于 0，在相同的 I_{stress} 制约条件下 $\hat{I}_{\text{s, max}}$ 可取更高的值，这意味着此时 M2D2 相比融冰模式能与电网进行更大容量的功率交换。另外，STATCOM 模式根据式(13.20)令电容电压降低以减少开关损耗，但换个角度来看，这并没有充分利用功率器件的电压应力 U_{stress}。为解决这一问题，可对 M2D2 的子模块进行重新组合，减少每个桥臂中子模块的数目，将节省出的模块用于构建新的星形桥臂，以充分利用 U_{stress}，将系统容量最大化。但付出的代价是较为复杂的开关配置逻辑以及额外的控制与信号检测系统。

13.4.4　M2D2 实验验证

本节为验证 M2D2 拓扑及对应的控制策略的有效性，搭建了参数如表 13.5 所示的实验样机，样机中每个桥臂包含 3 个全桥子模块，最大融冰电流为 10A，其

中采用了 RL 负载来模拟架空线路的阻抗。

表 13.5　　M2D2 实验参数

实验参数	数值
桥臂子模块个数	$N=3$
电网相电压幅值	$\hat{U}_s=200\text{V}$
子模块电容容量	$C_{SM}=1867\mu\text{F}$
桥臂电感	$L=3\text{mH}$
电压裕量系数	$K_D=1.2$
三角载波频率	$f_c=2.034\text{kHz}$

图 13.28～图 13.30 为 M2D2 工作于融冰模式下的实验结果，其中 $u_{Ca\_u1\text{-}3}$ 和 $u_{Ca\_l1\text{-}3}$ 分别表示上桥臂中序号为 1～3 的子模块电容电压、下桥臂中序号为 1～3 的子模块电容电压。图 13.28 中融冰电流指令为 10A，线路参数 $R_{line}=40\Omega$，$L_{line}=2\text{mH}$。此时 M2D2 直流电压为 $U_{dc}=400\text{V}$，高于电网相电压幅值。从图 13.28 中可观察到，融冰电流 i_{dc} 波形平滑，交流输入电流 i_{sa} 为正弦波且呈现单位功率因数，各子模块电容电压稳定平衡在 160V。

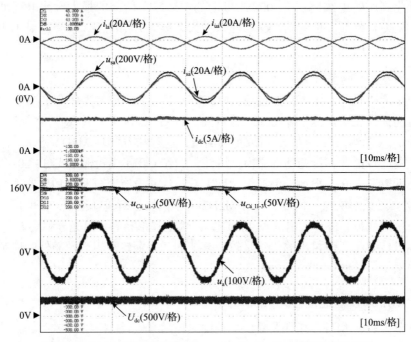

图 13.28　M2D2 融冰模式在 $R_{line}=40\Omega$ 与 $L_{line}=2\text{mH}$ 时的实验结果

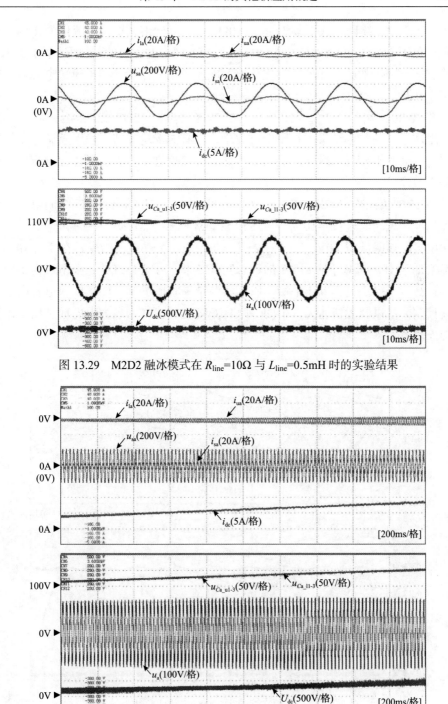

图 13.29　M2D2 融冰模式在 R_{line}=10Ω 与 L_{line}=0.5mH 时的实验结果

图 13.30　M2D2 融冰模式在 R_{line}=40Ω 与 L_{line}=2mH 融冰电流逐渐增大时的实验结果

在图 13.29 中，线路参数更改为 R_{line}=10Ω，L_{line}=0.5mH，融冰电流仍为 10A。在这种情况下，M2D2 直流电压变为 100V，低于电网相电压幅值，从而证明了 M2D2 直流侧的升降压功能。此外，在优化电容电压控制的作用下，子模块电容电压降低至 110V。

图 13.30 给出了在 R_{line}=40Ω、L_{line}=2mH 条件下，M2D2 以 2.5A/s 的速率逐渐增大融冰电流的实验结果。在整个过程中，所有波形均保持平稳无超调，子模块电容电压彼此平衡且随融冰电流的增大而升高，这进一步验证了优化电容电压控制的有效性。

图 13.31 给出了 M2D2 在 STATCOM 模式下的实验结果，M2D2 向电网提供 10A 的容性无功电流（i_q^*=10A）。在 STATCOM 模式下 M2D2 的直流电流为 0，子模块电容电压降低至 80V。图 13.32 进一步给出了无功电流指令 i_q^* 在 1s 内由 0A 逐渐增加至 10A 再减小回到 0A 的动态实验结果，可见 M2D2 在整个过程中保持平稳运行，子模块电容电压平衡。以上实验结果验证了 M2D2 子模块电容电压的优化控制方法以及无覆冰天气下的 STATCOM 运行模式，最大限度地利用了该装置的安装容量。

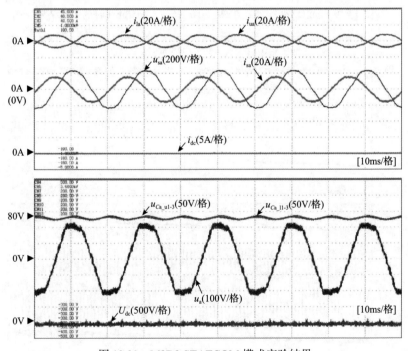

图 13.31　M2D2 STATCOM 模式实验结果

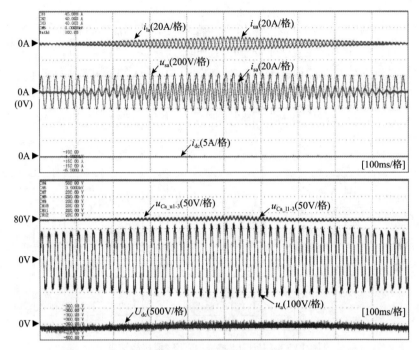

图 13.32　M2D2 STATCOM 模式无功指令变化过程实验结果

13.5　MMC 在其他领域中的应用展望

除上述典型应用之外，本节简要讨论 MMC 在其他领域中的应用形式与发展前景。

13.5.1　MMC 新能源发电装备

海上风电凭借其稳定性和大发电功率的特点，近年来正在世界各地飞速发展。为了降低单位发电容量的建设成本，海上风电机组的单机容量越来越高，相关厂家已经研制出 10MW 的风电机组。文献[55]提出采用 MMC 作为海上风机大功率永磁同步电机的换流器，如图 13.33 所示，其优势是能够较为容易地解决高压大容量的问题，并保证高质量的电压波形。然而不足之处是 MMC 需要大量的子模块电容器，尽管风机发电机具有平方降转矩特性，且在低速运行时可以借鉴第 12 章中的电容电压波动抑制方法，但 MMC 的功率密度仍很难与传统的三电平换流器相媲美。由于海上风机平台对体积重量的要求极为严苛，MMC 作为风机换流器仍有待进一步的技术突破。

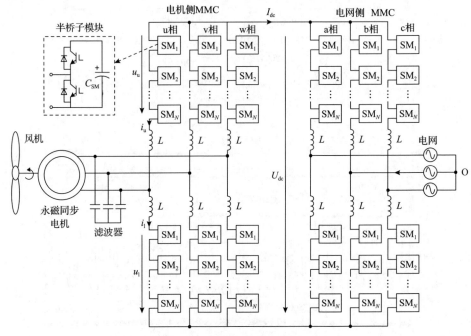

图 13.33　基于 MMC 的直驱式风机换流器

　　光伏发电是风力发电之外装机容量最大的新能源发电技术。MMC 也可用作集中式的光伏并网发电系统，如图 13.34(a)所示，大量的光伏板经过串并联后与MMC 的直流母线相连，减少了功率变换环节，提高了效率[56]。传统的集中式光伏逆变器直流电压通常为 1～1.5kV(两电平、三电平换流器)，但对于 MMC 而言，其直流电压必须远远高于传统的两电平、三电平换流器才能充分发挥其在高压大容量下的技术优势。然而过高的直流电压会带来光伏板的绝缘安全问题。另外，在发生部分光伏板的遮挡时，集中式光伏逆变器的最大功率点跟踪(maximum power point tracking, MPPT)效率较低。相比之下，文献[57]提出将光伏板与 MMC各子模块电容器分布式相连，如图 13.34(b)所示，构建直接能够并入中高压交流电网的光伏发电系统，各子模块能够对每组光伏板进行独立的 MPPT 控制，保证光伏系统在发生部分遮挡时的总体效率。但当发生部分光伏板的遮挡时，MMC各相之间的发电功率将出现较大差异，需要在桥臂中注入一定的环流来维持三相并网功率的平衡，这造成了额外的电流应力与损耗。另外，MMC 运行中子模块电容电压会存在一定的波动，对 MPPT 的稳态跟踪精度造成影响。特别需要指出的是，由于部分子模块所连光伏板对地的电位较高，如何保证绝缘安全与可靠性也是制约其工程应用的主要问题。因此可考虑在每组光伏板与子模块电容器之间加入一级隔离型 DC/DC 变换器来解决以上问题[58]。

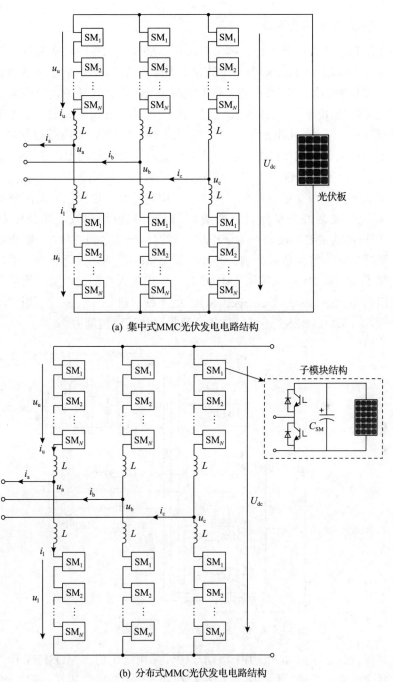

(a) 集中式MMC光伏发电电路结构

(b) 分布式MMC光伏发电电路结构

图 13.34　基于 MMC 的光伏发电系统

13.5.2　MMC 电池储能系统

为了平抑新能源的波动性，未来电网中需要加入大量的储能装备。电池储能系统(battery energy storage system，BESS)具有响应速度快、能量可双向调节、分散配置、建设周期短等技术优势，对于电网是一种非常优质的调节资源。目前，国家和地方陆续出台了一系列政策对储能的发展给予支持和鼓励。由于电池单元也具备模块化的特点，将电池组经过一级双向半桥 DC/DC 变换器与 MMC 的子模块电容器相连接，如图 13.35 所示，即可构成高压大容量的 BESS 变换器[59]。该拓扑的主要优势在于 MMC 具备交流与直流的接口，因此可以作为交直流电网之间的互联装备，使得能量可以在电池、直流电网、交流电网三者之间灵活流动，增强了系统的灵活性和稳定性，具有广阔的工程应用前景。拓扑中双向半桥 DC/DC 变换器的主要功能是作为子模块电容器与电池之间的缓冲，防止电容电压波动对电池的运行特性造成影响。此外，借鉴 MMC 相间、桥臂间、子模块间的电容能量平衡控制方法，需要在 MMC-BESS 中加入类似的控制器保证全部子模块电池组荷电状态(state of charge，SOC)的平衡。进一步，通过采用一定数目的全桥子模块，MMC-BESS 还可以具备直流短路故障穿越能力[60]。

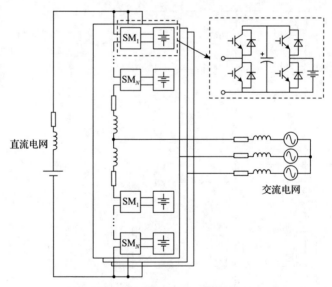

图 13.35　基于 MMC 的 BESS

文献[61]提出将 MMC 应用于电动车中，采用低压功率 MOSFET 作为开关器件，将电池组能量管理、电机驱动、车载交/直流充电功能集成在一起，如图 13.36 所示，为电动汽车的功率变换器设计提供了一种独特的解决方案。

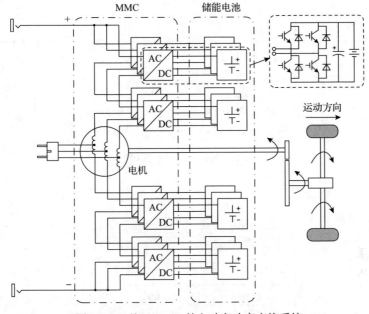

图 13.36　基于 MMC 的电动车功率变换系统

13.5.3　MMC 统一潮流控制器

统一潮流控制器(unified power flow controller，UPFC)是 FACTS 中的关键技术，其应用有助于提高线路输送能力、提供无功电压支持以及增强系统稳定性等，能够显著提高电网的运行性能。传统的 UPFC 工程一般是采用 GTO、三电平换流器等技术方案，其装置的容量非常有限，波形质量、动态响应速度等均存在一系列缺陷。近年来基于 MMC 的 UPFC 得到了快速的发展和应用，并成为 UPFC 的主流技术方案，其电路结构如图 13.37 所示，两台 MMC 在直流侧背靠背相连，其中一台 MMC 交流侧通过变压器串入交流线路，在线路上施加电压控制线路潮流，另一台 MMC 则通过变压器与交流线路相并联，用于控制线路上的无功功率、补偿电流谐波，并维持直流电压的稳定。2015 年，我国首个 UPFC 工程在江苏220kV 南京西环网正式投运，该工程在全世界范围内首次将 MMC 技术应用于UPFC 装置，线路额定电压为 220kV，采用了三台 60MW 的 MMC 通过±18kV 的直流母线互联，其中两台 MMC 为串联换流器，一台为并联换流器，实现了 600～1000MW 的潮流调控能力[62]。2017 年，全世界首套全户内紧凑型 UPFC——上海蕴藻浜—闸北 220kV 统一潮流控制器工程正式投运，线路额定电压为 220kV，UPFC 容量为 100MV·A。同年，世界上电压等级最高、容量最大的苏州南部电网500kV 统一潮流控制器示范工程也正式投运，线路额定电压为 500kV，UPFC 容量为 750MV·A，这些工程同样均采用了 MMC 技术。

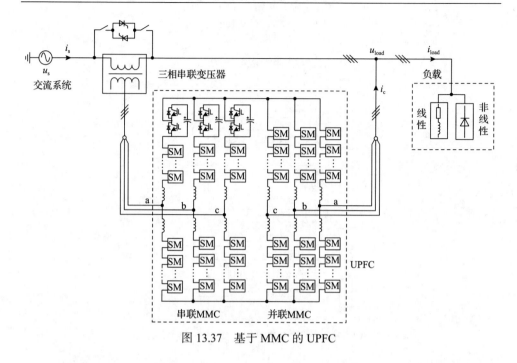

图 13.37　基于 MMC 的 UPFC

13.5.4　MMC 配电柔性开关

　　当前我国配电网普遍存在"闭环设计，开环运行"的现象，网络结构不够合理、调控手段相对有限，导致配电网内局部馈线功率失衡、线路末端电压质量差、配电设备利用率低。为解决这些问题，柔性开关设备得到了学术界与工业界的重视，用于在配电网若干关键节点上替代传统联络开关的新型设备[63]，通常由背靠背 VSC 构成。柔性开关不仅具备通和断两种状态，而且没有传统机械式开关动作次数的限制，增加了功率的连续可控状态，兼具运行模式柔性切换、控制方式灵活多样等特点。为了满足中压配电网应用场合的电压和容量要求，MMC 成为柔性开关的优选拓扑，如图 13.38 所示，有效地实现了两条互联馈线之间的负载均衡，提高了馈线末端的电压调节能力。此外，基于 MMC 的柔性开关可以省去交流变压器，实现直接挂入，但要考虑零序电流的抑制[64]。

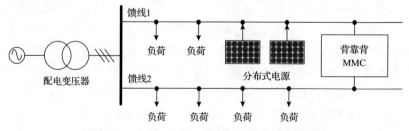

图 13.38　基于 MMC 的配电柔性开关示意图

13.5.5　MMC 电力电子变压器

电力电子变压器(power electronic transformer，PET)，又称为固态变压器 (solid-state transformer，SST)，一般是指通过电力电子电路及中频变压器(10kHz 左右)实现高电压变比、大容量电能变换的新型电力电子设备[65]。电力电子变压器相比于传统的工频交流变压器，除了具备电压等级变换和电气隔离功能，一般还包括无功功率补偿及谐波治理、可再生能源/储能设备直流接入、多端口灵活运行以及与其他智能设备通信的功能等。目前，电力电子变压器与同等容量的工频变压器相比在成本、体积、可靠性等方面其实还并不具有优势，但其高度可控性、灵活性、兼容性、多功能集成等特点对智能配电网、多能互补系统的发展有着至关重要的促进作用，因此电力电子变压器也称为能量路由器[66]。

由于目前功率半导体器件的耐压与容量均有限，电力电子变压器的主流方案是采用输入串联、输出并联结构(input series output parallel，ISOP)，其中前级通常为 CHB 整流器，之后采用双有源桥或谐振型 DC/DC 单元实现隔离变压功能，但由于中频变压器的体积主要受爬电距离和空气间隙等绝缘因素及散热要求的制约，这一方案的主要问题是中频变压器的数目过多。相比之下，文献[67]提出采用 MMC 作为整流器，基于全桥(FB)结构的 DC/DC 单元直接串联在中压直流母线上，从而减少 DC/DC 单元及中频变压器的数目，如图 13.39 所示。此外，MMC

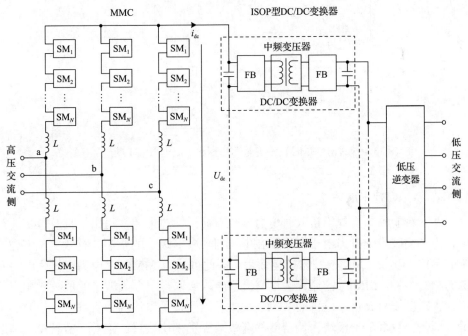

图 13.39　基于 MMC 的电力电子变压器拓扑

提供了中压直流接口，可作为中压直流配电系统，实现更为丰富的接入与互联功能。但 MMC 的主要问题是子模块中电容器的数量较多，功率密度较低。

为了减少中频变压器数量，文献[15]提出采用全桥 MMC 构成交交变频电路，仅采用一个集中的中频变压器构成电压的变换与隔离。但是由于中频变压器材料、工艺、散热等因素的制约，单一中频变压器的容量一般在几百千瓦以内，从而限制了该拓扑的功率容量。此外，对于一些小容量、高变比的直流电力电子变压器，如海底供电等应用中的电力电子变压器，可采用图 13.40 所示的拓扑结构，同样仅采用一个中频变压器，MMC 与 H 桥电路分别与中压、低压直流侧相连，构成双有源桥 DC/DC 变换器[68]。其中 MMC 工作在准两电平模式下，子模块电容器仅起到钳位的作用，所需电容容量很小，且功率器件能够实现软开关。

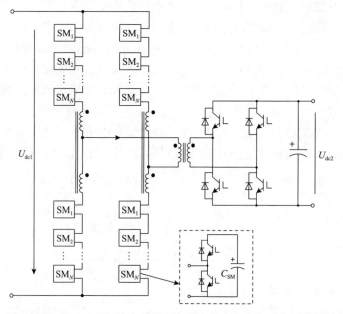

图 13.40　基于 MMC 的小容量、高变比直流电力电子变压器拓扑

13.5.6　MMC 技术展望

随着新能源的大规模接入，电力系统对灵活性与可控性提出了日益迫切的需求，为了突破传统电力电子变压器在电压与功率等级上的瓶颈，有效实现电力系统的调控、互联，MMC 技术应运而生。因此可认为 MMC 是电力电子化电力系统的核心装备。MMC 已经在柔性直流输电领域取得了令人瞩目的成绩，相应的工程实践已较为成熟，但目前 MMC 的主要问题是子模块的数目过多，通常一个桥臂即包含数百个子模块，倘若能够有效减少子模块数目，则对于节省模块辅助控制电路元器件数目、简化绝缘散热设计、降低成本等方面均有重要意义。这可

寄希望于未来的高压大容量 SiC 器件。另外，MMC 技术在中压领域中也有着广阔的发展前景与应用空间。MMC 特别适合用于未来城市配电网中，作为交直流混合配电网的关键枢纽，可有效保障不同能源、负荷及储能的友好互联与灵活可靠运行。目前中压 MMC 的调制策略、控制方法、子模块集成设计、功率密度提升等方面仍有诸多待研究优化的内容。

参 考 文 献

[1] Lesnicar A, Marquardt R. An Innovative modular multilevel converter topology suitable for a wide power range[C]// IEEE Power Technology Conference, Bologna, 2003(3): 23-26.

[2] Akagi H. Classification, terminology, and application of the modular multilevel cascade converter (MMCC)[J]. IEEE Transactions on Power Electronics, 2011, 26(11): 3119-3130.

[3] Debnath S, Qin J C, Bahrani B, et al. Operation, control, and applications of the modular multilevel converter: A review[J]. IEEE Transactions on Power Electronics, 2015, 30(1): 37-53.

[4] Nami A, Liang J Q, Dijkhuizen F, et al. Modular multilevel converters for HVDC applications: Review on converter cells and functionalities[J]. IEEE Transactions on Power Electronics, 2015, 31(1): 18-36.

[5] Adam G P, Gowaid I A, Finney S J, et al. Review of DC-DC converters for multi-terminal HVDC transmission networks[J]. IET Power Electronics, 2016, 9(2): 281-296.

[6] 杨晓峰, 郑琼林, 林智钦, 等. 用于直流电网的大容量 DC/DC 变换器研究综述[J]. 电网技术, 2016, 40(3): 670-677.

[7] Ranjram M, Lehn P W. A multiport power flow controller for DC transmission grids[J]. IEEE Transactions on Power Delivery, 31(1): 389-396.

[8] Luth T, Merlin M M C, Green T C. Modular multilevel DC/DC converter architectures for HVDC taps[C]// 16th European Conference on Power Electronics and Applications, Lappeenranta, 2014: 1-10.

[9] Luth T, Merlin M, Green T C. A DC/DC converter suitable for HVDC applications with large step-ratios[C]// 2014 Energy Conversion Congress and Exposition, Pittsburgh, 2014: 5331-5338.

[10] 敬华兵. 兼具多功能的直流融冰技术及应用研究[D]. 长沙: 中南大学, 2013.

[11] Xiao X N, Lu J N, Yuan C, et al. A 10kV 4MVA unified power quality conditioner based on modular multilevel inverter[C]// IEEE International Electrical Machines & Drives Conference, Chicago, 2013: 1352-1357.

[12] Rivera S, Wu B, Lizana R, et al. Modular multilevel converter for large-scale multistring photovoltaic energy conversion system[C]// IEEE Energy Conversion Congress and Exposition, Denver, 2013: 1941-1946.

[13] Debnath S, Saeedifard M. A new hybrid modular multilevel converter for grid connection of large wind turbines[J]. IEEE Transactions on Sustainable Energy, 2013, 4(4): 1051-1064.

[14] Vasiladiotis M, Rufer A. Analysis and control of modular multilevel converters with integrated battery energy storage[J]. IEEE Transactions on Power Electronics, 2015, 30(1): 163-175.

[15] Glinka M, Marquardt R. A new AC/AC multilevel converter family[J]. IEEE Transactions on Industrial Electronics, 2005, 52(3): 662-669.

[16] 安婷, Andersen B, Macleod N, 等. 中欧高压直流电网技术论坛综述[J]. 电网技术, 2017, 41(8): 6-15.

[17] Barker C D, Davidson C C, Trainer D R, et al. Requirements of DC-DC converters to facilitate large DC grids[C]// 44th International Conference on Large High Voltage Electric Systems, Paris, 2012.

[18] Kenzelmann S, Rufer A, Vasiladiotis M, et al. Isolated DC/DC structure based on modular multilevel converter[J]. IEEE Transactions on Power Electronics, 2015, 30(1): 89-98.

[19] 石邵磊, 李彬彬, 张毅, 等. 模块化多电平高压 DC/DC 变换器的研究[J]. 电源学报, 2015, 13(6): 110-116.

[20] Li B B, Xu Z G, Xu D G. Control schemes of the front-to-front(FTF) power electronic topologies for future HVDC interconnections[C]// Proceedings of 2017 IEEE Transportation Electrification Conference and Expo, Harbin, 2017: 1-6.

[21] Gowaid I A, Adam G P, Massoud A M, et al. Quasi two-level operation of modular multilevel converter for use in a high-power DC transformer with DC fault isolation capability[J]. IEEE Transactions on Power Electronics, 2015, 30(1): 108-123.

[22] Schon A, Bakran M M. A new HVDC-DC converter for the efficient connection of HVDC networks[C]// Proceedings of PCIM Europe Conference, Nurnberg, 2013: 525-532.

[23] 林卫星, 文劲宇, 程时杰. 直流-直流自耦变压器[J]. 中国电机工程学报, 2014, 34(36): 6515-6522.

[24] Ferreira J A. The multilevel modular DC converter[J]. IEEE Transactions on Power Electronics, 2013, 28(10): 4460-4465.

[25] Kish G J, Ranjram M, Lehn P W. A modular multilevel DC/DC converter with fault blocking capability for HVDC interconnects[J]. IEEE Transactions on Power Electronics, 2015, 30(1): 148-162.

[26] Kung S H, Kish G. A modular multilevel HVDC buck-boost converter derived from its switched-mode counterpart[J]. IEEE Transactions on Power Delivery, 2018, 33(1): 82-92.

[27] Li B B, Shi S L, Zhang Y, et al. Analysis of the operating principle and parameter design for the modular multilevel DC/DC converter[C]// 9th International Conference on Power Electronics and ECCE Asia, Seoul, 2015: 2832-2837.

[28] Li B B, Zhao X D, Cheng D, et al. Novel hybrid DC/DC converter topology for HVDC interconnections[J]. IEEE Transactions on Power Electronics, 2019, 34(6): 5131-5146.

[29] Li B B, Zhao X D, Zhang S X, et al. A hybrid modular DC/DC converter for HVDC applications[J]. IEEE Transactions on Power Electronics, 2020, 35(4): 3377-3389.

[30] Veilleux E, Ooi B T. Power flow analysis in multi-terminal HVDC grid[C]// IEEE Power Energy Society Power Systems Conference and Exposition, Phoenix, 2011: 1-7.

[31] Hingorani N G, Gyugyi L. Understanding Facts: Concept and Technology of Flexible AC Transmission Systems[M]. Piscataway: IEEE Press, 2000.

[32] Veilleux E, Ooi B T. Multi-terminal HVDC with thyristor power-flow controller[J]. IEEE Transactions on Power Delivery, 2012, 27(3): 1205-1212.

[33] Kim S, Cui S H, Sul S K. Modular multilevel converter based on full bridge cells for multi-terminal DC transmission[C]// 16th European Conference on Power Electronics and Applications, Lappeenranta, 2014: 1-10.

[34] Chen W, Zhu X, Yao L Z, et al. An interline DC power-flow controller (IDCPFC) for multiterminal HVDC system[J]. IEEE Transactions on Power Delivery, 2015, 30(4): 2027-2036.

[35] Bahram M, Baker M, Bowles J, et al. Integration of small taps into existing HVDC links[J]. IEEE Transactions on Power Delivery, 1995, 10(3): 1699-1706.

[36] Nicolae D V, Jimoh A A, Rensburg J F J, et al. Tapping power from high voltage transmission lines for the remote areas: A review of the state of the art[C]// IEEE Power Engineering Society Inaugural Conference and Exposition in Africa, Durban, 2005: 433-442.

[37] Jovcic D, Ooi B T. Tapping on HVDC lines using DC transformers[J]. Electric Power Systems Research, 2011, 81(2): 561-569.

[38] Maneiro J, Tennakoon S, Barker C. Scalable shunt connected HVDC tap using the DC transformer concept[C]// 16th European Conference on Power Electronics and Applications, Lappeenranta, 2014: 1-10.

[39] Ekstrom A, Lamell P. HVDC tapping station: Power tapping from a DC transmission line to a local AC network[C]// International Conference on AC and DC Power Transmission, London, 1991: 126-131.

[40] Aredes M, Dias R, Aquino A, et al. Going the distance power-electronics-based solutions for long-range bulk power transmission[J]. IEEE Industrial Electronics Magazine, 2011, 5(1): 36-48.

[41] Hartshorne A, Mouton H T, Madawala U K. An investigation into series power tapping options of HVDC transmission lines[C]// 1st International Future Energy Electronics Conference, Tainan, 2013: 568-573.

[42] Li B B, Guan M X, Xu D G, et al. A series HVDC power tapping using modular multilevel converters[C]// IEEE Energy Conversion Congress and Exposition (ECCE), Milwaukee, 2016: 1-7.

[43] Xu Z G, Li B B, Guan M X, et al. Capacitor voltage balancing control for series MMC tap[C]// 43rd Annual Conference of the IEEE Industrial Electronics Society, Beijing, 2017: 4488-4493.

[44] Lu J Z, Zeng M, Zeng X J, et al. Analysis of ice-covering characteristics of China hunan power grid[J]. IEEE Transactions on Industry Applications, 2015, 51(3): 1997-2002.

[45] Fan S H, Jiang X L, Sun C X, et al. Temperature characteristic of DC ice-melting conductor[J]. Cold Regions Science and Technology, 2011, 65(1): 29-38.

[46] Volat C, Farzaneh M, Leblond A. De-icing/anti-icing techniques for power lines: Current methods and future direction[C]// 11th International Workshop on Atmospheric Icing of Structures, Montr'eal, 2005: 1-11.

[47] Li S S, Wang Y H, Li X Y, et al. Review of de-icing methods for transmission lines[C]// International Conference on Intelligent System Design and Engineering Application, Changsha, 2010: 310-313.

[48] Wang J J, Fu C, Chen Y P, et al. Research and application of DC de–icing technology in China southern power grid[J]. IEEE Transactions on Power Delivery, 2012, 27(3): 1234-1242.

[49] Davidson C C, Horwill C, Granger M, et al. Thaw point[J]. Power Engineer, 2007, 21(6): 26-31.

[50] Bhattacharya S, Xi Z, Fardenesh B, et al. Control reconfiguration of VSC based STATCOM for de-icer application[C]// IEEE Power and Energy Society General Meeting, Pittsburgh, 2008: 1-7.

[51] 梅红明, 刘建政. 新型模块化多电平直流融冰装置[J]. 电力系统自动化, 2013, 37(16): 96-102.

[52] Guo Y Q, Xu J Z, Guo C Y, et al. Control of full-bridge modular multilevel converter for DC ice-melting application[C]// 11th IET International Conference on AC and DC Power Transmission, Birmingham, 2015: 1-8.

[53] Akagi H, Inoue S, Yoshii T. Control and performance of a transformerless cascade PWM STATCOM with star configuration[J]. IEEE Transactions on Industry Application, 2007, 43(4): 1041-1049.

[54] Li B B, Shi S L, Xu D G, et al. Control and analysis of the modular multilevel DC de-icer with STATCOM functionality[J]. IEEE Transactions on Industrial Electronics, 2016, 63(9): 5465-5476.

[55] Wang M, Hu Y W, Zhao W J, et al. Application of modular multilevel converter in medium voltage high power permanent magnet synchronous generator wind energy conversion systems[J]. IET Renewable Power Generation, 2016, 10(6): 1352-1357.

[56] Nademi H, Das A, Burgos R, et al. A new circuit performance of modular multilevel inverter suitable for photovoltaic conversion plants[J]. IEEE Journal of Emerging and Selected Topics in Power Electronics, 2016, 4(2): 393-404.

[57] Rong F, Gong X, Huang S. A novel grid-connected PV system based on MMC to get the maximum power under partial shading conditions[J]. IEEE Transactions on Power Electronics, 2017, 32(6): 4320-4333.

[58] Acharya A B, Ricco M, Sera D, et al. Performance analysis of medium voltage grid integration of PV plant using modular multilevel converter[J]. IEEE Transactions on Energy Conversion, 2019, 34(4): 1731-1740.

[59] Vasiladiotis M, Rufer A. Analysis and control of modular multilevel converters with integrated battery energy storage[J]. IEEE Transactions on Power Electronics, 2015, 30(1): 163-175.

[60] Chen Q, Li R, Cai X. Analysis and fault control of hybrid modular multilevel converter with integrated battery energy storage system[J]. IEEE Journal of Emerging and Selected Topics in Power Electronics, 2017, 5(1): 64-78.

[61] Tsirinomeny M, Rufer A. Configurable modular multilevel converter (CMMC) for flexible EV[C]// 17th European Conference on Power Electronics and Applications (EPE'15 ECCE-Europe), Geneva, 2015: 1-10.

[62] 国网江苏省电力公司. 统一潮流控制器技术及其应用[M]. 北京: 中国电力出版社, 2016.

[63] 杨欢, 蔡云旖, 屈子森, 等. 配电网柔性开关设备关键技术及其发展趋势[J]. 电力系统自动化, 2018, 42(7): 153-165.

[64] Khamphakdi P, Sekiguchi K, Hagiwara M, et al. A transformerless back-to-back (BTB) system using modular multilevel cascade converters for power distribution systems[J]. IEEE Transactions on Power Electronics, 2015, 30(4): 1866-1875.

[65] 李子欣, 高范强, 赵聪, 等. 电力电子变压器技术研究综述[J]. 中国电机工程学报, 2018, 38(5): 1274-1289.

[66] Huang A Q, Crow M L, Heydt G T, et al. The future renewable electric energy delivery and management (FREEDM) system: The energy internet[J]. Proceedings of the IEEE, 2011, 99(1): 133-148.

[67] 李子欣, 王平, 楚遵方, 等. 面向中高压智能配电网的电力电子变压器研究[J]. 电网技术, 2013, 37(9): 2592-2601.

[68] Zhang J M, Wang Z H, Shao S. A three-phase modular multilevel DC-DC converter for power electronic transformer applications[J]. IEEE Journal of Emerging and Selected Topics in Power Electronics, 2017, 5(1): 140-150.

第14章 MMC实验样机设计

前面陆续介绍了 MMC 的工作原理、运行控制策略及各种应用场景，为了进一步加深读者的理解，本章以一台 600V/10kW 的小功率 MMC 实验样机为例，从元器件选择、各部分功能电路、控制算法等方面详细展示其设计过程。MMC 实验样机实物图如图 14.1 所示，主电路包含三相六个桥臂，每个桥臂含有六个子模块，控制电路用于执行 MMC 的各级控制算法与调制策略，生成子模块的投切信号，同时各子模块将测量信号上传至控制电路。主电路与控制电路之间使用抗干扰能力较强的光纤通信，实现强弱电之间的电气隔离，保证实验样机的可靠性。

(a) 样机正面　　　　　　　　　　(b) 样机背面

图 14.1　MMC 实验样机实物图

14.1　MMC 实验样机主电路设计

MMC 实验样机的主电路包括一系列子模块电路与桥臂电感。其中，桥臂电感的设计考虑到桥臂电流中同时含有交流分量与直流分量，因此磁芯材料采用了饱和磁密较高的硅钢片。实验样机的子模块结构如图 14.2 所示，采用了经典的半桥电路结构，主要包含功率电路、驱动电路及检测电路三个部分，其中功率电路由电容器和开关器件构成，驱动电路按指令实现开关器件的通断控制，检测电路负责采集子模块的电容电压等状态。

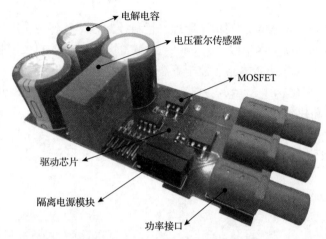

图 14.2　MMC 实验样机子模块实物图

14.1.1　子模块电容器选型

实验样机中每个子模块的额定工作电压设计为 100V。子模块电容器容量的选择主要是令电容电压在合理的范围波动。实际应用中通常将电容电压波动比例限制在 5%～10%。根据子模块电容容量公式[式(2.30)]，选用了 3 个 680μF 电容相并联，电容容量为 2040μF，对应的电容电压波动为 6.86%，且电容并联能起到分流的作用，有助于延长电容器的使用寿命。最终选取的电容器型号为 Nippon Chemi-Con 公司的铝电解电容 ELXS161VSN681MQ25S，其耐压为 160V，留取了足够的电压裕量，满足子模块电压应力要求。

14.1.2　子模块开关器件选型

子模块额定工作电压为 100V，考虑到开关过程的电压尖峰和其他暂态过程可能引发的过电压，开关器件的耐压设计留取较大裕量，设计为 200V。另外，开关器件的电流应力由桥臂电流峰值决定。MMC 实验样机额定功率为 10kW，额定调制比 M 设定为 0.9，则可计算得到额定交流电流幅值为 24.7A，并根据式(2.23)，得到桥臂电流的稳态峰值约为 18.5A。综上，所选开关器件至少应保证耐压高于 200V，耐流高于 18.5A。

在实际的中高压 MMC 工程应用中，子模块的开关器件通常选用耐压耐流能力均较强的 IGBT。对于 3.3kV 与 4.5kV 的 IGBT，其额定电流下导通压降通常为 3V 左右，而对应的子模块额定电压则通常为 1.6kV 与 2.4kV，因此导通压降仅占额定电压的 0.2%以内。但对于实验室的小功率样机而言，每个子模块的额定电压仅为 100V，而低压分立 IGBT 的导通压降一般为 1.5~2V，IGBT 导通压降的占比将高于 1.5%，造成 MMC 的工作波形与真实工程相比有较大差异。因此 MMC 实验样机中子模块开关器件选择了 Infineon 型号为 IPB107N20N3G 的 MOSFET。其封装为 TO-263-3，漏源极最大电流为 88A，漏源极耐压为 200V，栅极驱动电压为 15V，通态电阻为 10.7mΩ，当流过 18.5A 桥臂电流时仅产生 0.2V 的压降，导通压降占比为 0.2%，与实际工程接近。另外，由于实验样机中每个桥臂仅含 6 个子模块，为保证 MMC 输出电压波形质量，各子模块不得不工作在较高的开关频率下，MOSFET 低开关损耗的特点也使其在小功率实验样机中具有效率上的优势。

14.1.3　驱动电路设计

由于子模块接收到的控制指令为数字信号，无法直接驱动开关器件，需设计驱动电路将数字信号转化为开关器件的驱动信号。这里选用 Avago 型号为 HCPL-3180-300 的栅极驱动芯片，输出电流峰值可达 2.5A，传输延时最大为 200ns，开关频率最大为 250kHz，平均输入电流为 25mA。此外，驱动芯片内部以光为媒介来传输信号，输出与输入之间绝缘，能够实现功率电路与弱电电路之间的电气隔离。半桥子模块含有两个开关器件，所以需要使用两个驱动芯片，并分别采用 15V 隔离电源为两个驱动芯片独立供电。图 14.3 为该驱动芯片的原理图及外部接线情况，当输入 PWM 为低电平时，驱动芯片输出 15V 电压，通过驱动电阻作用在 MOSFET 门极和源极两端，使开关器件导通，当 PWM 信号为高电平时，则输出 0V 电压，令开关器件关断。

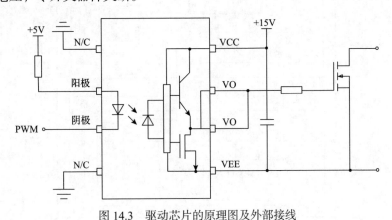

图 14.3　驱动芯片的原理图及外部接线

14.1.4　检测电路设计

　　子模块电容电压是衡量 MMC 是否正常运行的重要指标，也是执行控制算法与电容电压均衡控制中必不可少的反馈量。检测电容电压需要考虑强弱电之间的电气隔离，这里采用闭环霍尔电压传感器 CHV-20L，测量范围设计为 0~150V。被测电压在电压霍尔传感器一次侧经 15kΩ 电阻转化为 0~10mA 的电流信号，并在二次侧感应出 0~25mA 电流，通过 200Ω 电阻得到 0~5V 电压信号。该电压信号进一步经过模数转换芯片 AD7995 转换为数字量。AD7995 为 10 位逐次逼近型模数转换芯片，转换时间为 1μs，采用 I^2C 兼容型串行接口，最高工作频率为 4MHz，对应的子模块电容电压采样精度可达 0.2%。

14.1.5　桥臂阀组设计

　　为了简化样机设计，将 6 个子模块构成一个阀组，由一个基板进行控制，即一个阀组对应一个桥臂。基板的控制芯片采用 Altera 型号为 EPM570T100C5N 的复杂可编程逻辑器件(complex programmable logic device，CPLD)。CPLD 是用户根据各自需求可自行构造逻辑功能的数字集成电路。EPM570T100C5N 含有 440 个宏单元，570 个逻辑单元，76 个输入/输出端口，能够满足控制 6 个子模块的需求，且 CPLD 可实现并行运算，阀组内 6 个子模块能够保持同步管理。阀组基板的功能结构如图 14.4 所示，通过光纤接口与控制电路通信，接收子模块投切信号，并反馈各个子模块的状态信息，包括电容电压和故障信号等，使控制器能够实时监测各子模块的状态并不断调节控制指令，实现既定的控制功能。

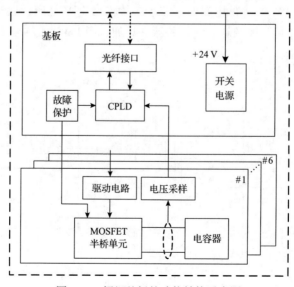

图 14.4　阀组基板的功能结构示意图

　　阀组的实物照片如图 14.5 所示，6 个子模块与基板垂直插接，当某个子模块损坏时，只需更换对应的模块即可。基板上主要包括子模块接口、光纤接口、控制芯片、辅助电源接口、隔离电源模块、程序下载端口等。

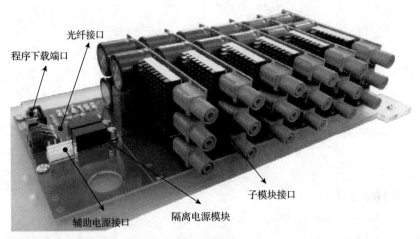

(a) 斜视图

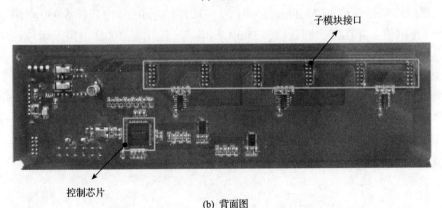

(b) 背面图

图 14.5　MMC 实验样机阀组实物图

14.2　MMC 实验样机控制电路设计

　　如图 14.6 所示，控制电路分为采样板、核心板和光纤板三部分。采样板主要负责采集控制所需的反馈量，包括桥臂电流、交直流电压等信号；控制板负责执行各种控制算法及 PWM 策略，获得各子模块的投切信号；光纤板则作为控制电路和阀组之间数据交互的接口。

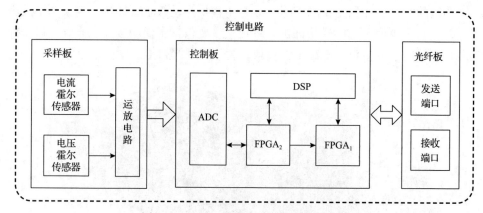

图 14.6　MMC 实验样机控制电路结构图

14.2.1　采样板设计

采样板采用霍尔传感器来采集电压、电流，保证功率电路与信号电路之间的电气隔离。具体包含 4 路电压霍尔传感器，用于采集直流电压与三相交流电压，电压霍尔传感器选取 LEM 的 LV25-P，在一次侧将 ±500V 电压经 50kΩ 电阻变为 ±10mA 电流，并在二次侧获得 ±25mA 的电流，输出经 200Ω 电阻及运放调理电路后得到电压信号送给控制板。采样板同时设计了 6 路电流霍尔传感器，负责采集 MMC 6 个桥臂的电流，采用的型号为 LEM 的 LA25-NP。由于所设计的实验样机桥臂电流峰值为 18.5A，为留一定裕量，电流霍尔传感器的量程选为 25A，转换后输出 ±25mA 电流，经过 200Ω 电阻后转变为 ±5V 电压信号。该信号经图 14.7 所示的两级运放电路调理后，连接至控制板，运放芯片采用 OP4177。最终制成的采样板如图 14.8 所示。

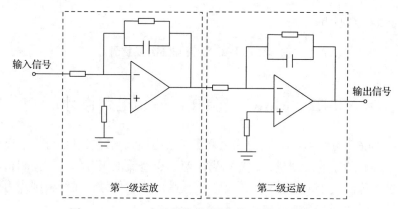

图 14.7　MMC 实验样机采样板两级运放电路示意图

图 14.8　MMC 实验样机采样板实物图

14.2.2　控制板设计

控制板结构如图 14.9 所示，主要由 DSP、FPGA$_1$ 及 FPGA$_2$ 三个控制芯片构成。DSP 主要负责计算，执行各种控制算法，生成 MMC 各桥臂的参考信号，FPGA$_1$ 负责接收 DSP 输出的参考信号，并通过调制运算获得各子模块的投切信号，经由光纤板发送给各个阀组，FPGA$_2$ 则对采样板的模拟量信号进行模数转换采样后传送给 DSP，三个控制器之间采用并行寻址通信方式传递数据。

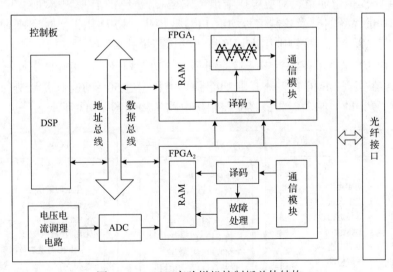

图 14.9　MMC 实验样机控制板总体结构

DSP 负责执行的控制运算包括第 5 章中的整体控制、内部能量平衡控制、电流控制等，选用了 TI 公司型号为 TMS320F28377D 的双核浮点 32 位微处理器，最高运算速度可达 200MHz，双核并行计算的方式可以有力保障运算速度。DSP

从 FPGA$_1$ 中读取子模块状态数据，从 FPGA$_2$ 中读取桥臂电流及交直流电压数据，经过控制运算后，生成桥臂的参考信号，并以固定频率发送给 FPGA$_1$。

　　FPGA$_1$ 主要负责调制并与阀组通信。FPGA$_1$ 读取 DSP 生成的桥臂参考信号指令，并根据调制策略产生相应的载波信号，同时结合桥臂内子模块电容电压的平衡控制，最终得到各个子模块的投切信号。将这些投切信号整合后从 FPGA$_1$ 的串行通信端口输出，通过光纤板发送给各阀组的控制芯片 CPLD。FPGA$_1$ 同时接收各阀组 CPLD 发来的子模块状态数据，通过解码后获得各子模块电容电压及故障信息，并上传至 DSP。FPGA$_1$ 选用了 Altera 公司的 EP3C25Q240 芯片。EP3C25Q240拥有 148 个 I/O 端口，片内存储器大小为 0.6Mbit，具有 24624 个逻辑单元，最大工作频率 315MHz，满足本应用场景对逻辑运算及引脚数目的要求。

　　FPGA$_2$ 主要负责采样信号预处理，控制 ADC 芯片 MAX1308 进行模数转换，通过寻址通信读取转换所得数据，同时判断桥臂电流方向以及是否发生过流。最终将桥臂电流、交直流端口电压等反馈信号及故障信号发送至 DSP。FPGA$_2$ 采用了 Altera 公司的 EP3C10E144C8N 芯片，I/O 端口数量为 94 个，片内存储器大小为 0.4Mbit，具有 10320 个逻辑单元，最大工作频率为 315MHz。为了方便实验调试，控制电路板中还设置了一些人机接口，包括 DAC 芯片、LED、按键、自锁开关等，还有一些引出的扩展 I/O 引脚。DAC 芯片用于实时观测控制器中的变量，本实验样机选用了两片型号为 DAC124S085 的双极性数模转换芯片，其具有 12 位数字输入、4 路模拟量通道，对应电压输出范围是−5～+5V，转换频率超过 300kHz。DAC 芯片的系统时钟及控制信号均由 FPGA$_1$ 提供。LED 用于实时反映 MMC 实验样机的运行状态，按键则用来切换样机的运行模式。

　　图 14.10 总结了控制板中三款控制芯片的功能划分，本实验样机控制板上两片 FPGA 在实现 MMC 的基本控制功能后，仍有超过 50%的逻辑资源剩余，可用于实现更复杂的控制功能。最终的控制板电路实物如图 14.11 所示。

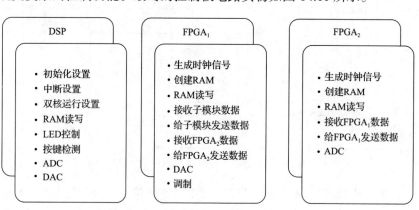

图 14.10　控制板中控制芯片功能分配示意图

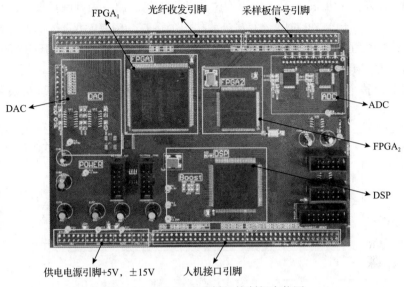

FPGA₁　　光纤收发引脚　　采样板信号引脚
DAC
ADC
FPGA₂
DSP
供电电源引脚+5V，±15V　　人机接口引脚

图 14.11　MMC 实验样机控制板实物图

14.2.3　光纤板设计

　　光纤板的电路实物图如图 14.12 所示，采样板和控制板均通过插针连接至光纤板的对应接口上，光纤板上留有开关电源接口，为这三块电路板供电。控制板上

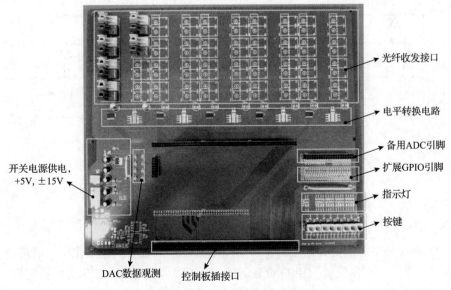

光纤收发接口
电平转换电路
备用ADC引脚
扩展GPIO引脚
指示灯
按键
开关电源供电，
+5V，±15V
DAC数据观测　　控制板插接口

图 14.12　MMC 实验样机光纤板实物图

的按键、指示灯及扩展 GPIO 引脚均由光纤板引出。而且为方便扩展，光纤板上预留了 40 对光纤口，每对由一个发送端和一个接收端构成，负责控制器与各阀组之间的信息交互。光纤发送端和接收端分别选用 HFBR-1531Z 及 HFBR-2531Z，通信速率为 5Mbit/s。

综上，整个控制电路中采样板、控制板、光纤板之间的功能与互联架构如图 14.13 所示。

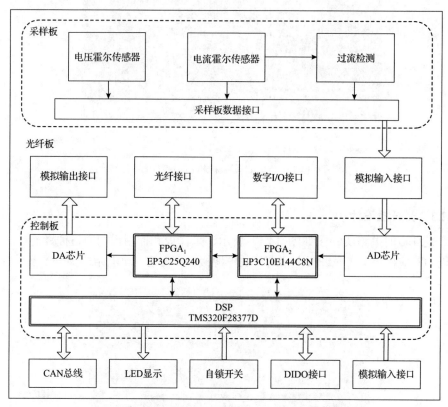

图 14.13　MMC 实验样机控制电路整体功能示意图

14.3　MMC 实验样机控制程序设计

14.3.1　DSP 程序框架

DSP 代码主要包括初始化设置、中断函数、主函数等。初始化中一般进行中断频率设置、寄存器设置、GPIO 设置等，中断函数内执行 MMC 相关的控制算法，而主函数里则执行时序性不强、允许被打断的功能，如按键检测、LED 显示等。中断函数中的控制算法包含启动充电控制、交直流系统控制、内部能量平衡控制及内环交流电流控制和环流抑制等。图 14.14 以 MMC 实验样机作为逆变器运行为例,对 DSP 的程序框架进行简要说明。MMC 直流端接直流电压源、交流端接负载,通过控制系统来保证 MMC 的稳定运行且交流电流可以跟随给定值,涉及的控制算法有启动充电、交流电流解耦控制、内部能量平衡控制及环流抑制。DSP 的两核 CPU 并行工作,CPU_1 中断函数执行启动充电控制及正常运行时的内环控制,包括交流电流控制和环流控制,生成桥臂的参考信号,同时将相应的电压电流信息传递至 CPU_2。CPU_2 中断函数执行相间能量平衡、桥臂间能量平衡等电压外环控制,生成环流的参考给定信号,并发送给 CPU_1。

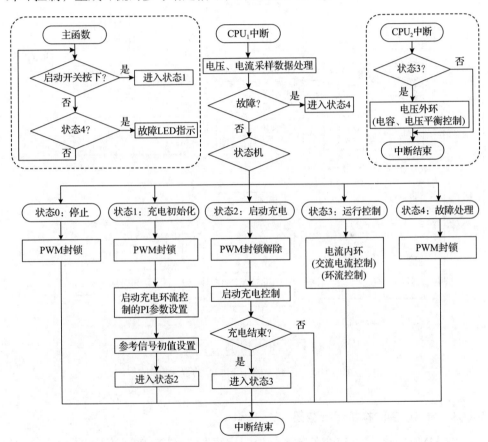

图 14.14 控制电路中 DSP 的程序框图

14.3.2 FPGA 程序框架

FPGA 由于是基于并行运行,其程序框架仅体现出各模块的功能与信号流,如图 14.15 所示。内部时钟模块为时钟发生模块,分别为 FPGA 内其他各个模块提供时钟参考。$RAM_1 \sim RAM_4$ 为在 FPGA 内部创建的 RAM 模块, 用于 DSP 与 FPGA 之间以及两片 FPGA 之间的寻址通信, 相应的 RAM 读写模块负责将数据读出或写入 RAM。DA 转化模块和 AD 转化模块相应地驱动 DAC 芯片和 ADC 芯片进行数模和模数转化, 子模块状态接收模块用于与阀组 CPLD 进行通信, 接收子模块状态信息, 子模块 PWM 发送模块则将调制模块生成的子模块投切信号传送给阀组 CPLD。

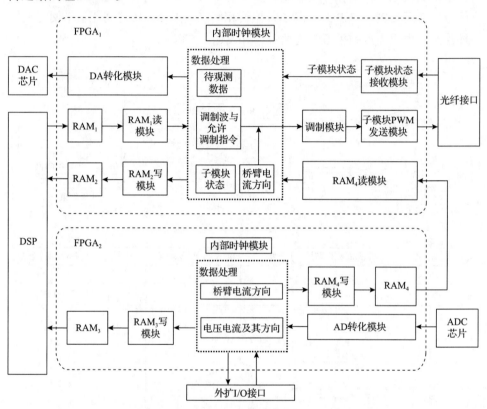

图 14.15　控制电路中 FPGA 的程序框图

14.3.3　MMC 实验样机运行结果

以 MMC 实验样机逆变工况运行为例, 其直流侧接 600V 直流电源, 交流侧三相均为 10Ω 电阻负载。控制交流电流峰值为 15A, 样机运行结果如图 14.16 所示。图中所示分别为三相交流电流、三相交流电压、a 相环流、a 相上下桥臂电流及 a 相上下桥臂对应的子模块电容电压。可见, 三相交流电流平滑且正弦度较高, 子模块电容电压均稳定平衡在 100V 左右, 环流基本呈现为直流电流, 各偶次谐波均得到了较好的抑制。实验结果验证了本章样机的软硬件设计方法的正确性。

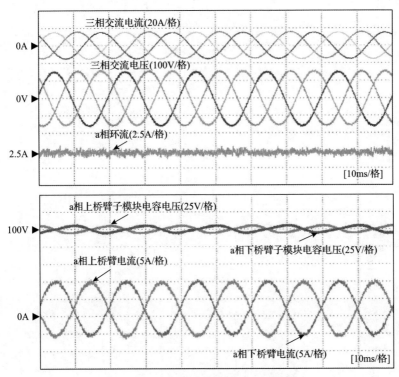

图 14.16　MMC 实验样机运行波形图